基于“校企合作”人才培养模式
数控技术应用示范专业教改新教材

数控加工课程设计指导

主编　张秀珍　冯　伟
参编　覃　岭　杨建伟　陈劲峰　尚　欣
主审　王逸群

机 械 工 业 出 版 社

本书为校企合作共同开发的教材，以数控加工课程设计为主线，系统地介绍了数控加工工艺设计的过程、方法、步骤，以及课程设计说明书的编写规范和要求。对于初次接触课程设计的学生，熟悉和掌握数控加工设计的过程、步骤和方法，仿照示例完成数控加工课程设计具有较强的引导作用。

本书共分七章，主要包括数控加工课程设计概述、课程设计基本要求、设计过程、课程设计示例、课程设计训练、机械制图标准（节选）和公差标准（节选）等内容。此外，本书还在附录中提供了数控车工国家职业标准、数控铣工国家职业标准和加工中心操作工国家职业标准。

本书可作为高等职业学校数控技术应用专业的课程设计教材，也可作为中等职业学校数控技术应用专业教学用书，同时还可作为机械类专业的教学参考用书。

图书在版编目（CIP）数据

数控加工课程设计指导/张秀珍，冯伟主编. —北京：机械工业出版社，2009.11（2025.7 重印）

基于“校企合作”人才培养模式数控技术应用示范专业教改新教材

ISBN 978-7-111-28388-1

Ⅰ. 数… Ⅱ. ①张…②冯… Ⅲ. 数控机床-加工-课程设计-高等学校：技术学校-教学参考资料 Ⅳ. TG659

中国版本图书馆 CIP 数据核字（2009）第 172753 号

机械工业出版社（北京市百万庄大街 22 号　邮政编码 100037）
策划编辑：汪光灿　责任编辑：张云鹏　版式设计：霍永明
封面设计：路恩中　责任校对：程俊巧　责任印制：李　昂
涿州市般润文化传播有限公司印刷
2025 年 7 月第 1 版 · 第 9 次印刷
184mm×260mm · 14.25 印张 · 348 千字
标准书号：ISBN 978-7-111-28388-1
定价：48.00 元

电话服务　　网络服务
客服电话：010-88361066　　机　工　官　网：www.cmpbook.com
010-88379833　　机　工　官　博：weibo.com/cmp1952
010-68326294　　金　书　网：www.golden-book.com
封底无防伪标均为盗版　　机工教育服务网：www.cmpedu.com

前　言

数控加工课程设计的目的是巩固学生的机械加工基本理论知识，引导学生将专业理论知识转化为生产实践技能，培养学生数控加工的分析能力、综合知识的理解和应用能力、独立思考和创新能力、团队分工与协作能力等，全面提升学生的专业水平和职业素质。

本书以数控加工课程设计为主线，系统地介绍了数控加工工艺设计的过程、方法、步骤，以及课程设计说明书的编写规范和要求。对于初次接触课程设计的学生，熟悉和掌握数控加工设计的过程、步骤和方法，仿照示例完成数控加工课程设计具有较强的引导作用。

本书共分七章，主要包括数控加工课程设计概述、课程设计基本要求、设计过程、课程设计示例、课程设计训练、机械制图标准（节选）和公差标准（节选）等内容。此外，本书还在附录中提供了数控车工国家职业标准、数控铣工国家职业标准和加工中心操作工国家职业标准。

本书按实际加工过程的要求，对数控加工工艺进行分析和说明。书中编有完整的典型零件数控加工设计实例，方便读者理解和运用，并通过借鉴实例来完成各自的数控加工课题设计。

本书由贵州航天职业技术学院张秀珍、冯伟主编，参加编写的人员还有广东顺德职业技术学院覃岭、贵州航天职业技术学院杨建伟、3535 厂陈劲峰和重庆理工大学尚欣。

全书由贵州航天职业技术学院王逸群副教授主审，书中的实例程序由航天科工集团第二研究院刘宗龙、3655 厂安世禹实操验证，俞膺、李兴佳、唐大位提供设计示例及图形整理，在此表示衷心的感谢。

由于编者水平有限，书中错误和不妥之处在所难免，敬请广大读者批评指正。

编　者

目　　录

第一章 课程设计概述

第一节 课程设计的意义

数控加工课程设计是在学完了机械加工基础课、专业技术基础课及大部分专业课程之后，进行的“零件数控加工构思全过程”的完整体验，是在零件加工设计构思的过程中，对所学各课程进行的综合应用。

本书以零件的机械加工工艺过程设计为主线，将所学的“机械制图与计算机绘图”、“公差配合与零件测绘”、“金属材料与热处理”、“机械基础”、“金工实习”、“机械制造技术”、“数控加工工艺与设备”、“数控加工编程与操作”、“CAD/CAM 编程软件应用”等理论知识，与金工实习、加工基础等实践活动相结合，应用于具体的零件加工方案和数控加工程序设计过程中。本书中附有完整的课程设计参考实例，引导学生进行完整的数控加工，并使学生掌握数控加工的工作方法及加工思路。

数控加工课程设计的意义在于为学生的毕业设计和顶岗实习奠定基础，锻炼和提高学生在设计思想、设计方法和生产操作等方面的基本能力。通过课程设计，着重培养学生的学习兴趣、自学能力、科学的学习方法和认真细致的工作作风，为学生毕业后的实际工作打下坚实的基础。

第二节 课程设计的目的与要求

一、课程设计的目的

课程设计过程是将专业理论知识综合应用于生产加工实践的转化环节。数控加工课程设计是以零件加工工艺编制为主线、以培养数控加工工艺能力为目的的实践教学活动。

课程设计围绕“课题任务”（即围绕零件加工工艺编制和解决数控工序的工艺问题）进行，将知识点与应用点结合，引导学生有目的、有侧重地应用机械加工理论知识，熟悉和了解零件加工的完整过程。

本次课程设计，主要是让学生综合应用专业知识，同时锻炼和培养学生认真负责、踏实细致的工作作风，培养生产加工协作能力、岗位工作应变能力、灵活创新能力以及择业就业的适应能力等。

二、课程设计的要求

1）巩固和综合应用机械制造技术和数控加工工艺相关理论知识，能独立分析和解决零件加工工艺过程问题，编制数控加工程序，初步具备数控加工工艺设计能力和数控加工程序编制能力。

2）能根据加工任务书的相关要求，运用机械加工理论和方法，仿照加工实践过程条件，拟订零件加工总体方案和工艺流程；具备确定数控工序中的装夹定位、选刀、确定加工步骤、编制加工程序等能力。初步具备满足加工质量要求的前提下，高效、安全、便捷、经济合理地设计数控加工过程和加工程序编制的能力。

3）进一步理解数控加工与普通加工的异同，即整体分析零件数控加工的工艺流程与编程步骤，合理利用现有生产条件。同时，强化加工质量意识和生产纪律，培养学生良好的工作习惯，形成基本的职业素养。

4）培养学生的识图与测绘能力，锻炼学生零件加工过程步骤设计能力和编写相关工艺技术文件等基本技能，引导和培养学生解决生产实践技术问题的能力，为今后从事数控加工工作打下良好基础。

5）熟悉并熟练应用相关手册、标准、图表等技术资料，指导学生在考虑企业加工环境条件下，分析零件加工的技术要求，掌握从事加工工艺、数控程序设计的具体方法和步骤。

总之，要完成课程设计，必须带着问题查阅教科书以外的技术资料，例如，编制工艺、程序所必需的加工余量、余量公差、刀具参数、切削用量等，装夹零件必需的机床参数、夹具标准等，加工零件中必需的量具、检具等，螺纹结构的加工方法及有关检验、测量知识。

第三节　课程设计的主要内容和步骤

确定数控加工课程设计任务时，一般选择具有数控加工典型特征的零件，以任务书的形式布置给学生。

一、课程设计任务书

课程设计任务书主要包括以下内容。

（1）设计题目　例如，×××零件的机械加工方案及数控工序加工程序设计。

（2）生产类型　例如，中、小批生产。

（3）具体任务要求

1）产品零件图。

2）零件毛坯图。

3）零件机械加工工艺方案（零件机械加工过程卡）。

4）数控加工工序卡（含加工坐标位置、装夹示意、刀具卡、走刀路线、加工程序及程序说明图表等）。

5）数控加工课程设计说明书（5000～8000字）。

二、课程设计的步骤要求

课程设计时间一般规定在两周之内完成，数控加工课程设计主要有以下几项内容。

1）绘制产品零件图（A4幅面的标准零件图电子文档），了解零件的结构特点和技术要求；将零件图标准化核对后进行零件图样分析。

2）根据所在企业（实习厂）的生产条件及产品的生产批量，对零件的结构性和工艺性进行分析，确定毛坯种类，绘制零件毛坯图。

3）拟订出零件的加工方案（机械加工工艺过程卡或零件的加工工艺路线）。

4）确定数控加工内容（数控程序设计的内容）。在零件加工工艺过程卡中，以优质、高效、低耗为前提，确定适于数控加工的工序内容；从适合数控加工的工序中再确定要进行数控加工程序设计的工序。

5）对选定的工序进行数控加工工艺分析，做好数控工序加工工艺系统选用、编程相关准备及程序单编制等工作。

6）程序验证、输入及数控工序的加工准备等。

7）对课程设计进行讨论、总结，并编写设计说明书。

8）将课程设计说明书、设计任务书、零件图样等整理，装订成册。

9）总结体会并做好答辩准备。

三、课程设计的准备工作

1. 知识准备

课程设计前，学生应完成"机械识图"、"金属材料"、"公差配合与测量技术"、"常用机构"、"常见联接与传动"、"金工实习"、"生产基础实习"、"常见工种的机床基本功能与操作"、"零件装夹定位"、"刀具类型与选用"、"零件加工工艺"、"数控编程与操作"等课程内容的学习。

2. 工具准备

课程设计前，应准备好常用长度测量、角度测量、形位公差测量、表面粗糙度测量等工具仪器。

3. 总体要求

课程设计前，应准备好相关资料和手册，熟悉工厂环境与实际加工要求。零件加工总体方案设计应简略、清晰、完整，对于确定数控加工设计的工序，其工序内容应与具体加工条件相适应。

第四节　课程设计的特点

数控加工课程设计是锻炼学生以实际生产中的机械零件为加工训练对象，模拟数控加工实际工作过程的较完整、较全面的机械加工实践活动，是将理论知识转化为实践能力、培养基础加工工艺能力的重要教学环节。为了使学生尽快投入并适应课程设计，要求学生在完成课程设计的过程中了解并正确处理以下几种关系。

一、学生主体地位与教师主导作用

本书课程设计的各项工作都应在教师指导下由学生独立完成。

1. 学生主体

学生作为课程设计的主体，应该以主动、积极的态度，充分发挥自主学习、自由思考、好奇探究的能力，从了解课题任务和要求开始，及时收集数控加工相关资料，主动分析问题、解决问题，拟订详细的设计工作计划，认真阅读课程设计指导书，按计划布置循序渐进地完成每部分工作任务。

2. 独立思考

在设计过程中，应充分体现自己综合分析问题和独立解决问题的能力，切莫依靠指导教师给信息、给数据、给方法、给程序，避免过分依赖指导教师，体验职业岗位的实际工作任务，从中获得基本的工作经验。

3. 教师主导

教师的作用在于帮助学生了解工厂环境下的零件加工工艺规程、工厂企业的生产协作关系，引导学生的零件加工分析思路，启发学生独立思考和创造性发挥，解答学生的疑难问题，按进度要求进行阶段性检查。

二、分析加工对象

零件的机械加工是一个将其整体拆分成各局部进行工序加工分析，再由局部工序的加工合成零件整体的生产全过程。数控加工工艺设计过程是从零件的加工方案总体考虑入手，落实到组成加工方案的具体工序（主要是数控工序加工）设计，最终保证零件的使用（总体）要求。

零件的加工方案与组成加工方案的加工工序密不可分、互相依存、互相制约。在零件加工分析中，应注意先进行零件加工整体方案分析，再进行数控工序加工分析，始终遵守"先概要后详细"的原则，并及时将加工分析中发现的问题和错误结论返回到前阶段的加工方案中调整和修改，从整体和全局的角度反复推敲，解决工艺过程中存在的问题，使加工方案的各工序相互关联、协调、统一。

如果学生孤立片面地进行数控加工工序设计，容易造成局部的数控工序加工与零件整体方案的基准不统一、加工内容衔接不够或脱节等。另外，也容易引起装夹累积误差变大，导致尺寸超差甚至零件报废，进而影响课程设计，这都是课程设计中需要避免的问题。

课程设计各阶段的任务是相互关联的。例如，数控工序的装夹定位需要前面工序提供基准，粗加工工序尺寸需要根据其后的精加工质量的保证来推算、修改和完善。因此，课程设计各阶段是关联交替的，需要通过分析、计算、修改等反复核对，及时记录、修改、调整，才能使设计逐步完成。

三、成员的分工与协作

本课程设计采用按小组分工协作的模式完成整体任务，这样不仅能解决学时有限的问题，还可以使学生在分工与协作中学会合作，培养他们的团队精神。

四、标准与创新

善于了解、学习和继承前人的加工经验资料累积，是提高课题完成质量的重要保证，也是机械加工综合能力的体现。数控加工与普通加工密不可分，完成过程需要工艺技术人员的从业经验、理论知识和灵活、创新的能力。

课程设计前，要认真阅读课程设计任务书，仔细分析和参考应用实例，充分利用现有的参考资料，在设计思考过程中合理汲取和创造性发挥，在全面综合所学知识和参考现有资料的基础上，针对具体零件，从现有加工条件出发，分析模仿参考实例中的过程步骤，对照找出课题任务之间的区别与联系，充分发挥自己的创造性尝试设计，做到继承与创新并行。

第二章　课程设计基本要求

课程设计包括选题、制订课程设计计划、设计任务书的下达、设计说明书的编写、设计计算的完成及设计总结等多个环节，各部分的基本要求按小结分别列出。

第一节　选　　题

一、选题类型

在确定课程设计任务时，应尽可能选择具有代表性的、典型特征的零件，如轴套类、支架异形类、箱体壳体类、型腔模具类、各式板类、配合体等实际生产中常见的加工零件。

数控加工课程设计的零件结构应包含有普通机床无法加工或比较难于保证加工质量的，以及用普通机床加工费时、费力、生产效率低的。

按所选用数控机床的不同，课程设计可分别偏重于突出数控车削、数控铣削、数控钻削、车削加工中心、镗铣加工中心等不同数控设备加工特点来安排内容。

二、选题要求

课程设计的任务（零件图）一般由指导教师指定，也可由学生自行选定后经指导教师审核确定。零件图中的结构、尺寸要求等，必须体现数控加工的优势或加工性能的特点。

在确定数控加工课程设计任务（选题）时，应选择加工工艺路线短且数控加工工序的内容也不太复杂的零件。因为零件加工工艺路线太长，学生会将精力过多地投放到零件的整体加工方案思考中，却忽略了数控加工的侧重内容；而数控加工工序内容过于复杂，学生会忽略对零件加工过程整体方案的思考。

第二节　任 务 规 划

一、主要任务

1）拟订课程设计提纲，分配说明书编写任务，并对设计过程提出统一要求。

2）对零件进行加工分析，编制机械加工工艺过程卡，在过程卡（加工方案）中选定一个数控工序作为重点设计内容。设计数控加工工艺过程和编制该工序数控加工程序单，并明确设计思路和撰写数控加工设计说明书。

3）同组学生有计划、有分工、统一协调地完成各自的设计任务。

4）对拟订的加工方案、参数选择和数据确定结果认真负责，注意将理论与实践结合，使自己完成的课程设计尽可能在生产上应用可行，技术上先进合理，经济成本上高效低耗。

二、教师职责与学生任务

1. 教师的主要职责

指导教师主要承担课程设计的选题（或审题）、学员分组并布置任务，提出课程设计进度计划要求、课程设计说明书格式和排版装订要求，对设计过程疏通引导、疑难问题解答，审核课程设计说明书，综合成绩评定等任务。

2. 学生的主要工作

1）绘制标准零件图一份。

2）产品毛坯图一张。

3）拟订零件加工方案，编制零件机械加工工艺过程卡。

4）编制数控加工工序卡（含加工位置坐标、装夹示意、刀具卡、走刀路线、加工程序及程序说明的图表等）。

5）编制数控工序加工程序单。

6）撰写数控加工课程设计说明书一份（5000～8000 字）。

7）设计总结和答辩。

三、进度计划

1. 时间计划

根据专业阶段学习需要，一般以 2 周时间为宜。

2. 进度计划

课程设计具体进度包括课题准备、分析零件图、准备零件加工相关资料、绘制零件图和毛坯图、制订加工方案、数控加工工艺分析及加工程序设计、撰写设计说明书、讨论及答辩等。课程设计的时间分配见表 2-1。

表 2-1　课程设计时间分配表

课程设计进度	计划用时	课程设计进度	计划用时
课题准备	半天	数控加工工艺分析及加工程序设计	四天
分析零件图，准备零件加工相关资料	半天	撰写设计说明书	两天半
绘制零件图和毛坯图	一天	讨论及答辩	半天
制订零件加工方案	一天半		

四、考核

1. 课程设计成绩

学生在规定的计划时间内完成课程设计任务、图样卡片、设计说明书等，送交指导教师审核签字后，应在规定的时间内完成答辩。课程设计成绩一般由设计说明书（论文）成绩、工作态度和答辩成绩三部分组成。未经过指导教师审核签字的设计课题，不予参加答辩。

2. 答辩组成员

答辩小组通常由 3～4 名数控教师组成，并聘请 1～2 名企业工程师或工艺师参加。

3. 答辩过程

首先由设计者本人对其设计进行 5～8 分钟的自述和设计说明，然后回答答辩组对设计提出的问题。每名学生的答辩总时间一般控制在20分钟左右。

4. 成绩评定

根据课程设计说明书中的设计图样、说明书质量、答辩问题的应答质量及课题设计过程的工作态度、独立思考能力、处理问题能力等几方面表现，由答辩小组综合评定学生的成绩。课程设计成绩分为优、良、中、及格、不及格五个等级。

课程设计成绩不及格者必须重做。

第三节　任务流程

一、课程设计过程

1. 了解设计任务

认真阅读设计任务书，明确设计任务和设计要求。指导教师可以根据学生的理论基础和应变能力，选择确定难度适中的数控加工设计任务。

2. 设计前的准备工作

1）了解原始资料。原始资料包括零件图样、零件生产批量、毛坯材料和规格、现有机床设备数控系统、编程操作说明书等。

2）收集资料。收集整理加工场地（车间）机床布局、机床类型及规格型号，现有刀具类型、规格型号，现有夹具与量具类型、规格，工厂生产习惯等。

3）知识准备。零件加工过程相关的基础性课程知识，参观、见习实际加工操作过程性知识等。

3. 拟订课题设计阶段计划提纲

数控加工准备的主要内容是数控加工工艺系统准备（即工件毛坯准备、刀具准备、机床准备、夹具准备、零件工艺和程序准备）。

指导教师应引导学生针对任务进行加工设计总体规划，一般包括产品图样分析、零件工艺分析、生产加工方案设计、数控加工内容确定、数控工序加工分析、数控加工程序编制、程序校验试切、小组讨论、结论体会、撰写设计说明书等。

4. 课程设计各阶段内容和时间的初步分配

对任务内容细化分解，将数控加工课程设计流程步骤、设计各阶段内容、需占用时间分配等，参考课题进度计划要求，拟订学生个人（或小组）课程设计计划提纲和进程时间比例分配表。

5. 数控加工程序设计过程

草拟零件的生产加工方案及设计零件加工工艺过程卡，在方案中确定数控加工程序设计的工序，做好数控工序加工分析及程序设计准备，编制数控加工程序及程序说明等。

6. 编写课程设计说明书

设计说明书包括封面、内容简介、前言、目录、任务书、正文、参考文献等。

编写设计说明书是课程设计工作中的重要组成部分。设计说明书是课程设计总结性的技术文件，应充分表达设计者的设计思想。设计说明书应图文并茂，条理清楚，层次分明。

7. 结果讨论和准备答辩

指导教师审核课程设计初稿时，应引导学生进行加工方案优化比较，提出修改建议。探讨多种加工方案并比较其加工特点，不断修改和完善课程设计说明书直至定稿。总结加工设计过程，感想和体会等，为设计答辩做准备。

二、课程设计流程

课程设计的流程，如图 2-1 所示。

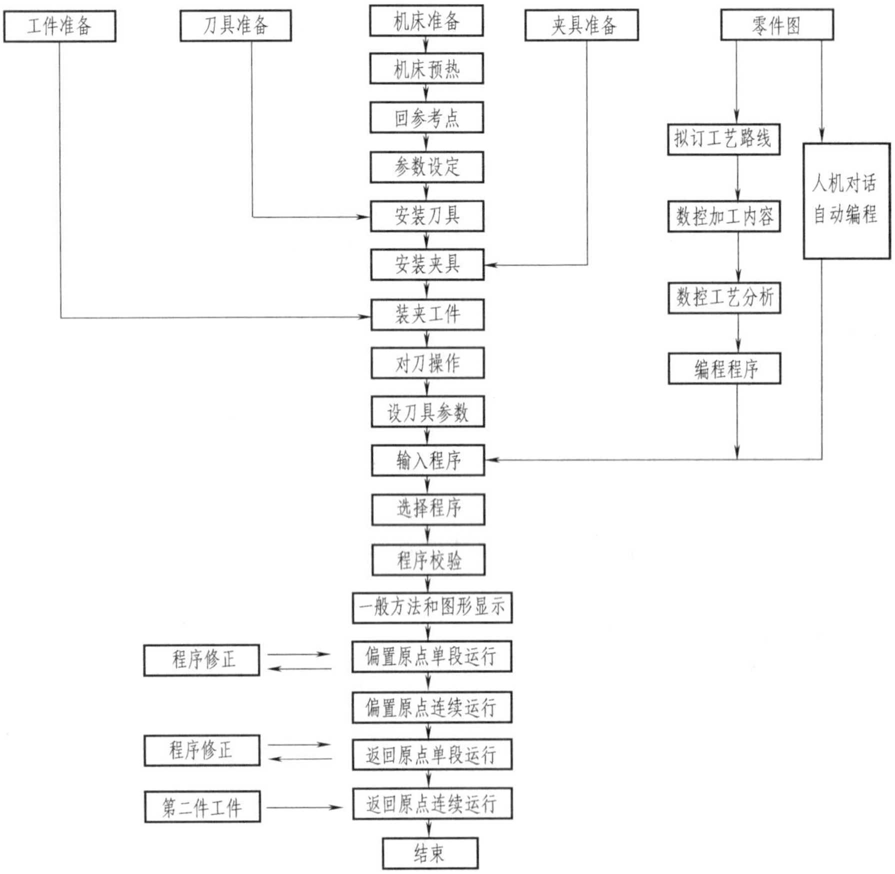

图 2-1　课程设计流程图

第四节　设计说明书（论文）编写要求

课程设计说明书（或毕业论文）的构成要素包括标题、署名、摘要、关键词、目录、引言（绪论）、正文（本论）、结论、致谢、参考文献、注释、附录等。

一、标题

古人说“题括文意”，是指标题要概括文章的内容，体现文章的主旨或者尽可能体现作者的写作意图。论文的标题一般包括总标题和小标题。

1. 总标题

总标题是文章总体内容的体现，位于首页居中位置，主要有五种形式。

（1）观点式标题　主要揭示文章的观点，标明作者对问题的看法，如《职业教育需要真正的双师型教师》。

（2）内容式标题　主要揭示文章的内容，标明作者论述的重点所在，如《可做钻夹头使用的多功能顶尖》。

（3）议论式标题　一般在标题语句的前面或后面标有“谈”、“论”、“试论”、“试析”、“探索”、“探析”、“探讨”、“研究”、“思考”等词语，以表明文章的体裁，如《数控加工实习课题初探》。

（4）提问式标题　用设问句的形式，隐去要回答的内容，实际上作者的观点十分明确，如《项目式教学不需要理论基础吗?》。

（5）主副式标题　主题表明观点，副题交待文章研究的内容，如《怎样培养数控加工通才——探讨数控加工人员的知识和能力结构》。

2. 小标题

论文（课程设计说明书）必须有层次性，设计小标题主要是为了清晰地显示论文层次。

需要注意的是，社会科学类论文一般采用“一、二、三，（一）、（二）、（三）…”这种形式，社会科学类论文的序码一般空两格排列。

自然科学类一般采用“1、2、3，1.1、1.2、1.3…”这种形式，自然科学类论文的序码一般顶格排列。

在使用小标题时，应注意以下问题。

1）标题号按从大到小的顺序使用，可以跳用，但不可倒用。

2）根据内容、字数选用标题号，避免小题大用或大题小用。

3）标题要简明，切忌两个层次的标题完全相同。

4）七个“对应”，即目录与正文标题、标题与内容、文与图、文与表、呼应注与注释内容、图字代号与图注、全文前后的内容要对应。

总之，设置标题应努力做到四点：一要明确，能够提示内容或论点，使人一看便知道文章的大意；二要简练，总标题一般不超过20个字；三要新颖，使人赏心悦目；四要有美感，文字长短大致相同，形式均匀对称。

二、署名

在课程设计说明书（论文）总标题的下面署上作者的姓名和指导教师的姓名。课程设计应有统一封面，作者和指导教师姓名写在封面指定位置上。

三、摘要

摘要是对论文内容要点的概括描述，应忠实于原文。中文摘要前加“摘要:”或“［摘要］”作为标识。摘要分为报道性摘要和提要性摘要。

提要性摘要只是简要地叙述研究的成果（数据、看法、意见、结论等），对研究手段、方法、过程等均不涉及，适用于毕业（设计）论文、专业论文等。报道性摘要主要介绍研究的目的、对象、内容、方法、结果、主要数据和结论，适用于科技论文。

中文摘要一般不超过300字。摘要一般使用第三人称，不用“我们”、“笔者”等词作主语。摘要一般置于总标题和署名之后、正文之前。

摘要一般在版面上左右各缩进两字，连同关键词上下各空出一行。摘要的字体或字号应区别于正文。

四、关键词

关键词是能表征论文主题内容的具有实质意义的中文词语，是从论文标题、内容提要或正文中提取的、能表达论文主题的、具有实质意义的单词或术语。每篇论文一般有3~8个关键词，按词语的外延层次从大到小排列，尽可能选用规范词。每个关键词之间应以分号分隔，以便于计算机自动切分。中文关键词前应冠以“关键词:”或“［关键词］”。

课程设计中，关键词可以省略。

五、目录

数控加工课程设计说明书（论文）篇幅较长、容量也较大，一般需要编写目录。其目的是让读者在阅读此文之前对文章的内容和结构框架大致了解。

目录一般放在论文的前面，层次设置应统一，包括论文的一级标题和二级标题的名称以及对应的页码，附录、参考文献的对应页码。

六、正文

正文是论文的核心部分，由绪论、本论、结论三部分组成，这三部分在行文上可以不明确标示，但各部分内容应以若干层次的标题来表示。

(1) 绪论　绪论又称引言或前言，目的是引出论题。绪论主要说明本课题研究的理由和意义。

绪论只是文章的开头，一般不写序号。有的侧重写本课题研究的缘由、任务及预期达到的目标（即结果）；有的侧重写国内外同行对本课题研究情况的简要回顾和展望，指出目前的进展和存在问题，从而说明本课题研究的目的和意义。绪论应写得言简意赅，不能写得太长。

(2) 本论　本论是论文的主干部分，作者在这部分对所探讨的课题应作充分、全面、有说服力的论述，提出有创造性的见解。

论文按其研究方法划分，有理论型论文、综述型论文、描述型论文、实验型论文、设计型论文。

数控加工课程设计说明书（论文）属于设计型论文，一般由封面、目录、设计任务书（应放在说明书的最前面）、设计说明书正文等组成。

数控加工设计说明书的正文应包含序言、零件图分析、零件整体加工方案设计（工艺规程设计）、确定数控加工内容、数控工序加工设计（工艺系统选择、效益分析、基本操作说明等，这是课程设计论文的主体）、加工程序及程序说明编制等。

(3) 结论　结论又称结语、结束语，是整篇论文的结局。它主要是对正文分析、论证的问题加以综合性的概括和总结，从而做出结论。

如果不能导出应有的结论，也可以没有结论，而进行必要的讨论。可以在结论或讨论中提出建议、研究设想、仪器设备改进意见、尚需解决的问题等。

结论作为文章的结尾，一般不写序号。

七、致谢

致谢文字一般不长，通常置于正文之后。此为非必写要素，视情况而定。

致谢是对论文写作中给撰写者有很大帮助（如审题、审稿、指导、修改、提出意见建议、提供有关资料）的人员或单位公开表示谢意的文字，以示对别人劳动的尊重，也是一种谦逊品质的体现。

八、参考文献

参考文献，也就是参考书目。参考文献按次序列于文后，以“参考文献:”（左顶格）或“[参考文献]”（居中）作为标识，以 [1]、[2]、…按序排列。如遇多个主要责任者，以“,”分隔。一般在主要责任者后面不加“著、编、主编、合编”等词语。

一般应列出主要书刊和网页上文章的目录作文参考文献，置于文尾，与正文空出一行(或另起一页)。

1. 参考文献的排序方法

参考文献排序一般有如下几种方法：①按照在论文撰写中参考价值的大小；②按照论文参考引用的先后顺序；③按照文献时代的先后顺序；④按照作者姓氏笔画或外文字母的顺序。

2. 参考文献的著录格式

未公开发表的原则上不引用，文献序号应与文中引用先后次序一致。参考文献的著录格式如下：

1）期刊：[序号] 作者. 题名 [J]. 刊名，出版年，卷号（期号）：页码.

例如，[1] 张秀珍，晋其纯，尚欣. 可做钻夹头使用的多功能顶尖 [J]. 机械工人，2008，26（1）：36-41.

2）专著：[序号] 作者（主编）. 题名 [M]. 出版地：出版者，出版年.

例如，[3] 张秀珍，晋其纯. 机械加工质量控制与检测 [M]. 北京：北京大学出版社，2008.

3）报告：[序号] 作者. 题名 [R]. 报告地：机构名称，年.

例如，[4] 冯雷. 生化反应器的动力学分析 [R]. 北京：清华大学核能技术设计研究院，2003.

4）专利：[序号] 专利所有者. 专利题名：专利国别，专利号 [P]. 公开日期 [引用日期]. 获取和访问路径.

例如，[5] 王杏林. 建筑砌块联接件：中国，CN 1036800 [P]，1997-09-27.

5）标准：[序号] 标准代号 标准名称 [S]. 北京：中国标准出版社，执行日期.

6）电子文献：[序号] 主要责任者. 电子文献题名 [EB/OL]. 电子文献的出处或可获得的地址，发表或更新日期.

例如，[9] 王明亮. 关于中国学术期刊标准化数据库系统工程的进展 [EB/OL]. http：//www. cajcd. edu. cn/pub/wml. txt/990810-2. html，1998-08-16.

九、注释

注释是作者对论文中的有些字、词、句加以必要的解释和注释来源出处。它与参考文献是有所不同的。非必写要素，视情况而定。

需要注意的是，一篇论文不要在文尾既写“参考文献”又加“注释”，以免影响论文外形的美观。

十、附录

附录是对正文起补充说明作用的信息材料。非必写要素，一般置于论文的最后部分。

论文中有些内容既与正文关系密切，又有相对的独立性，如果列入正文则往往会影响正文叙述的条理性和连续性，因而将其附加在正文之后作为附录，以帮助读者阅读，掌握正文中的有关内容。此外，还有一些附于文后的文章、文件、图表、公式推演、编写的程序等与论文的阅读有着密切关系的资料。

工艺图表是加工设计的语言，也是指导工程实施的依据，它与设计说明书密切配合、相辅相成。工艺图表可置于正文中，也可集中放在附录里（注：工艺过程卡、工序卡必须放在正文里）。

第五节　设计说明书编排格式

一、版式与用字

文字、图形一律从左至右横排。文字采用通栏编辑，使用规范的简化汉字，忌用异体字、复合字及其他不规范的汉字。

二、编排式样及字体字号

1. 封面

（1）文头或文尾　封面顶部居中或封面尾部居中，上下各空一行，固定内容为“×××课程设计”。

（2）论文标题　论文标题用3号黑体加粗，在文头下居中，上下各空两行。

（3）其余项目　系别、专业、班级、学生姓名、学号、指导教师等项目名称用3号黑体，内容用3号楷体，在标题下依次排列，各占一行。

2. 内容提要及关键词

内容提要应另起一页。

1）“内容提要”项目名称用4号黑体，内容用5号宋体，每段起首空两格，回行顶格。

2）“关键词”项目名称用4号黑体，内容用5号黑体，词间空一格。

3. 目录

目录另起一页。“目录”项目名称用3号黑体加粗，顶部居中；内容用小4号仿宋体。

4. 正文

正文另起一页。

1）论文标题用3号黑体加粗，顶部居中排列，上下各空一行。

2）文字用5号宋体，每段起首空两格，回行顶格，1.5倍行距，字间距可适当宽松。

3）正文文中的小标题格式如下。

①一级标题：标题序号为“1.1”，用5号宋体加粗，独占行，末尾不加标点。

②二级标题：标题序号为“1.”，用5号宋体加粗，独占行，末尾不加标点。

③三级标题：标题序号为“（1）”，用5号宋体加粗，可根据标题的长短决定是否独占行。若独占行，则末尾不加标点，若不独占行，标题后面须加句号。

④四级标题：标题序号为“1）”，用5号宋体，接排。

⑤五级标题：标题序号为“①”，用5号宋体，接排。

4）附录。“附录”项目名称用4号黑体加粗，在正文后面空两行顶格排列，内容编排参考正文。

5）参考文献。“参考文献”项目名称用4号黑体加粗，在正文或附录后面空两行顶格排列；另起一行空两格用5号宋体排列参考文献内容。

6）致谢另起一页。“致谢”项目名称用4号黑体加粗，另起一行空两格用5号宋体编排内容，回行顶格。

5. 表格

正文或附录中的表格一般包括表头和表体两部分，编排的基本要求：

1）表头。表头包括表号、标题、计量单位，用小5号黑体，在表体上方与表格线等宽编排。其中，表号居左，格式为“表1”，全文表格连续编号；标题居中，格式为“××表”；计量单位居右，参考格式为“（单位：××）”。

2）表体。表体的上下端线一律使用粗实线（1.5磅），其余表线用细实线（0.5磅），表的左右两端不应封口（有左右边线）。表中数码文字一律使用小5号字。表格中的文字要注意上下居中与对齐，数码位数应对齐。

6. 图形

图形的插入方式为上下环绕，左右居中。文章中的图形应统一编号并加图名，格式为“图×-××　×××”，用小5号黑体在图的下方居中编排。

安排图位置的原则是先见文后见图，且文和图位尽可能靠近。

7. 数字

文章中的数字，除了部分结构层次序数词、词组、惯用词、缩略语、具有修辞色彩语句中作为词素的数字、模糊数字必须使用汉字外，其他均应使用阿拉伯数字。同一文中，数字的表示方式应前后一致。

8. 标点符号

文章中的标点符号应正确使用，忌误用、混用标点符号，中、英文标点符号应加以区分。

9. 计量单位

除特殊需要外，论文中的计量单位应使用国家法定计量单位。

10. 页码

论文全文页码应连续，单面页码位置建议置于右下角，双面页码置于左下角。

第六节 装 订 顺 序

课程设计说明书（论文）的装订顺序依次为封面、目录、内容提要（可省略）、任务书、正文（绪论、本论、结论）、致谢、附录（附表）、参考文献、考核表及其他。

第七节 教师指导与答辩准备

一、前期准备工作

教师的准备工作是课程设计实践教学的必要条件。课程设计之前，教师主要做以下工作：

1. 确定课程设计的基本任务

以往的编程练习中，数控编程和零件加工工艺过程没有任何直接联系，课程设计的任务设计应根据数控加工课程的特点及机械制造朝着计算机智能化、集成化发展的方向，为学生确定一个难度和结构适中的零件，其主要任务为制订零件加工工艺规程、填写工艺过程卡及数控加工工序卡，设计一道指定数控工序的加工程序及程序说明。

由于设计任务有系统化和完整性的特点，所以，课程设计应在培养学生的系统化、集成化思维能力，使学生在掌握专业基本技能的同时，为现代制造技术的学习应用打下基础。

2. 分组及任务布置

合理分组是分层实训教学的一个关键环节，关系到每个学生能否得到充分锻炼。课程设计通常4~6人为一组，共同完成任务，每组成员应按差中优搭配训练。在任务分组布置时、按照分层教学的思想和模式，依据课程结业成绩和平时成绩的考查结果，将学生分为三个层次，每层对应一定难度和一定数量的课程设计题目。

二、实践过程指导

1. 分层指导

课程设计中，指导教师面临的普遍性、一般性问题数量减少，而特殊性、个别辅导性的问题数量大大增加。这就要求教师在课程设计过程中采用统一的进度计划，集中讲解示范，并按任务零件的加工难易程度，将学生对应分成A、B、C三个层次组，实施具体分层指导。

2. 指导措施

1）在零件加工工艺方案设计的指导中，对于A组学生只要求其加工工艺过程的可行性，即讨论是否可行及何处不可行，在可行工艺方案中选定出数控加工程序设计的工序。对于B组学生，在其已构思出的加工工艺方案基础上，引导他们考虑其他加工工艺方案并进行优化比较，在选定数控加工程序设计的工序内容时应有一定难度要求。对于C组学生则要求其分析零件图和零件加工工艺，制订零件各表面加工方案、划分加工阶段、拟订零件加工路线，引导学生将他们认为的难点工序提出几种可行的加工方法以供比较选择。

2）在数控加工工序设计的装夹定位指导中，对于A组的学生，由于零件较简单，夹具结构相应也简单，一般为通用夹具加辅具，主要要求其加工方案必须具备生产操作的可行性。对于B组学生数控加工工序中的工件定位夹紧方案，建议不过多强调生产率，仅仅要求定位、夹紧结构合理。对于C组的学生，因难度较大，工序内容较多、工步步骤较复杂，建议其装夹定位尽量采用快速装夹或联动夹紧结构。

3）在刀具、量具的选用指导中，由于刀具和量具的材料、热处理及结构工艺性较为复杂，故需要重点辅导。

三、答辩准备

1. 教师准备

长期以来，一般只在毕业设计中才有答辩过程，学生对答辩存有畏惧和偏见。实际上，答辩是学生之间、师生之间相互学习与交流的好机会，是检查教学过程的一种行之有效的手段，是对设计过程中存在的所有问题（尤其是一些在理论教学中无法显现的隐性问题）的集中答疑，既锻炼了学生的口头表述能力，也培养了学生对整个加工方案进行全面分析与评估的思维方式。

在课程设计答辩中，应注意培养学生的自信心，指导教师在评述学生方案时首先要明确指出成功和值得借鉴的方面，肯定学生的成绩和创意。对于学生设计中存在的不足，教师除了指出原因外，还应给学生提供几种可行方案或答案提示，这一点对于基础不够扎实的学生尤其重要。

2. 学生准备

1）课程设计任务完成后，应整理全部图样和说明书，并按要求装订，装入资料袋。

2）个人感想与总结。系统地回顾与总结时，应以课程设计的具体任务和完成顺序为线索，清理课程设计完成思路，剖析各部分内容，归纳数控加工设计的一般方法和步骤，分析各自设计的特点与不足，并提出改进方案，找出设计中存在的问题，解决这些问题。

3）小组讨论与互检。同组成员的课程设计说明书（论文）既要保持其独立性，又需密不可分、相互联系。因此，答辩前，小组成员之间应相互交流和探讨，相互检查和启发，发挥群体优势，以强化课程设计的综合效果。

4）答辩时间。每个学生的答辩时间应控制在20分钟左右，其中含5～8分钟的自述时间。

第三章 设 计 过 程

拟订数控加工课程设计的一般过程时，应按以下三部分内容进行。

第一部分，零件总体加工方案设计。

第二部分，数控工序加工步骤及加工程序设计。第一与第二部分之间，应用如何确定数控加工内容来进行衔接。

第三部分，整理设计说明书并准备答辩。

第一节 分析设计任务书

产品零件图样、生产纲领（或批量）和工厂的现有生产条件是课程设计的主要原始资料，根据这些资料确定生产类型和生产组织形式之后，便可开始进行零件加工工艺设计，拟订工艺规程和数控加工程序设计。

一、分析零件图，审查结构工艺性

1. 明确任务

熟悉设计任务，了解零件性能、功用、工作条件及其所在机器部件（或整机）中的作用。

2. 图样分析

了解零件材料及其热处理工艺的要求，合理选择毛坯的种类并基本确定毛坯的制造方法。

3. 结构工艺性分析

所谓具有良好的结构工艺性，是指在不同生产类型的具体生产条件下，对零件毛坯的制造、零件的加工和产品的装配等，都能采用较经济的方法进行生产的结构状态。

分析零件的具体形状和结构特点，分析零件图上各项技术要求、加工要求、关联要素等，找出零件加工关键问题。

从选材是否得当，尺寸标注和技术要求是否合理，零件的结构是否便于装夹和加工操作，零件的结构能否适应生产类型和具体的生产条件，是否便于采用先进的、高效率的工艺方法等方面进行结构性分析。如果零件图中结构、尺寸、技术要求等，有不能投入实际生产加工的，则应提出修改意见。

绘制零件图的过程也是分析和认识零件结构的过程，零件图应按机械制图国家标准绘制，通常要求按 1:1 比例绘出。

4. 加工方法的确定

确定主要加工表面和次要加工表面的加工方法，拟订零件各表面的加工方案和初步选定切削用量。

二、确定毛坯

根据零件生产纲领或批量，确定毛坯的类型和制造方法并绘制毛坯图。

1. 常用的毛坯类型

（1）型材　型材含各种冷拔、热轧的板材、棒料（圆的、六角的、特形的）、丝材。是应用最为广泛的一种毛坯材料。

（2）铸件　铸件含砂型铸件（包括木模手工造型、金属模机械造型）、金属型铸件、离心浇注铸件、压力或熔模精密铸件。铸件通常是形状复杂、或主要起支撑作用的底板、支架、支座、壳体箱体等零件的毛坯件。工艺人员必须根据设计图样中的材料牌号，结合生产批量和具体加工条件选择毛坯。

（3）锻件　锻件包括自由锻锻件、模锻锻件、精密锻造锻件等。锻件毛坯一般是在中、低碳钢型材件的基础上，为了强化材料性能或使毛坯接近零件形状切除材料而受压变形加工的零件毛坯。

（4）焊接件　一般在单件生产或新品试制阶段才考虑使用焊接件毛坯。

（5）压制件　生产批量大时，为降低成本而投资模具获得的高效低耗毛坯件或成品件。

（6）冲压件　一般薄壁复杂曲面形状零件及孔系、槽系等曲线结构件使用冲压毛坯。

选择确定毛坯时，比较几种毛坯类型、特点，在满足使用要求的前提下，主要考虑工艺实施的可行性、加工操作的方便性和经济性等。

2. 绘制毛坯图

通过绘制毛坯图，进一步了解毛坯选用的考虑因素、毛坯规格尺寸与切削余量大小的关系等。

毛坯图应标出总体尺寸，便于后续加工工艺中的加工余量分配。

第二节　确定总体加工方案

对零件结构分析，找出零件的关键部位、关键尺寸等，从零件主要部位的加工分析入手，草拟该部位加工工艺过程，再将其他部位加工内容穿插其中，初步拟订零件的加工工艺路线，然后整理修改、形成零件加工总体方案，整理出零件加工工艺过程卡。

一、拟订零件加工总体方案的注意事项

在拟订工艺路线，尤其是在选择加工方法、安排加工顺序时，要注意以下事项：

1. 表面成形

首先加工能精确定位的基准面，再尽量以统一的精基准定位加工其余表面，并考虑各种工艺手段最适合加工的表面结构。

2. 保证质量

保证质量需考虑以下几方面。

1）保证尺寸精度、形状精度和表面相互位置精度达到设计要求。

2）划分加工阶段，将粗加工、精加工分开。

3）保证工件无夹压变形。

4）减少热变形。

5）采用热处理工艺改善加工条件、消除应力和稳定尺寸。

6）减小误差。

7）对某些相互位置精度要求极度的表面，采用互为基准反复加工。

3. 减小消耗，降低成本

发挥工厂的优势和潜力，充分利用现有的生产条件和设备，尽量缩短工艺路线和工艺准备时间，尽量避免贵重稀缺材料的使用和消耗。

4. 提高生产率

在现有数控加工设备的基础上考虑智能化的工艺时，工序内容宜集中，以提高生产效率，保证质量。应尽可能减少工件在车间内和车间之间的流转，必要时考虑采用先进、高效的工艺技术。

5. 选定数控机床和工艺装备

选择机床和工艺装备时，其数控机床型号、规格、精度应与零件总体尺寸大小、精度要求、生产纲领和工厂的具体条件相适应。避免因贪图高、精、尖端要求，而造成设备工装的无谓浪费和操作人员技术局限。

6. 加工工艺方案的对比优化

零件加工工艺设计通常应以“优质、高产、低耗”为宗旨。为保证加工质量的可靠性，应对不同零件加工方案进行技术经济分析，对生产率和经济性（即不同方案的工艺成本和投资回收期）进行对比，最后综合对比结果，确定最优加工方案。

制订工艺规程时，通常有几种不同的工艺路线可以满足被加工零件的加工精度和表面质量的要求，其中有的方案具有很高的生产率，但设备和工艺装备方面投资大；另一些方案则可能投资较节省，但生产效率较低。因此，不同工艺路线会有不同的经济效果。为了选取在给定生产条件下最经济合理的方案，应对已拟订的至少两个工艺路线进行技术经济分析和评估，确定出可行性强、经济性好、工艺路线短、操作方便、易于实现的零件加工方案。突出体现制造工艺合理性、技术先进性和综合经济性、高效性。

二、工艺方案的校核

在完成制订机械加工工艺过程的各步骤后，应对整个工艺过程进行全面的审查和校核。首先，应按各项加工内容要求审核零件加工路线的正确性和合理性，例如，基准的选择是否使累积误差最小，加工方法的选择是否方便可行，加工余量、切削用量等工艺参数是否合理，工序图等图表是否完整、准确等。此外，还应审查工艺文件是否符合相关标准的基本规定。

工艺方案校核审查完成后，一般以零件加工工艺过程卡的形式表达零件的总体加工方案。

第三节　确定加工工序

确定数控加工设计的工序，是零件从加工框架——总体方案，转换到对数控加工局部重点的过渡阶段。确定工序前，应理清设计思路，即明确零件加工方案框架下的数控加工程序设计。

在确定数控加工内容时，应根据零件结构确定该数控工序的加工方法，并根据所选用数控机床的功能复合程度，重新调整零件总体加工方案。总之，应尽量使工序内容集中，充分体现数控加工优质、高效、低消耗的特点。

第四节　工 序 设 计

一、工序设计步骤

1. 数控工艺分析

分析已选定的数控加工工序内容、精度、加工方法。

2. 数控加工工序设计步骤

1）按本工序零件加工部位的结构确定机床的类型和零件加工的装夹位置。

2）根据本工序零件加工部位的具体尺寸、精度、表面粗糙度和形位公差等要求，确定机床的规格、功能等。

3）确定零件数控加工的装夹位置，建立加工坐标系，选定本工序用的机床夹具（数控机床夹具一般尽量考虑能实现快速装夹的通用夹具或气动、液动夹具）。

画出工件装夹位置及加工坐标示意图。

4）根据加工部位和机床型号确定刀具类型、刀具材料、刀具规格（画示意图，将所选用的刀具类型、规格、刀具补偿等对应编号）。

5）进行数控加工具体详细步骤设计，画出走刀路线图；根据加工部位的精度要求确定切削速度、背吃刀量、进给速度等加工参数（切削参数是一个范围值，应采用经验估算取整的办法确定）；确定数控编程的相关点位置并进行原因说明等。

6）编制数控工序加工程序单。

二、工件的装夹

数控加工的工件装夹定位对数控加工操作难易、夹具功能要求程度、工件质量控制等都有直接的影响。

在数控机床上进行工件装夹与在普通机床上类似，都需要合理确定定位基准和夹紧方案。选择定位方式时应遵循基准选择原则，保证定位需要的定位精度；考虑夹紧方案时要特别注意夹紧力的方向及其作用点，尽量避免夹紧变形或夹伤工件。在数控机床上进行工件装夹与在普通机床上的区别在于，数控工序加工中的定位和夹紧需要更多考虑夹具的快速定位和夹紧程度以最大限度地降低辅助时间，提高加工效率。工件的装夹位置以行程量短，刀具通行方便，不干涉，对刀、加工操作等便于实施为主要参考因素。

机床夹具对工件的加工质量、生产率及操作者的劳动强度都有直接影响，数控加工一般采用通用夹具或与标准结构搭配使用的通用夹具或组合夹具装夹零件，以充分发挥数控加工的优质高效特点。

第五节　编 程 准 备

数控加工编程准备工作一般包含以下内容：

1）了解数控机床编程操作说明书，将零件按数控工序所需要的加工位置摆放，建立编程坐标系并画出坐标位置图——工序图，示意工件的加工、编程坐标原点。

2）绘制工序图，拟订数控工序的加工步骤，核对加工步骤与走刀路线（建议画出编程坐标系下的每一个工步的走刀路线图）。

3）绘制图表示基点位置及顺序编号，列表表达工件加工部位的基点、节点坐标值。

4）在工件编程坐标系上，设置对刀点坐标、换刀点坐标；设定切入点、切出点坐标位置；设定进刀点、退刀点坐标位置。

5）将该数控工序所选用的刀具材料、类型、规格、刀具补偿值等按刀具使用顺序编号，并列刀具表对应表示刀具、工步、切削用量之间的对应关系。

第六节　编写数控加工程序

在总体加工方案下，将准备好的相关编程坐标点用于程序编制。

编写加工程序的要求：

1）根据数控工序的加工步骤及其相关参数准备等，编制该工序的数控加工程序及其程序说明。因此，程序表达的加工过程必须与数控工序的加工步骤、走刀路线、切削参数等相关准备内容逻辑顺序一致。

2）要求列表编写加工程序及说明，便于阅读者对照理解程序内表达的加工思路。

3）编程时，与数控机床编程操作说明书对照，在程序中找出与该数控机床控制系统编程操作要求不匹配处进行修改整理（此工作内容也可以留到程序检验中的机床预演校验程序中进行，自动编程的直接仿真加工校验修改程序，然后再将程序输入数控机床预演）。

第七节　程序输入及程序校验

一、程序输入

在正式加工工件之前，先要将程序传输入数控机床，并记录程序名或程序位置编号。

二、程序校验

所有用于生产加工的数控加工程序，均需要对其进行反复校验修改，直至首件加工检验合格后，才可用于正式生产加工。常见的程序校验有仿真加工、机床预演、机床空运行和首件试切。

1. 仿真加工

在编程软件上仿真加工，主要检查数控加工程序的装刀顺序是否正确，是否存在过切，以及切入切出位置、走刀路线、走刀方式等的正确性与合理性。

在具有图形模拟显示功能的数控机床上，可通过显示走刀轨迹或模拟刀具对工件的切削过程进行程序检查。此方法只能检查该程序是否能加工出零件形状，而刀具规格、参数、切削三要素等影响工件质量的因素则无法检查。

2. 机床预演

仿真加工校验程序之后，可在机床上调出程序进行预演。机床预演主要检查数控加工程序与机床代码的匹配性、编程用法与规定的统一性等，在故障显示功能中查看出错信息。

3. 机床空运行

机床空运行主要检验程序的切入切出点的正确性（在加工过程是否撞刀），换刀点、退刀点等的正确性（走刀路线是否最短）等。总之，通常采用机床空运行单段方式来检查机床动作和运动轨迹的正确性。

4. 首件试切

通过首件试切零件的尺寸精度、表面粗糙度、倒角倒圆、形位公差等是否满足图样要求，主要校验刀具角度、切削用量、程序循环使用等，通过实际加工工件质量状态对照修改程序。

1）通过首件试切，检测工件的尺寸和表面粗糙度等，校验精车的各程序段及参数设置的正确性。

2）通过车削过程检验工件的加工余量的分配，车削路线的确定是否合理，以及检验程序段的参数。

3）零件首件试切后，检测零件是否达到精度要求，加工尺寸是否正确。

在数控加工教学过程中，对于形状复杂和要求较高的零件，多采用塑料或石蜡等易切削材料，通过检查试件加工精度是否符合图样要求来确认程序是否正确。

若能采用与被加工零件材料相同的材料进行试切则更能反映实际加工效果，试件外形不符合加工技术要求时，应修改程序走刀路线及设定刀具补偿值等措施；试件精度不够，则主要修改切削参数、刀具角度。

第八节　操 作 准 备

1）机床预热，输入程序及调用程序。

2）机床回零、设定加工参数；检查急停、复位按钮。

3）在机床上进行工件的定位、装夹。

4）装刀、对刀及设定刀具补偿值。

第九节　编写设计说明书、答辩

一、设计说明书的作用与要求

课程设计说明书是课程设计的总结性文件，是数控加工工艺和加工程序设计的理论依据，也是反映作者设计思想、设计方法及设计结果等的主要技术文件。通过编写说明书，进一步培养学生分析、总结和表达能力，巩固、深化在设计过程中所获得的知识。此外，设计说明书还是指导教师审核学生课程设计的可行性、评判设计课程设计过程质量及评定课程设计成绩的重要资料和依据。因此，编写课程设计说明书是课程设计工作的重要环节。

设计说明书是阐明数控加工设计思想、零件加工方案、数控加工工序参数的说明资料，主要说明设计的总体框架和主要的设计过程。因此，课程说明书应简要说明完成设计过程所考虑的主要问题和全部设计过程分析（含计算项目），但不必写出详细分析过程、精确计算推导过程或修改过程等，以免忽略数控加工的完整过程。

设计说明书是审计该课题设计合理性的主要技术依据。因此，对设计说明书的要求如下：

1）层次清晰、重点突出，内容应条理清楚、图文并茂、充分表达自己的见解。

2）应有较强的逻辑性，能完整地说明零件的数控加工设计思路、零件的整体加工工艺过程步骤。

说明过程还应随设计内容附上必要的加工参数选择依据、简图和表格等，插入的图例应正确清晰。对图表的编排要求是先见文后见图或表，文图对应一致，以便查阅、核对。

3）阐明零件加工方案的合理性、经济性，体现数控工序加工的高精、高效等方面的问题。

4）说明书的编排格式应该保证课程设计的参与人员从设计开始就能及时逐项地记录设计内容、参数和计算结果等，并在整理资料，分析方案、结论等之后，进行修改整理，并排序装订。若说明书在设计后期再集中完成，则说明过程容易出差错或出现工作内容重复、脱节等问题。

5）每一个设计阶段之后都应及时进行阶段整理，编写该阶段相关部分的说明书，再在设计结束后进行总体的综合归纳、整理和修改，编写完整的课程设计说明书。

6）在数控加工参数的确定中，应注意理解相关的加工参数。正确的加工参数是一个范围值，计算结果应在保证质量的值范围内取整而不是精确到小数点后的某位数字。

7）应用公式、数据、表格等应该注明来源，文内的数据、公式、图表等应注明参考文献的序号。

8）课程设计说明书封面应采用统一的格式，说明书完成后需装订成册。

二、设计说明书的格式

1. 封面

课程设计说明书的封面格式应统一，便于规范和统一管理。说明书的封面格式参见附录A的课程设计说明书封面样张。

2. 前言

数控加工课程设计的前言主要是对数控加工背景、本次设计的目的、理由和意义进行总体描述，让阅读者对该数控加工设计说明书有一个总体了解。

3. 目录

目录应列出说明书中的各级标题内容及页码，以及设计任务书和附录等内容。

课程设计说明书应列至三级目录，具体格式参见附录B的课程设计说明书目录样张。

4. 设计任务书

设计任务书一般包含设计条件、设计要求、零件图样等主要内容。设计任务书具体格式及内容参见附录C的课程设计任务书样张。

5. 说明书正文

说明书正文内容应详细介绍设计过程步骤，主要包括：

1）总论或前言。它的作用是引出设计内容。

2）零件的工艺分析。包括零件的作用、结构特点、结构工艺性和关键表面的技术要求分析等。

3）零件加工工艺过程设计。根据生产类型选择毛坯，绘制毛坯图并作说明，确定零件的工艺路线，不同方案的分析比较，按最佳方案编制零件加工工艺过程卡。

4）分析工艺过程卡，选择确定数控程序设计的工序。

5）数控工序加工设计。

6）设计体会。

7）参考文献。

第十节　注 意 事 项

1）应先确定零件完整的加工方案，才能在零件加工方案中选择确定数控加工设计内容，之后再进行数控加工程序设计。加工方案设计中应注意考虑尺寸精度、形状精度、位置精度、表面粗糙度等要求，考虑是否粗精加工分开，考虑怎样装夹既保证工件无装夹变形、热变形及加工变形等，又使工件装夹操作方便快捷。

2）数控加工工序中，零件的加工位置（编程坐标系）与机床坐标系应有匹配的对应关系。

3）工件的加工位置坐标应与数控工序加工内容、走刀路线说明等对应，注意换刀的便捷性、走刀路线的开敞性要求。

4）数控加工中，应尽量采用工序集中原则，以减少辅助时间，提高数控机床的生产率。

5）应充分利用现有的生产条件和设备，尽量缩短工艺准备时间，减少消耗，降低成本。

6）设计中，应正确处理原有的参考资料与创新的关系。学生不能盲目抄袭参考资料，必须在具体分析各种资料，借鉴和吸收新的技术成果，运用收集、消化、理解后，创造性地进行设计。

7）审核、抄画零件图时，应注意遵守机械制图国家标准的最新规定。

8）编写说明书应该从设计开始中，边记录设计内容、计算结果，边整理资料来源、分析意见。设计结束后，必须进行修改和整理，最后排序装订。若在设计后期集中完成设计说明书，则说明过程容易出差错或出现工作内容重复。

9）说明书应有较强的逻辑性，图文并茂。并能充分表达自己的见解。说明过程应附有必要的图和表，插入的图表应正确清晰。

第四章　课程设计示例

为了方便初次进行数控加工课程设计的学生参考，本章列举了数控车削、数控钻削和数控铣削三个数控加工课程设计实例，主要示范课程设计说明书的编写步骤及基本内容。

学生应在教师的指导下，结合自己的课程设计内容，应用专业理论知识解决实践加工问题，做出体现自己数控加工技能水平的课程设计。

课程设计说明书应全面、系统地记录课程设计的整个过程。课程设计说明书通常包含以下几部分：

1）封面。

2）目录。

3）设计任务书。

4）设计说明书正文。

5）设计总结。

6）参考文献。

示例一　球头连接件的数控加工设计（数控车削）

数控加工课程设计说明书

设计题目　球头连接件数控加工课程设计［生产纲领：80件］

成绩 ____________________

班级 ____________________

学号 ____________________

姓名 ____________________

指导教师 ________________

设计日期　　年　　月　　日至　　年　　月　　日

目　录

课程设计任务书

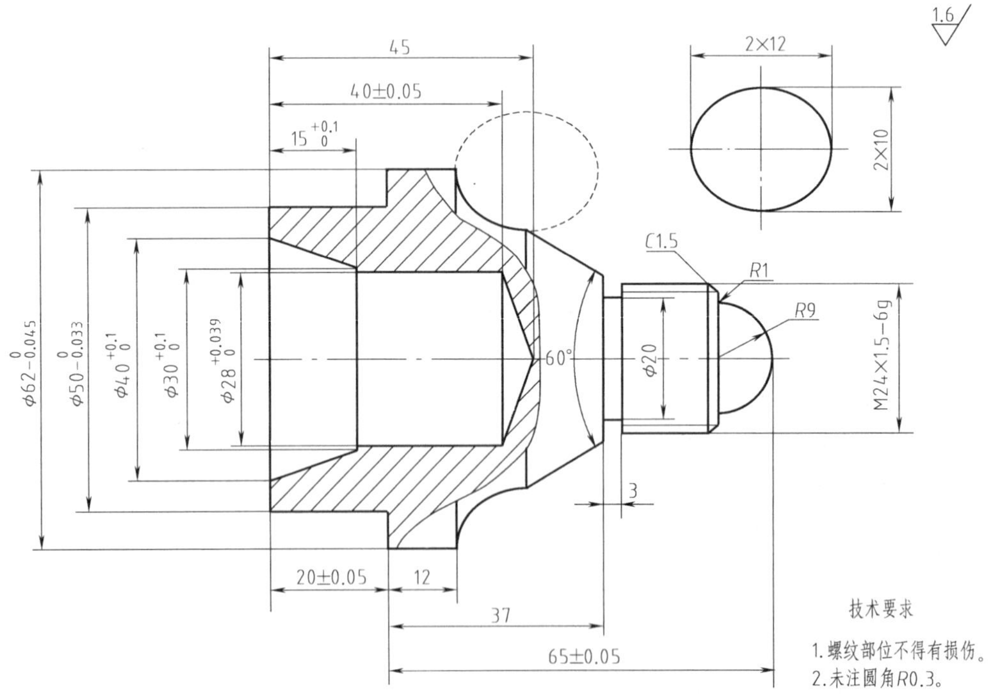

设计要求：1. 绘制“球头连接件”标准零件图一份。

2. 绘制“球头连接件”的毛坯图一份。
3. 零件数量为 80 件。
4. 零件机械加工工艺方案（零件加工过程卡）一份。
5. 数控加工工序卡一份。
6. 数控加工课程设计说明书一份（5000 字左右）。
7. 将说明书和相关图样装订成册（A4 尺寸装订）。

绪　　论

数控加工课程设计是在学完数控技术应用专业全部基础课程、技术基础课程和专业课程之后进行的，是在进入岗位实践之前，对所学课程的综合整理与应用，是一次理论联系实践的锻炼过程。

课程设计是适应性训练，其目的通过课程设计过程训练，锻炼分析问题和解决问题的能力。

1. 零件图分析

设计任务所给的球头连接件是一回转结构体，绘制球头连接件的标准零件图如图 4-1 所示。

零件结构如图 4-1 的标准零件图所示，该零件材料为 45 钢，中小批量生产，无热处理工艺等其他要求。

零件虽为回转体，却在内部、外表及两端均有加工内容，零件的精加工不可能在一次装夹中完成。

零件的轴端分布有球头和螺纹结构，且表面粗糙度要求较高，如果先加工外部结构并作为装夹部位，其螺纹结构极易在调头装夹中被碰伤。

孔的一端壁厚尺寸足够支撑装夹刚性的需要，且内部结构在调头装夹中不易被破坏，故该零件在工艺方案中，应首先加工孔端（零件图示意的左端）。

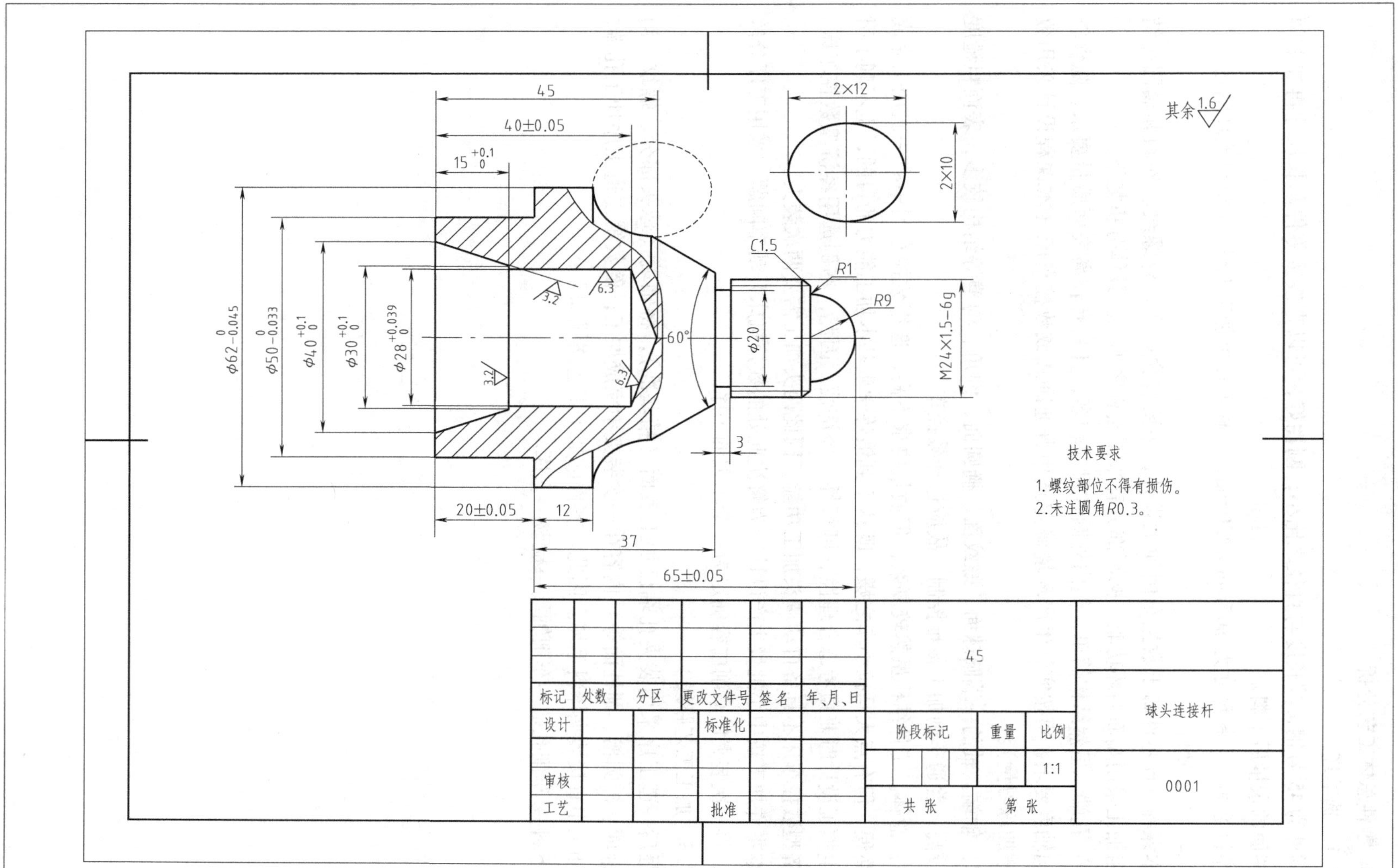
45
40±0.05
15 +0.1 0
2×12
2×10
其余 1.6
C1.5
R1
R9
3.2
6.3
60°
φ20
M24×1.5−6g
φ62 0 −0.045
φ50 0 −0.033
φ40 +0.1 0
φ30 +0.1 0
φ28 +0.039 0
3
20±0.05
12
37
65±0.05
技术要求
1.螺纹部位不得有损伤。
2.未注圆角R0.3。
45
标记 处数 分区 更改文件号 签名 年、月、日
设计 标准化
审核
工艺 批准
阶段标记 重量 比例
1:1
共 张 第 张
球头连接杆
0001

图 4-1 标准零件图

2. 零件总体工艺分析

2.1 选毛坯

零件为45号钢，其长度与直径之比小，刚性好，可以直接按零件总长尺寸再加上两端车端面的余量后下料。

棒料毛坯，下料尺寸为 $\phi 65mm \times 450mm$，一根毛坯可加工五件。（棒料毛坯图略）

2.2 工艺分析

本课程设计零件属于数控车削加工设计，主要包含内孔、外螺纹、外圆和椭圆等结构，粗加工采用端面循环功能，椭圆部分宜采用宏程序加工。具体分析如下：

1）孔端。虽然结构简单，但内外圆柱尺寸较多，且具有较高表面质量要求，隐含较高的同轴度要求，可按实际生产环境确定选用普通卧式或数控车床（本课程设计采用数控车增加练习量）。

2）轴端。轴的一端圆球面、螺纹面、椭圆面、倒角、沟槽等结构较多，表面粗糙度要求较高，普通车削加工很难控制，故应选择数控车。

3）总体。工件结构虽然较复杂，但质量要求不高，选用数控车削中心一次加工完成虽然简便，但有点大马拉小车之嫌，既达不到锻炼学生基本加工能力的目的，也不利于引导学生加工设计时兼顾考虑合理性、可行性、经济性。因此，本例选用经济型数控车床。但经济型数控车床不具备自动调头加工功能，因此两头加工需要两次装夹。

本零件加工按中小批量生产设计，为解决此处的数控机床开动率问题，采用工序分散原则，将一次装夹的车削内容确定为一个单独的工序。

2.3 加工工艺路线

最后一道工序采用装夹孔端已加工表面（精基准），将轴端（球头部分、螺纹、沟槽、锥面、椭圆槽、圆柱面等）内容在一次装夹中完成加工；倒数第二道工序加工孔端，孔端加工中直接装夹棒料毛坯。因此，零件的加工工艺路线如下：

下料→ 车削孔端→车削轴端→检验→入库。

3. 零件加工工艺过程卡

机械加工工艺过程卡	零件	图号	材料	件数	毛坯类型	毛坯尺寸
	球头连接件	0001	45	小批量	棒料	见毛坯图

工序号	工序名称	工　序　内　容	机床	工　　装
1	下料	按 ϕ65mm×450mm 准备坯料，每毛坯加工 5 个工件	锯床	V 形压板夹具
2	车削	粗、精车左端（孔端）各部，保证尺寸精度要求	数控车床	三爪自定心卡盘
3	车削	以 ϕ62mm 外圆装夹定位，车削右端（轴端）各部至图样要求	数控车床	三爪自定心卡盘（软爪）
4	钳工	清理，打标牌印记		
5	检验	按图检验各档尺寸		千分尺、螺纹规、椭圆样板等量具
6	入库	清洗、封装入库		

×××厂	工艺设计		日期		共　页	第　页

4. 确定数控加工内容

该回转零件的工艺过程卡中，工序 2 主要加工左端。左端的结构为端面、外圆柱面、圆柱孔、圆锥孔等，孔结构的圆柱面和外圆精度较高，应粗、精加工分开，采用精镗保证孔加工质量；在普通车床或经济型数控车床上加工都能较经济和方便地控制左端加工质量。本次设计将孔端加工放在数控车床上进行加工分析。

工序 3 加工右端。右端的圆弧加工内容如果在普通车床上不易控制加工质量，用双手操作法加工圆弧需要操作者高超的车削加工经验和技能水平，并且该加工方法在普通车床上也仅限于单件生产。圆弧面、椭圆弧面的加工如果能在数控机床上加工，则是最能发挥数控加工优势的内容之一。椭圆的加工采用数控机床宏程序功能简单易行。

因此，将工艺路线中的工序 2、工序 3 确定在经济型数控车上加工，并且分别进行数控加工工艺分析和设计数控加工程序。

5. 孔端数控加工设计

5.1　制订工序 2 的加工步骤

车端面→粗车外圆→钻孔→镗孔→精车外圆。

遵循“先内后外”加工原则，尽量保护已加工面不被加工或装夹过程碰伤。

5.2　确定装夹方案

孔端数控车削加工时，由于是棒料毛坯，伸出部分较短且刚性足，尺寸精度要求不太高，故采用三爪自定心卡盘装夹足以保证加工要求。

5.3　确定数控车床

FANUC 0i Mate—TC，台湾友嘉精机数控车床。

5.4　确定数控车削刀具

孔端加工工序共需三把刀，1 号刀为外圆车刀，2 号刀为 ϕ27mm 的麻花钻，3 号刀为镗孔刀，镗刀杆的尺寸根据孔的大小选择，应避免与孔径碰撞。

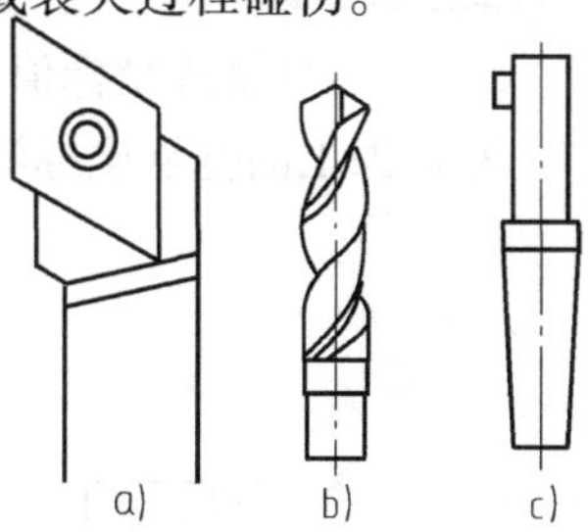

图 4-2　数控车工序（左端）刀具

a）外圆车刀(1 号刀)　b）麻花钻(2 号刀)　c）镗孔刀(3 号刀)

刀具类型及编号如图 4-2 所示。

5.5　编程相关坐标点设定

1）左端加工装夹位置坐标关系如图 4-3 所示。

2）本工件加工左端换刀点选在 P 点（X200，Z150），如图 4-3 所示。

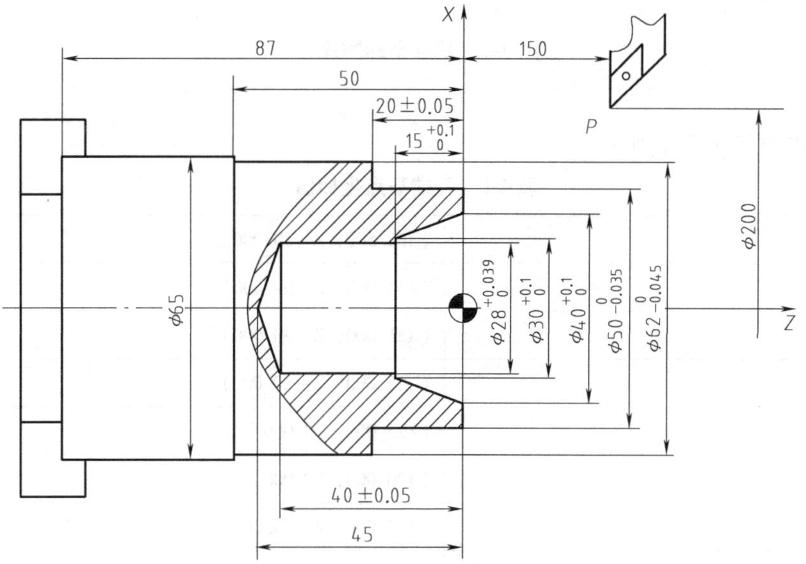

图 4-3　数控车（孔端）工序图

3）编程坐标系原点设在图示 O 点。

4）程序起点设在图示 P 点。

5.6　确定切削用量

车外圆时，主轴转速确定为 $S=500r/min$，粗加工进给速度 0.3mm/r，精加工进给速度 0.1mm/r；钻孔转速 $S=180r/min$，进给速度为 0.2mm/r。

镗孔转速为 $S=600r/min$ 粗镗孔加工进给速度为 0.1mm/r，精镗孔加工进给速度为 0.05mm/r。

5.7 刀具轨迹坐标值的数学处理

左端加工的基点坐标顺序号如图 4-4 所示。

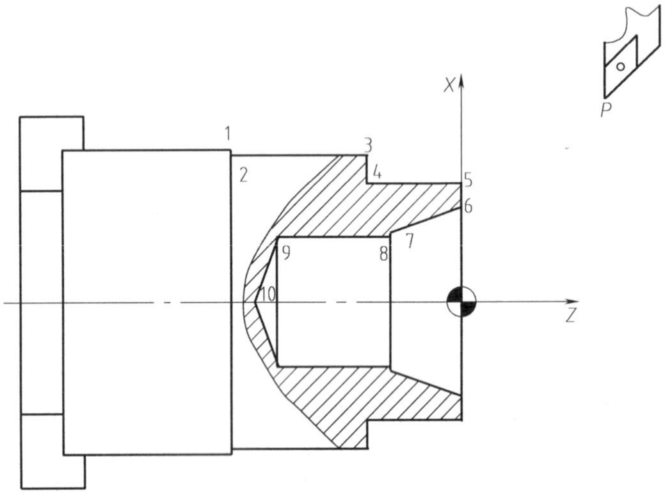

图 4-4 基点坐标顺序号

孔端基点坐标值见表 4-1。

表 4-1 孔端基点坐标值

点 1	(X32.500，Z-50.000)
点 2	(X31.000，Z-50.000)
点 3	(X31.000，Z-20.000)
点 4	(X25.000，Z-20.000)
点 5	(X25.000，Z0.000)
点 6	(X20.000，Z0.000)
点 7	(X15.000，Z-15.000)
点 8	(X14.000，Z-15.000)
点 9	(X14.000，Z-40.000)
点 10	(X0.000，Z-45.000)

5.8 程序编制及说明

零件孔端加工程序单见表 4-2。

表 4-2　孔端加工程序单

O0001;	程序名
N5　G50　X200　Z150;	建坐标系
N10　S500　M03　T0101;	调 1 号刀
N15　G50　S1000;	设定主轴最高转速 1000r/min
N18　G00　G96　S600　X68　Z0;	恒线速度加工
N19　M08;	切削液开
N20　G01　X0　F0.1;	平端面
N25　G00　X63　Z2;	至车外圆准备点
N30G01　Z-50　F0.3;	粗车外圆长 50mm
N35　G00　X65　Z2;	至循环准备点
N40　G01　X57　F0.3;	进刀
N45　G90　Z-19.9　F0.3;	调用粗车循环
N50　X51;	
N55　G00　X200　Z150　M05　T0100;	回到换刀点，取消 1 号补
N60　S180　M03　T0202;	调用 2 号刀
N65　G00　X0　Z2;	至钻孔循环准备点
N70　G74　R0.5　F0.2;	钻深孔循环，每次退刀量为 0.5mm
N75　G74　Z-45　Q3;	每次钻深 3mm
N80　G00　X200　Z150　T0200　M05;	回到换刀点，取消 2 号补
N85　S600　M03　T0303;	调 3 号刀
N86　G50　S1000;	设定最高转速为 1000r/min
N90　G00　G96　X38　Z2　S600;	起用恒线速度加工
N95　G01　Z0　F0.1;	
N100　X28　Z14.9;	车锥孔
N105　G00　Z1;	退刀
N110　X40.06;	至孔口
N115　G01　Z0　F0.05;	
N120　X30.06　Z-15.06;	精镗孔
N125　X28.02;	让刀
N130　Z-40;	镗小圆柱
N135　X26;	让刀
N140　G97　G00　Z5;	取消恒线速切削
N145　X200　Z150　T3000　M05;	回到换刀点，取消 3 号补
N150　S600　M03　T0101;	调用 1 号刀
N155　G00　X49.98　Z2;	至精车外圆准备点
N160　G01　Z-20　F0.1;	精加工外圆
N165　X61.97;	
N170　Z-50;	
N175　X66;	让刀
N180　G00　X200　Z150　T1000　M05;	回到换刀点，取消 1 号补
N185　M30;	程序结束，返回程序开始位置
%	

6. 轴端数控加工设计

6.1 制订工序 3 的加工步骤

根据零件形状分析，毛坯直径为 ϕ65mm，右端最小处直径 ϕ18mm，加工余量大，宜采用粗加工端面循环简化编程；椭圆部分采用宏程序加工。

轴端数控车削加工位置坐标示意如图 4-5 所示。

数控车工序 3 的加工步骤如下：

1）平端面，循环粗车外圆。

2）精加工外圆、椭圆。

3）切退刀槽。

4）车螺纹。

6.2 确定装夹方案

轴端定位夹紧方案如图 4-5 所示。

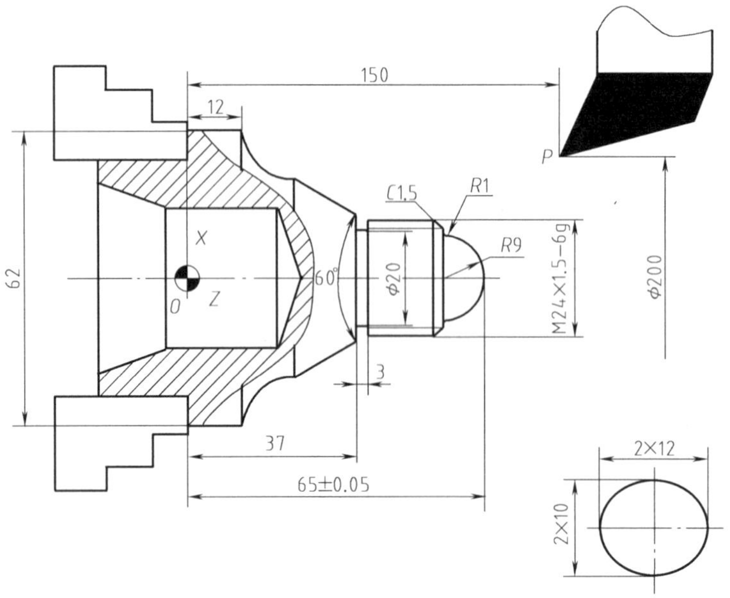

图 4-5 工序 2 图

6.3 确定数控车削刀具

刀具类型、编号见表 4-3。

6.4 编程相关坐标点设定

1）右端加工装夹位置坐标关系如图 4-5 所示。

2）坐标系的原点设在 O 点，

3）换刀点选在 P 点（X200，Z150），

4）程序起点为 P 点。

6.5 确定切削用量

因该数控工序加工工艺系统均为常用的机床、夹具、量具，故省略其介绍，只列出刀具和切削用量。

根据加工要求需选用四把刀具，1 号刀为端面车刀，2 号刀选副偏角为 30°的外圆车刀，三号刀为宽 3mm 的车槽刀，4 号刀为螺纹车刀，如图 4-6 所示。具体刀号、参数见表 4-3。

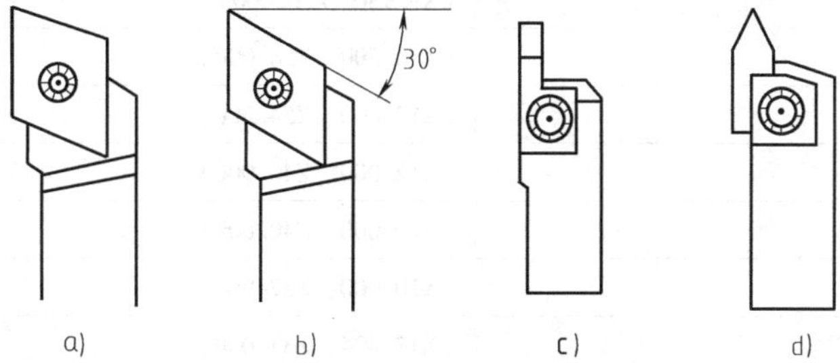

图 4-6　结构类型

a）端面车刀　b）外圆车刀　c）车槽刀　d）螺纹车刀

表 4-3　刀具与切削用量

加工内容	刀具号	刀具名称	主轴速度/(r/min)	进给速度/(mm/r)
端面、外圆	T01	端面车刀	500	0.1～0.25
精车外圆、椭圆	T02	外圆车刀	600	0.1～0.15
车槽	T03	车槽刀	500	0.1
车螺纹	T04	螺纹车刀	300	1.5

6.6　刀具轨迹坐标值的数学处理

编程相关基点坐标如图 4-7 所示。

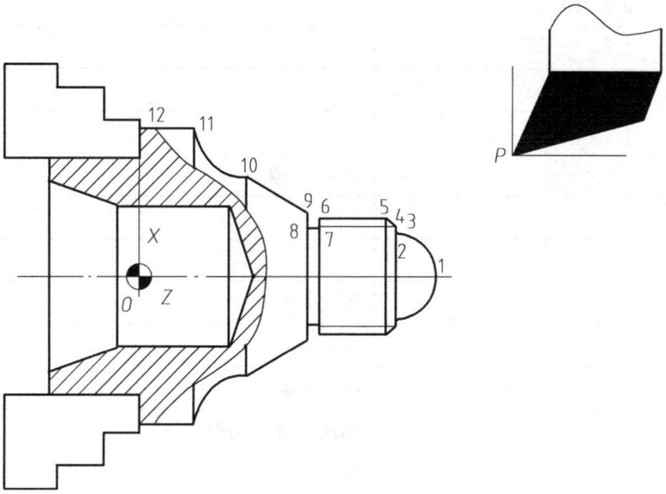

图 4-7　基点坐标

基点坐标值见表 4-4。

表 4-4　轴端基点坐标值

点 1	(X 0.000, Z65.000)
点 2	(X 8.950, Z 57.000)
点 3	(X9.950, Z56.000)
点 4	(X10.500, Z56.000)
点 5	(X12.000, Z54.500)
点 6	(X12.000, Z40.000)
点 7	(X10.000, Z40.000)
点 8	(X10.000, Z37.000)
点 9	(X13.494, Z37.000)
点 10	(X21.000, Z24.000)
点 11	(X31.000, Z12.000)
点 12	(X31.000, Z0.000)

6.7　程序编制及说明

轴端数控加工程序单见表 4-5。

表 4-5　轴端数控加工程序单

O0002;	程序名
N5　G50　X200　Z150;	建工件坐标系
N10　S500　M03　T0101;	调 1 号刀
N15　G00　X68　Z67　M08;	至循环起始点
N20　G72　W2　R0.5;	端面循环调用
G72　P30　Q40　U0.5　W0.5　F0.1;	
N30　G00　X5　Z67;	
G01　X0　Z65　F0.15;	
G03　X18　Z56　R9;	
G01　X20　Z55　R1;	R1mm 圆弧
X20　Z20.85;	
C1.5;	
Z40;	螺纹大径
X27;	锥部小端
X42　Z24;	锥部大端
X62　Z12;	椭圆（粗加工成锥形）
N40　G01　X65;	退刀
G00　X200　Z150　T0100　M05;	回到换刀点，取消 1 号补
T0202;	换外圆精车刀
S600　M03;	
M08;	

（续）

G70 P30 Q40；	精车循环
G00 X45 Z25；	接近椭圆
G01 X42 Z24 F0.2；	
#1 = 10；	定义宏程序
N1 IF [#1 LT 0] GOTO 2；	条件转移
#3 = #1 * #1；	
#4 = [144 - 1.44 * #3]；	
#5 = SQRT#4；	
#6 = [62 - 2 * #1]；	椭圆方程 Z 值因变量
#7 = [24 - #5]；	
#1 = [#1 - 0.1]；	椭圆方程 X 值自变量
G01 X#6 Z#7 F0.2；	加工椭圆
GOTO1	返回宏程序起点
N2 G00 X200 Z150 T0200 M05；	回到换刀点，取消 2 号补
T0303 S500 M03；	换切槽刀
G00 X40 Z37；	切槽准备
G01 X20 F0.1；	
G04 X1；	
G00 X42；	退刀
G00 X200 Z150 M05 T0300；	回换刀点，取消 3 号补
T0404；	换螺纹刀
S300 M03；	
G00 X23 Z68；	至螺纹循环准备点
G92 Z38.5 F1.5；	0.85mm
X22.5；	0.5mm
X22.2；	0.3mm
X22；	0.2mm
G00 X200 Z150 T0400；	回换刀点，取消 4 号补
M05；	
M30；	程序结束

7. 程序输入及机床操作

7.1 程序输入及调试

输入程序后必须进行程序调试。所谓程序调试，是将编制的程序在投入实际运行前，用手工或编译程序等方法进行测试，修正错误的过程。可利用机床的程序预演功能或以抬刀运行程序方式进行，还可对每个子程序进行单独调试。

在程序调试过程中，可根据实际情况修调进给倍率开关，根据机床的实际运动位置、动作以及机床的报警等来检查程序是否正确。

7.2 程序校验

7.2.1 数控加工仿真

程序输入仿真系统，对刀加工。利用轨迹仿真判断装刀顺序是否正确，是否存在过切，是否在走刀路线、抬刀下刀、切入切出等处出现错误。

7.2.2 机床的程序预演功能

程序输入完以后，把机械运动主轴运动以及 M、S、T 等辅助功能锁定，以自动循环模式让数控铣床静态下执行程序。

通过观察机床坐标位置数据和报警显示,判断程序是否有语法、格式或数据错误。

7.2.3 抬刀空运行程序

在自动模式下运行程序，通过图形显示的刀具运动轨迹和坐标数据等判断走刀路线是否最短、加工过程是否撞刀、换刀等辅助动作是否存在不合理或冗余程序段，以及程序的加工方向是否正确等。

7.2.4 首件试切

对刀加工，首件试切。通过首件试加工，检测该程序所切零件的尺寸精度、表面粗糙度、倒角倒圆、形位公差等是否满足图样要求，即主要检查加工参数的正确与否，通过实际加工工件质量状态对照修改程序。

7.3 机床操作

数控机床是多种多样的，所使用的数控系统更是种类繁多。要正确使用一台数控机床并充分发挥其功能，必须首先了解操作手册有关规定，尽而熟练操作使用该设备。

7.3.1 回零

机床返回参考点后，控制系统与机床同步，并建立了机床坐标系。接下来就要安装工件，工件在工作台上的安装位置是任意的，因此在工件正确安装后都要进行对刀操作。

7.3.2 对刀

经济型数控车床一般采用车端面和车外圆的试切对刀法对刀。

对刀的目的就是寻找工件在机床坐标系中的位置，工件在机床坐标系中的位置又是通过工件上某一特定点在机床坐标系中的位置来反映，对刀点应选择在工件的端面上回转中心处。

7.3.3 设置加工参数

按加工需要将准备好的加工参数进行设置、调整。

设 计 总 结

通过课程设计，我对数控技术应用专业有了更深一层的认识，同时也体会到了团队所展现的协同合作力量的强大。

在完成这次课程设计的过程中，我认识到了自己的不足，明白了自己所学的仅仅局限于课本，学习技能并不是一蹴而就的。通过对课题的分析到最终的作业完成，这使我在其中收获了许多。绘图、编程、查资料……也从中培养了自己的独立能力。虽然在此过程中遇到了很多的难点和问题，但通过老师和同学的帮助得到了解决，并从中获取了许多宝贵的知识，同时也认识到了理论结合实际的重要性。

在此我要感谢我的指导老师，他给我们分析了零件加工的大体方向，使我们对这个零件分析加工有了更清楚的头绪，使我们这个小组能更好地完成课程设计。

参 考 文 献

[1] 美国可切削性数据中心. 机械加工切削数据手册［M］. 北京：机械工业出版社，1997.

[2] 北京第一通用机床厂. 机械工人切削手册［M］. 北京：机械工业出版社，1999.

[3] 陈宏均. 实用机械加工工艺手册［M］. 北京：机械工业出版社，1997.

[4] 范忠仁，陈世忠. 刀具工程师手册［M］. 黑龙江：黑龙江科学技术出版社，1997.

[5] 张耀宸. 机械加工工艺设计实用手册［M］. 北京：航空工业出版社，1997.

[6] 董玉红. 数控技术［M］. 北京：高等教育出版社，2000.

[7] 杨友君. 数控技术［M］. 北京：机械工业出版社，2000.

[8] 华茂发. 数控加工工艺［M］. 北京：机械工业出版社，2002.

示例二　多用传动轴的数控加工设计（数控车削）

数控加工课程设计说明书

设计题目　多用传动轴数控加工课程设计（生产纲领：80 件）

成绩 ____________________

班级 ____________________

学号 ____________________

姓名 ____________________

指导教师 ________________

设计日期　　年　　月　　日至　　年　　月　　日

目　　录

课程设计任务书

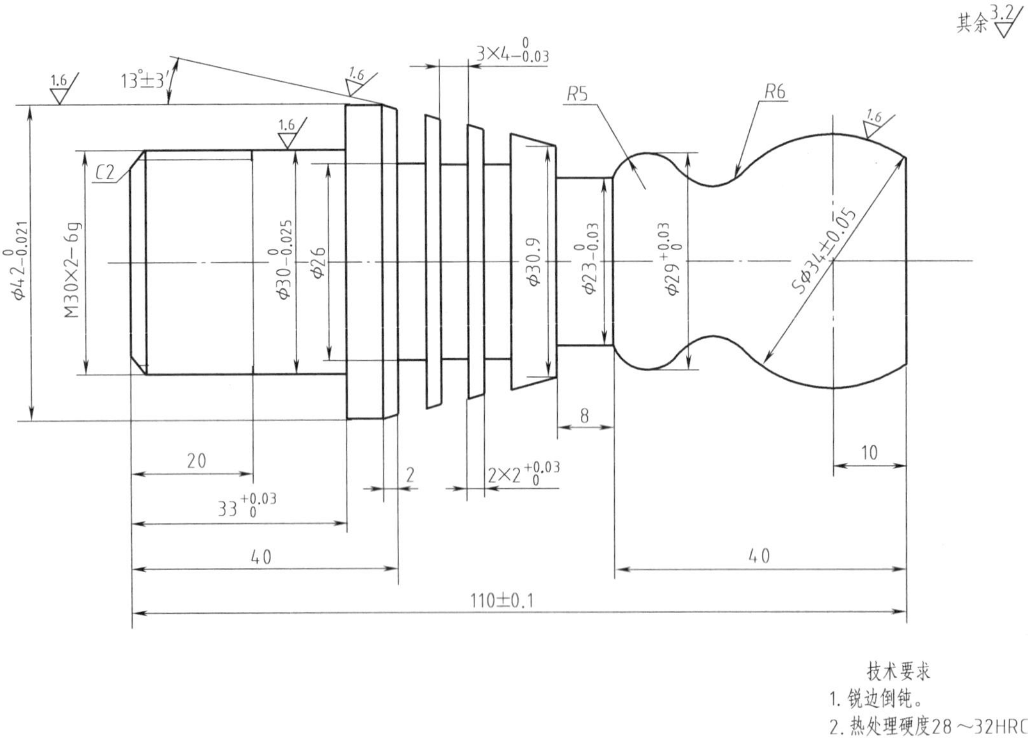

设计要求：1. 绘制“多用传动轴”标准零件图一份。

2. 绘制“多用传动轴”零件的毛坯图一份。

3. 零件机械加工工艺方案（零件加工过程卡）一份。

4. 数控加工工序卡一份。

5. 数控加工课程设计说明书一份（5000 字左右）。

6. 将说明书和相关图样装订成册（按 A4 尺寸装订）。

绪　论

随着现代科学技术的发展，数控技术在机械制造领域日益普及与提高，各种类型的数控机床在生产中得到越来越广泛的应用，现代机械产品日趋精密复杂，发展现代数控机床是当前机械制造业技术改造、技术更新的必由之路。

数控技术是现代机械系统、机器人、FMS、CIAMS、CAD/CAM 等高新技术的基础，是采用计算机控制机械系统实现高度自动化的桥梁，是典型的机电一体化高新技术。随着数控技术的普及和广泛应用，机械制造业对数控技术应用人才的要求也越来越高。

本次课程设计主要讲述了在加工零件过程中的工艺分析、加工技术要求的分析、加工技术要求分析、零件加工工艺的路线、零件加工工序确定；数控工序的机床、刀具、夹具选择，加工走刀路线、切削用量确定、编制数控加工程序等内容。

1. 零件总体分析

1.1　零件图样分析

绘制多用传动轴的零件图如图 4-8 所示，图中以 $\phi42_{-0.021}^{0}$ 圆柱的轴线为基准，考虑螺纹加工和最小端为 $\phi30.9$mm 尺寸的保证，所以必须以圆柱的两端分别为基准进行两次装夹加工。

工件材料为 45 钢，毛坯为棒料。机械加工前先进行调质处理，可以将原调质前后的粗、精加工内容在一次装夹中全部加工完成，以体现数控加工的工序集中特点。

零件加工时，由于精度不是很高，着重把握螺纹加工、车槽、$\phi42_{-0.021}^{0}$ 圆柱、$\phi30_{-0.025}^{0}$ 的圆柱和圆弧加工过程中不要发生干涉，圆柱和圆弧联接处不要发生干涉。

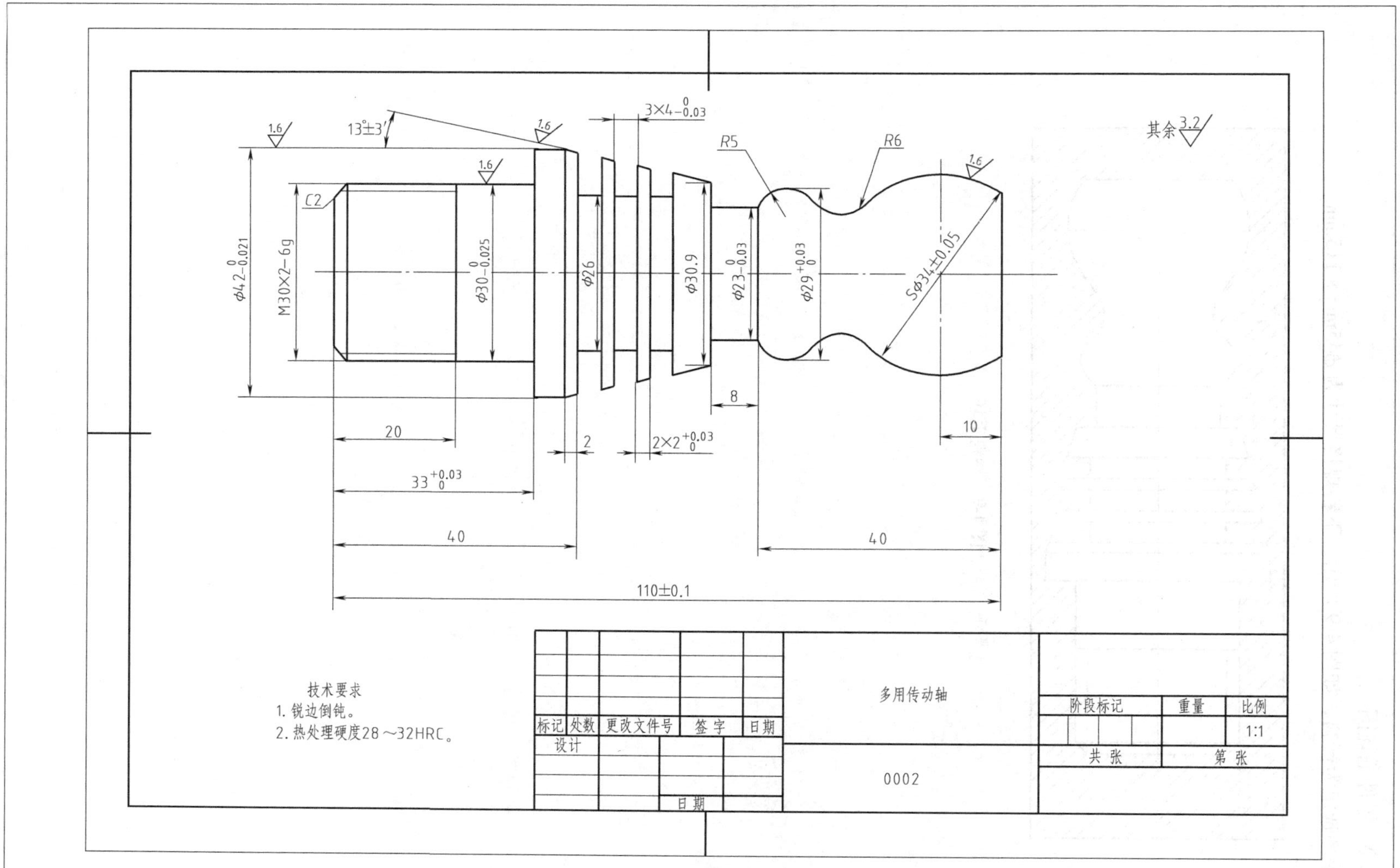

图 4-8 多用传动轴零件图

1.2　零件毛坯图

毛坯选定为棒料，如图 4-9 所示，下料规格尺寸为 ϕ45mm×115mm。

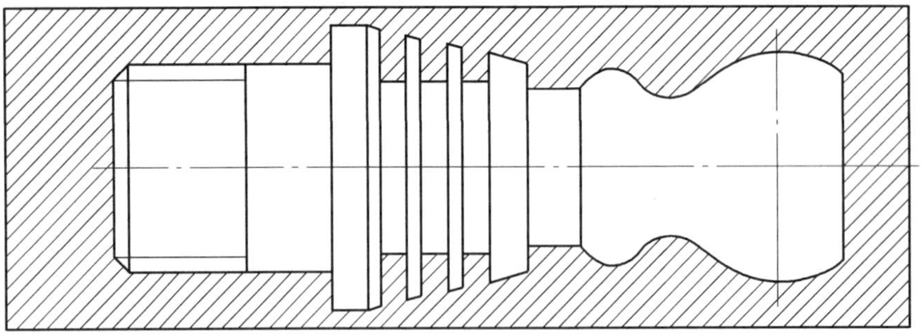

图 4-9　棒料毛坯

2. 零件工艺分析

2.1 零件加工分析

2.1.1 零件装夹

从零件图可以看出，该零件的加工以 $\phi42_{-0.021}^{0}$ 圆柱的轴线为基准，又要考虑螺纹加工和最小端为 $\phi30.9$mm 尺寸的保证，则必须以圆柱的两端面分别为基准面进行两次装夹来加工，但是都主要是以 $\phi42_{-0.021}^{0}$ 圆柱的轴线为基准统一的标准。

第一次装夹在中间，用三爪自定心卡盘夹持棒料，棒料的一端留出 50mm 长度的圆柱，一次完成螺纹等的粗车、半精车和精车加工。

第二次装夹用软爪，夹住没有螺纹的 $\phi30_{-0.025}^{0}$ 的圆柱部位，然后一次完成圆弧、圆锥、槽的粗车和精车加工。

多用传动轴属于轴类零件，又因其长度 L 与直径 D 的比值不大（$L/D=121/42$），短轴钢性较好，所以只要装夹稳固，便可以使用较大的切削用量。

第一次装夹加工中，螺纹部分的加工应该先把棒料加工到直径为 29.8mm 圆柱，然后加工螺纹，加工螺纹时圆柱表面的金属会挤压力作用下向外膨胀，从而达到所要求尺寸。

螺纹加工完后，应该注意保护。

第二次装夹加工时，应注意控制圆弧加工的刀具半径，避免发生干涉。车槽工步应该放在最后，从圆锥最大端开始车入，这样就容易保证最小端的尺寸。

2.1.2 工艺性分析

零件的结构工艺性是指所设计零件在能满足使用要求的前提下制造的可行性和经济性，它包括零件整个工艺过程的工艺性，如铸造、锻造、冲压、焊接、热处理、切削加工等的工艺性，其涉及面很广，具有综合性。

在不同的生产类型和生产条件下，同一种零件制造的可行性和经济性可能不同，所以，在对零件进行工艺性分析时，必须根据具体生产类型和生产条件，全面、具体、综合地分析。

在制订机械加工工艺规程时，主要进行零件的切削加工工艺分析，它主要涉及如下几点：

1）工件应便于在机床或夹具上装夹，并尽量减少装夹次数。

2）刀具易于接近加工部位，便于进刀、退刀、越程和测量。

3）便于观察切削情况。

4）尽量减少刀具调整和走刀次数。

5）尽量减少加工面积及空行程，提高生产率。

6）便于采用标准刀具，尽可能减少刀具种类。

7）尽量减少工件条件和刀具的受力变形。

8）改善加工条件，便于加工，必要时应便于采用多刀、多件加工。

9）适宜的定位基准，且定位基准至加工面的标注尺寸应便于测量。

综上所述，根据加工工艺分析，从图样要求看出，该零件加工内容为圆锥面、圆柱面、凹半圆弧、凸半圆弧、螺纹且都集中在外表面上。尺寸的精度、表面粗糙度要求不算高，但是在能达到加工要求且不浪费材料和工时的情况下尽量做好每一步。

2.2 确定零件加工方案

由于多用传动轴加工内容为圆柱、圆弧、圆锥、螺纹等，是常见的车削结构，精度和表面粗糙度要求不高，但由于有圆弧、圆锥、槽等，在普通卧式车床上加工质量稳定性较难控制，所以选择数控车床。

按照加工原则，应先粗后精、先面后螺纹、先面后槽，尽量地使工序集中，减少装夹次数、换刀次数，缩短加工时间。

零件加工方案如下：

1）工序1，下料，ϕ45mm×121mm 的棒料。

2）工序2，热处理硬度为28~32HRC。

3）工序3，车削（第一次装夹）。三爪自定心卡盘夹住棒料，棒料的一端留出50mm长度的圆柱，校平端面3mm，见光既可，粗车 ϕ30mm、5mm×33mm、ϕ42.5mm×12mm的圆柱。

①$\phi 42_{-0.021}^{0}$×12mm 的圆柱，精车 $\phi 30_{-0.025}^{0}$圆柱，精车 ϕ29.9mm×20mm 的圆柱（螺纹段）并倒角 $C2$。

②加工 M30×2-6g 的长 20mm 螺纹。

4）工序4，车削（第二次装夹）：用软爪夹住 ϕ30mm×13mm 的圆柱棒料，校平端面保证总长。

①粗车 $S\phi34\pm0.05$ 球面 R6mm 圆弧面、R5mm 圆弧面，$\phi 23_{-0.03}^{0}$的圆柱，然后加工 ϕ30.9mm 到 $\phi 42_{-0.021}^{0}$的圆锥面。

②半精车 $S\phi34\pm0.05$ 球面 R6mm 圆弧面、R5mm 圆弧面，$\phi 23_{-0.03}^{0}$的圆柱，然后加工 ϕ30.9mm 到 $\phi 42_{-0.021}^{0}$的圆锥面。

③精车 $S\phi34\pm0.05$ 球面 R6mm 圆弧面、R5mm 圆弧面，$\phi 23_{-0.03}^{0}$的圆柱，然后加工 ϕ30.9mm 到 $\phi 42_{-0.021}^{0}$的圆锥面。

④依次在圆锥面上的进行三个槽的加工。

5）工序5，检验。按图样要求检查各部。

6）工序6，入库。涂油入库。

3. 加工工艺过程卡

机械加工工艺过程卡	零件	图号	材料	件数	毛坯	毛坯尺寸
	多用传动轴	0002	45	小批	棒料	ϕ45mm×115mm

序号	工序名称	工序内容	机床	工装
1	下料	ϕ45mm×121mm	锯床	
2	热处理	调质硬度 28～32HRC		
3	车削	粗车，校平端面光即可，车圆柱 ϕ42.5mm×12mm、ϕ30.4mm×20mm、ϕ30.5mm×13mm 的外圆		90°外圆车刀，150mm 金属直尺，划针板，300mm×0.02mm 游标卡尺
		精车圆柱 $\phi42_{-0.021}^{0}$，精车 $\phi30_{-0.025}^{0}$×13mm 圆柱，车 ϕ30mm 至 ϕ29.8mm×20mm 后精车螺纹 M30×2-6g 长 20mm，倒角 $C2$		90°外圆车刀，螺纹车刀，150mm 金属直尺，300mm×0.02mm 游标卡尺，螺纹规
4	车削	粗车，校平端面，保证总长，车圆弧及锥面，各留余量 0.5mm		90°外圆车刀，150mm 金属直尺，300mm×0.02mm 游标卡尺
		精车圆球 ϕ34mm、R6mm、R5mm 圆弧面，$\phi23_{-0.03}^{0}$的圆柱面及圆锥		
		车槽，按图示位置锥面车槽，槽宽为 4mm		车槽刀，150mm 金属直尺，300mm×0.02mm 游标卡尺
5	检验	按图样要求检查各部分		
6	入库	清洗，涂油并入库		

×××厂	工艺设计		日期		共　页	第　页

4. 确定数控加工内容

数控加工一般采用工序集中原则，本次设计的螺纹端既可以放在数控车也可以用于普通车加工，视车间各机床岗位任务量调整确定。本次设计是将工艺过程卡中的两次装夹内容均确定为数控车削加工工序，从而进行数控加工设计。

5. 数控加工工艺分析

5.1　数控工序主要加工内容

5.1.1　主要加工内容

1）螺纹一端加工。ϕ29mm、8mm×20mm 的圆柱，ϕ30mm×13mm、ϕ42mm×12mm 的圆柱，倒角 $C2$。加工 M30×2-6g 的长 20mm 螺纹；

2）圆弧一端加工。$S\phi34 \pm 0.05$ 球面 R6mm 圆弧面、R5mm 圆弧面，然后加工 ϕ30.9mm 到 $\phi42_{-0.021}^{0}$ 的圆锥面，并依次再切圆锥面上三个槽的加工。

5.1.2　主要加工精度

常规尺寸精度：$\phi42_{-0.021}^{0}$，M30×2-6g，$\phi30_{-0.025}^{0}$，$33_{0}^{+0.03}$，$3\times4_{-0.03}^{0}$，$2\times2_{0}^{+0.03}$，$23_{-0.03}^{0}$，$29_{0}^{+0.03}$，$S\phi34 \pm 0.05$。最小的表面粗糙度 $R_a1.6\mu m$。

5.1.3　数控加工工艺分析

在 SSCK20/500 的数控车床上分别用三爪自定心卡盘和软爪进行两次装夹加工。

第一次夹在棒料的中间，且一端留出长度为 50mm，加工 M30×2-6g 螺纹以及 $\phi30_{-0.025}^{0}$ 圆柱面。用软爪夹住 $\phi30_{-0.025}^{0}$ 的圆柱，加工另一端的几个圆弧、$\phi23_{-0.03}^{0}$ 的圆柱、圆锥及车槽等。

5.2　机床选择

对于机床，每一类机床都有不同的精度、功能等，其工艺范围、技术规格、加工精度、生产率及自动化程度都不同。为了正确地为每一道工序合理选择机床，充分发挥机床的性能优势，需考虑以下几点：

1）机床的类型应与工序加工内容相适应。

2）机床的主要规格尺寸应与工件的外形尺寸和加工表面的相关尺寸相适应。

3）机床的精度与工序要求的加工精度相适应，原则上粗加工工序应选用精度低的机床，精度要求高的精加工工序则相应选用精度高的机床。在一定的精度范围内不能偏离太多，机床精度过低，不能保证加工精度；机床精度过高，会增加零件制造成本。

应根据零件的规格尺寸、加工精度、所需要的功能层次等要求合理选择机床。

1. 机床的类型

由于加工内容为圆柱、圆弧、圆锥、螺纹等，车削加工便可全部完成。按精度将该零件加工分成粗车、精车两工步，虽然精度和表面粗糙度要求不高，但是由于有圆弧、圆锥和槽，在普通卧式车床上操作较困难，且质量稳定性受人为因素影响大，精度不易保证。该零件工艺按小批量生产加工，圆弧加工质量不易控制，多槽加工操作比较繁琐，故选择自动化控制程度较高的机床加工才能稳定质量、提高生产效率。因此，选择以车削为主的数控车床或车削中心。

根据多用传动轴零件的结构、规格、精度等，选择车削中心会造成一定的功能浪费，故选择经济型数控车床，所以选择 SSCK20/500 数控车床。

2. 机床的规格

SSCK20/500 型数控车床配备 FANUC-0TE 数控系统，规格大小（详见机床参数）适合多用传动轴零件的加工需要范围，且结构简单、性能稳定可靠，满足工件加工需要。同时，这也是我们刚走出校门的毕业生最先接触的经济实用型的数控设备之一。

3. 机床精度

加工精度为 IT7 ~ IT8 级、R_a0.8 ~ R_a1.6μm 的除淬火钢以外的常用金属，可采用粗车→精车两步加工就可完成。

加工精度为 IT5 ~ IT6 级、R_a0.2 ~ R_a0.63μm 的除淬火钢以外的常用金属，可采精密型数控车床，按粗车→半精车→精车→细车的方案加工。

加工精度高于 IT5 级、R_a < 0.08μm 的除淬火钢以外的常用金属，可采用高精密型数控车床，按粗车→半精车→精车→精密车的方案加工。

对淬火钢等难车削的材料，其淬火前可采用粗车→半精车的方法，淬火后安排磨削加工。

因此，根据零件图样要求，SSCK20/500 型数控车床精度适应多用传动轴的精度需要。

4. 机床技术参数

SSCK20/500 型数控车床的主要技术参数见表 4-6。

表 4-6　SSCK20/500 型数控车床的主要技术参数

床身上最大回转直径	400mm
夹盘直径	200mm
最大切削直径	200mm
最大切削长度	500mm
主轴转速范围	20 ~ 2400r/min
主轴直径	55mm
床鞍最大纵向行程	550mm
中滑板最大横向行程	200mm
快速移动速度	*X* 轴 6m/min；*Z* 轴 12m/min
刀架工位数	6 工位
刀具规格	车刀 20mm × 20mm
工具孔直径	32mm
选刀方式	顺时针方向
最小输入当量	*X* 轴（直径）0.001mm；0.001mm
尾座套筒直径	70mm
尾座套筒最大行程	60mm
顶尖锥孔	Morse No. 4
主电动机功率	AC　11kW
进给伺服电动机功率	*X* 轴 AC　0.6kW
液压站电动机功率	1.1kW
切削液电动机功率	0.12kW
机床的外形尺寸	2600mm × 1240mm × 1700mm
机床的净质量	2300kg

5.3　确定装夹方案

多用传动轴的加工内容为回转体的回转面，根据半圆弧、圆锥面、螺纹等加工质量要求，该工件采用回转体通常的定位基准——回转中心线，利用三爪自定心卡盘装夹就能实现工件加工时的定位夹紧需要。

考虑到螺纹加工和车槽质量，车槽加工时因其刚性减弱而增加跳动，应该进行第二次装夹（单件加工时两次装夹为一个工序，而批量生产时则一次装夹为一道工序，本次设计的程序按一次装夹一道工序进行，两种方案都适用）。具体装夹方案如下：

1）第一次装夹。用三爪卡盘夹住棒料，棒料的一端留出50mm长度的圆柱，一次完成螺纹等的粗车、半精车、精车加工。

2）第二次装夹。用卡盘夹住没有螺纹的$\phi30_{-0.025}^{\ 0}$的圆柱，一次完成圆弧、圆锥、槽等的粗车、精车全部加工内容。

5.4　刀具的选择

5.4.1　刀具类型

根据多用传动轴的加工方案分析，按两道工序在同一个机床上加工来确定刀具，这样在加工另一头（下一个工序）时，相同的刀具就不用重新编号和装夹。

由于圆弧面加工精度要求不高，可直接用外圆车刀（负偏角应大些避免加工圆弧时产生干涉）加工圆弧，并保证加工质量，以减少刀具数量和辅助换刀时间，即直接用一把外圆车刀进行圆柱面、圆弧面和端面的粗、精加工。因考虑圆弧面的加工干涉，外圆车刀的负偏角定为30°。

用螺纹车刀完成螺纹结构的加工内容。所以，两道工序的内容共需三把刀。

1）将90°外圆车刀安装在自动转位刀架的1号刀位上，并定为1号刀。

2）将车沟槽用的车槽刀安装在自动转位刀架的2号刀位上，并定为2号刀。

3）将车螺纹用的螺纹车刀安装在自动转位刀架的3号刀位上，并定为3号刀。

刀具结构类型及刀具编号对应如图4-10所示。

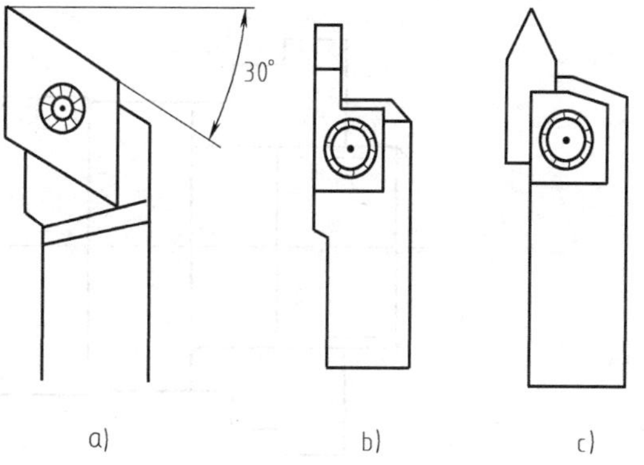

图4-10　车刀类型示意
a）外圆车刀（1号刀）　b）车槽刀（2号刀）
c）螺纹车刀（3号刀）

5.4.2　刀具材料及刀具参数

根据零件数控加工时对刀具的具体要求，选将选择的数控加工刀具列出刀具表，其加工参数详见表4-7。

表4-7　刀　具　表

刀号	刀具名称	刀具材料	刀补	备注
T01	外圆车刀	立方氮化硼	01	车刀副偏角35°
T02	车槽刀	高速钢	02	刀宽4mm
T03	螺纹车刀	立方氮化硼	03	刀尖角60°

5.5 编程原点的确定

将编程原点选在设计基准并以其为定位基准，这样不但可避免基准不重合而产生的误差及不必要的尺寸换算，而且容易找正对刀，对刀误差小，编程方便。

根据多用传动轴的零件分析，该零件为回转体，而且该零件的设计基准和定位基准重合。为了编程及对刀操作方便，将编程原点选在工件端面的中心点。

5.5.1 螺纹端加工位置

螺纹端工序的加工位置坐标如图 4-11 所示。

5.5.2 圆弧端加工位置

圆弧端工序的加工位置坐标如图 4-12 所示。

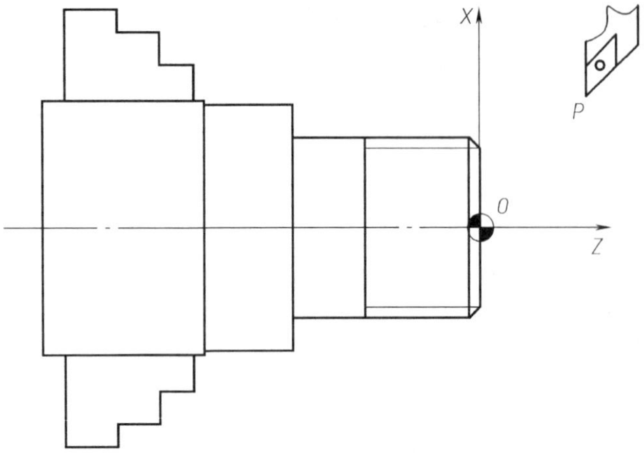

图 4-11 螺纹端加工位置坐标

5.6 确定加工顺序

1）第一次装夹车端面→粗车 $\phi42.5$mm × 12mm、$\phi30.5$mm × 33mm 的圆柱→精车 $\phi42_{-0.021}^{0}$ × 12mm、$\phi30_{-0.025}^{0}$ × 13mm、$\phi29.8$mm × 20mm 的圆柱，倒角 $C2$→车 M30 × 2-6g 长 20mm 的螺纹。

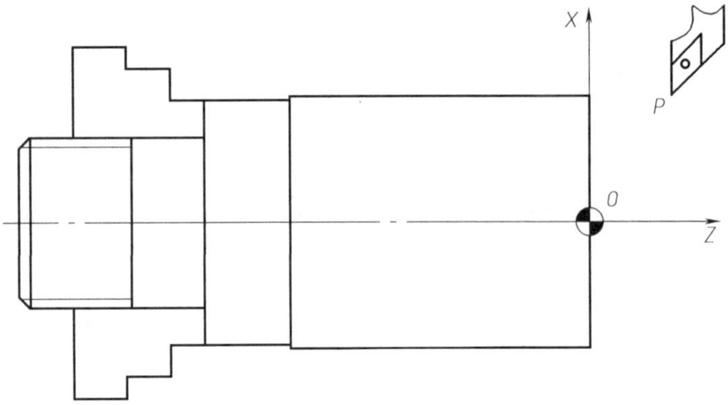

图 4-12 圆弧端加工位置坐标

2）第二次装夹。车另一端面保证总长→粗车（留精车余量）$S\phi34 \pm 0.05$ 球面及 $R6$mm、$R5$mm 圆弧面，$\phi23_{-0.03}^{0}$的圆柱→车 $\phi30.9$mm 到 $\phi42_{-0.021}^{0}$的圆锥面→精车 $S\phi34 \pm 0.05$ 球面及 $R6$mm、$R5$mm 圆弧面，$\phi23_{-0.03}^{0}$的圆柱→车 $\phi30.9$mm 到 $\phi42_{-0.021}^{0}$的圆锥面→车三个 $\phi26$mm 的槽。

5.7 工序卡

数控加工走刀路线图	工序号	3	工步号	1	程序号	
机床型号	SSCK20/500	加工内容	车端面	共 6 页	第 1 页	

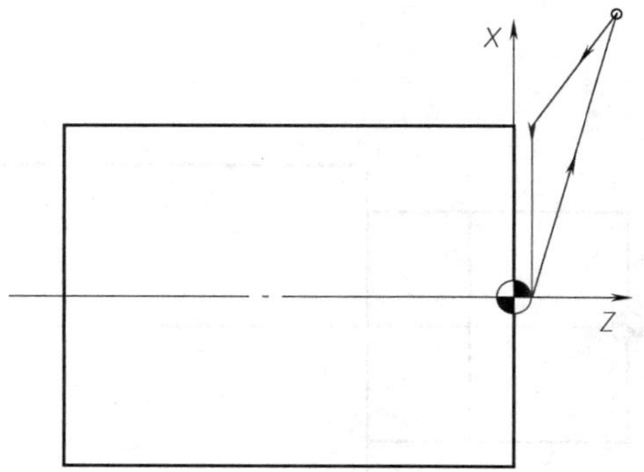

车端面的走刀路线	
编　程	
校　对	
审　批	

符号	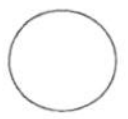						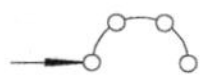	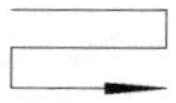
含义	抬刀	下刀	编程原点	起刀点	走刀方向	走刀线相交	铰孔	行切

数控加工走刀路线图		工序号	3	工步号	2	程序号	
机床型号	SSCK20/500	加工内容	加工 ϕ29. 9mm 和 ϕ30mm，倒角 $C2$			共 6 页	第 2 页

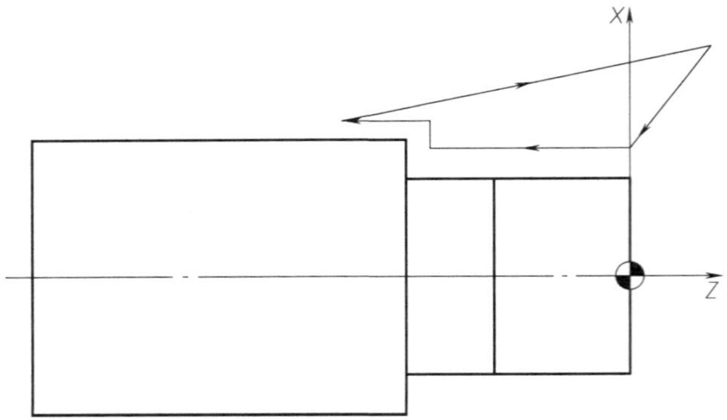

车圆柱面的走刀路线	
编　程	
校　对	
审　批	

符号	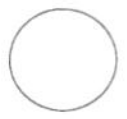						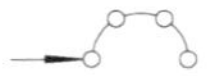	
含义	抬刀	下刀	编程原点	起刀点	走刀方向	走刀线相交	铰孔	行切

数控加工走刀路线图		工序号	3	工步号	3		
机床型号	SSCK20/500	加工内容	车螺纹		共6页	第3页	

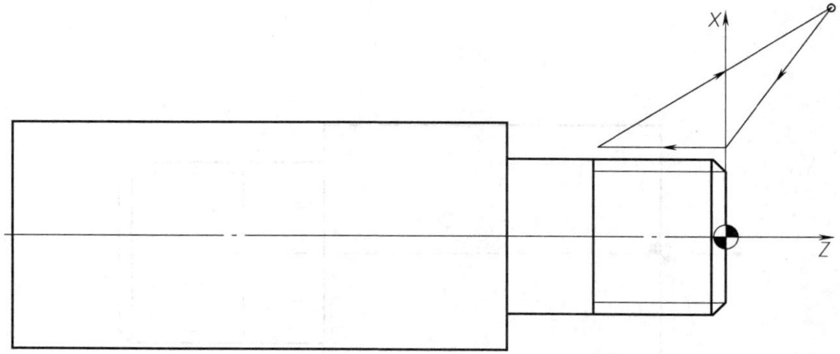

车螺纹的走刀路线

编　程	
校　对	
审　批	

符号								
含义	抬刀	下刀	编程原点	起刀点	走刀方向	走刀线相交	铰孔	行切

<table>
<tr><td colspan="2">数控加工走刀路线图</td><td>工序号</td><td>4</td><td>工步号</td><td>1</td><td>程序号</td><td></td></tr>
<tr><td>机床型号</td><td>SSCK20/500</td><td>加工内容</td><td colspan="2">车端面</td><td>共 6 页</td><td colspan="2">第 4 页</td></tr>
<tr><td colspan="5" rowspan="4">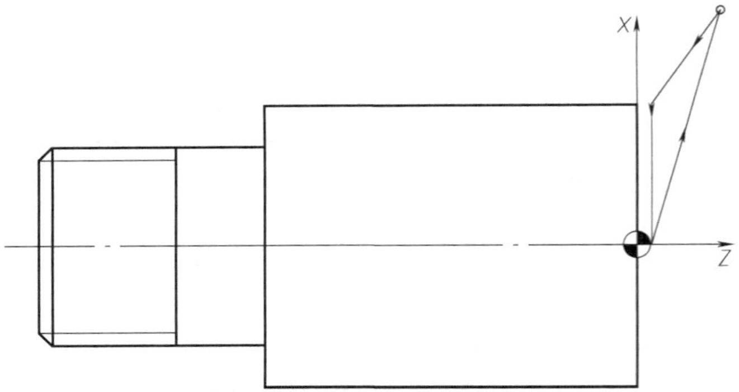</td><td colspan="3">车圆弧端面的走刀路线</td></tr>
<tr><td>编　程</td><td colspan="2"></td></tr>
<tr><td>校　对</td><td colspan="2"></td></tr>
<tr><td>审　批</td><td colspan="2"></td></tr>
</table>

符号								
含义	抬刀	下刀	编程原点	起刀点	走刀方向	走刀线相交	铰孔	行切

数控加工走刀路线图		工序号	4	工步号	2	程序号	
机床型号	SSCK20/500	加工内容	车圆弧、圆柱面、圆锥面			共 6 页	第 5 页

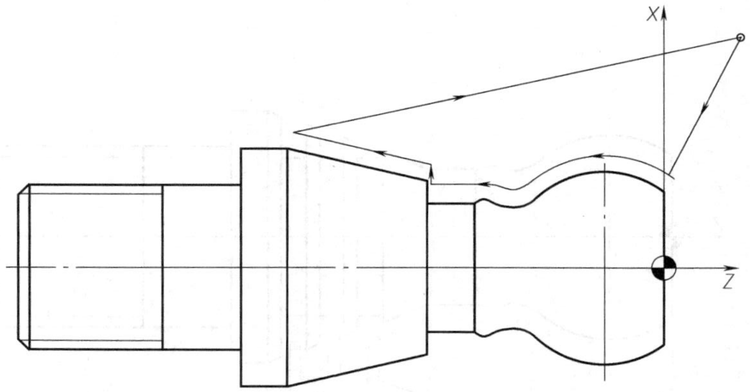

车轮廓的走刀路线	
编　　程	
校　　对	
审　　批	

符号	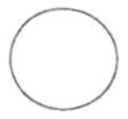							
含义	抬刀	下刀	编程原点	起刀点	走刀方向	走刀线相交	铰孔	行切

数控加工走刀路线图		工序号	4	工步号	3	程序号	
机床型号	SSCK20/500	加工内容	车槽			共6页	第6页

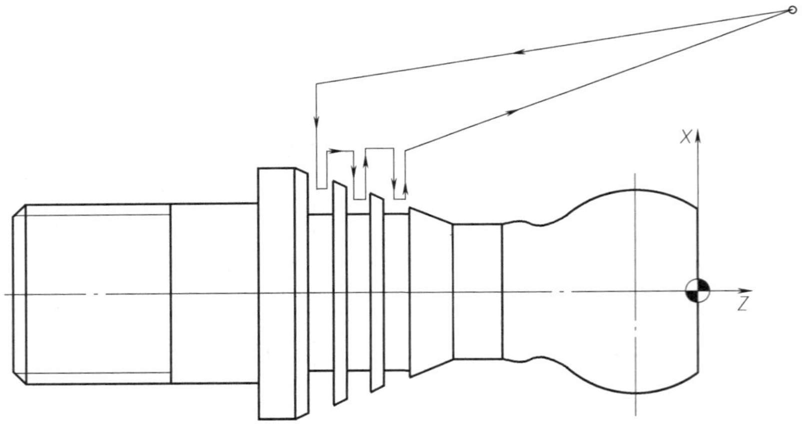

车槽的走刀路线	
编　程	
校　对	
审　批	

符号								
含义	抬刀	下刀	编程原点	起刀点	走刀方向	走刀线相交	铰孔	行切

5.8　数学处理

5.8.1　确定编程坐标

1）确定工件坐标原点。将编程坐标原点分别定在工件两个端面的中心上。

2）确定换刀点。换刀点的设置必须保证换刀转动安全，不至于碰到工件或尾座，故将其设在 Z 轴为离毛坯右端面 150mm 处，X 轴为离车床主轴轴线 150mm 处。

3）确定对刀点。将对刀点设在离车床主轴轴线 50mm，离毛坯右端面 0mm 处。

5.8.2　基点节点计算

第一次装夹，基点位置顺序如图 4-13 所示。

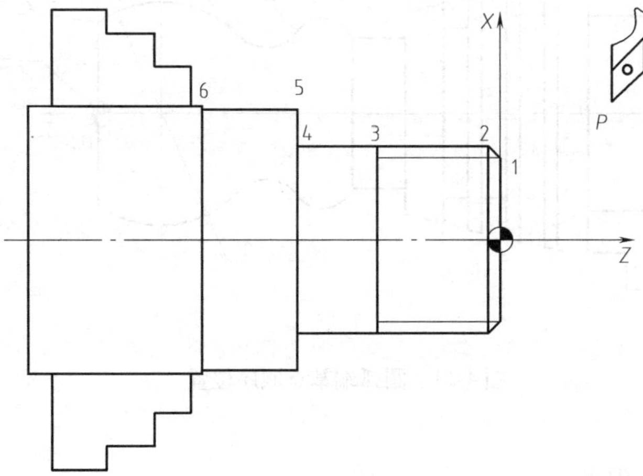

图 4-13　螺纹端基点顺序位置

点 1 坐标：$X=26.000$　$Z=0.000$

点 2 坐标：$X=30.000$　$Z=-2.000$

点 3 坐标：$X=30.000$　$Z=-20.000$

点 4 坐标：$X=30.000$　$Z=-33.000$

点 5 坐标：$X=42.000$　$Z=-33.000$

点 6 坐标：$X=42.000$　$Z=-45.000$

第二次装夹基点位置顺序见图 4-14：

点 1 坐标：$X=0$　$Z=0$

点 2 坐标：$X=12.22$　$Z=0$

点 3 坐标：$X=24.24$　$Z=-30.01$

点 4 坐标：$X=25.79$　$Z=-39.15$

点 5 坐标：$X=23$　$Z=-48$

点 6 坐标：$X=23$　$Z=-54$

点 7 坐标：$X=30.9$　$Z=-54$

点 8 坐标：$X=26$　$Z=-60$

点 9 坐标：$X=26$　$Z=-64$

点 10 坐标：$X=26 \quad Z=-66$

点 11 坐标：$X=26 \quad Z=-70$

点 12 坐标：$X=26 \quad Z=-72$

点 13 坐标：$X=42 \quad Z=-76$

点 14 坐标：$X=42 \quad Z=-78$

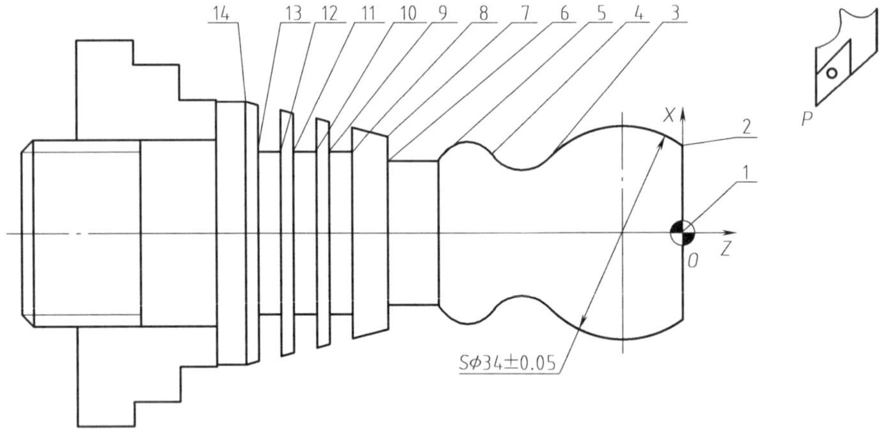

图 4-14 圆弧端基点顺序位置

5.8.3 数控加工误差

数控加工误差是由编程误差、机床误差、定位误差、对刀误差等综合累积而成的。数控程序设计时，除了直接减小各个组成误差值外，还可以通过检测机床的综合误差及偏向，在程序中用加补偿值的办法，来减小加工误差。

1）编程误差。编程误差由逼近误差、截断（圆整）等误差组成。逼近误差是在用直线线段或圆弧段去逼近非圆曲线的过程中产生的误差。圆整误差是在数据处理时，将坐标值四舍五入圆整成整数脉冲当量值而产生的误差。脉冲当量是指每个单位脉冲对应坐标轴的位移量。普通精度的数控机床，一般脉冲当量值为 0.01mm，较精密的数控机床其脉冲当量值为 0.005mm 或 0.001mm。

2）机床误差。机床误差由数控系统误差、进给系统误差等原因产生。

3）定位误差。定位误差是当工件在夹具上定位、夹具在机床上对定时产生的误差。

4）对刀误差。对刀误差是在确定刀具与工件的相对位置时产生的误差。

6. 程序编制及说明

按两个工序在同一个机床上加工编写的加工程序单见表 4-8 和表 4-9。

表 4-8 螺纹端加工程序单

O001		
N001	G54 X150 Z150;	建坐标系
N002	M03 S800 T0101;	主轴正转，换 1 号刀
N003	G00 X45 Z2 M08;	快速到加工起刀点
N004	G01 Z0 F0.1;	车端面
N005	X0;	
N006	G00 X45 Z2;	回到起刀点
N007	G71 U2 R0.5;	外圆粗车循环
N008	G71 P009 Q015 U0.5 W0.1 F0.3;	
N009	G00 X26 Z2;	
N010	G01 Z0;	
N011	X29.9 Z-2;	
N012	Z-20;	
N013	X30;	
N014	Z-33;	
N015	X42;	
N016	Z-45;	
N017	X45;	
N018	G70 P009 Q015 S1200 F0.1;	精车外圆各尺寸
N019	G00 X150 Z150;	回到换刀点
N020	T0303 M03 S500;	换 3 号刀，主轴正转
N021	G00 X35 Z2;	快速到加工起刀点
N022	G92 X30 Z-20 F2;	车螺纹
N023	X29.5;	
N024	X29;	
N025	X28.5;	
N026	X28.1;	
N027	X27.8;	
N028	X27.5;	
N029	X27.4;	
N030	G00 X150 Z150;	回到换刀点
N031	M05;	主轴停转
N032	M09;	切削液关
N033	M30;	程序结束

表 4-9　圆弧端加工程序单		
O002		
N001	G54　X150　Z150;	建坐标系
N002	T0101　M3　S800　M8;	换 1 号刀，主轴正转
N003	G0　X45　Z2;	到达起刀点
N004	G1　Z0　F0.1;	车端面
N005	X0;	
N006	G0　X45　Z2;	回到起刀点
N007	G71　U2　R0.5;	外圆粗车循环
N008	G71　P040　Q046　U0.5　W0.1　F0.3;	
N009	G00　X12.22　Z2;	
N010	G01　Z0;	
N011	G03　X24.24　Z-30.01　R17;	
N012	G02　X25.79　Z-39.15　R6;	
N013	G03　X23　Z-48　R5;	
N014	G01　Z-54;	
N015	X30.9;	
N016	X42　Z-78;	
N017	G70　P040　Q046　S1200　F0.1;	精车各档尺
N018	G00　X150　Z150;	回到换刀点
N019	T0202　M03　S400　M8;	换 2 号刀，主轴正转
N020	G00　Z-76;	车槽
N021	X42;	车槽
N022	G01　X26　F0.05;	车槽
N023	G0　X42;	车槽
N024	Z-64;	车槽
N025	G01　X26　F0.05;	车槽
N026	G40　X45;	回到起刀点
N027	Z-54;	
N028	G00　X150　Z150;	回到换刀点
N029	M05;	主轴停转
N030	M09;	切削液关
N031	M30;	程序结束

7. 程序校验

7.1　仿真

仿真加工是对已有的加工轨迹进行加工过程模拟，以检查加工轨迹的正确性。对系统生成的加工轨迹，仿真时的加工参数就是轨迹中记录的参数。从外部反读进来的刀具轨迹，仿真时加工参数需要再次核定。

7.2　预演

程序输入后，将机械运动主轴运动及 M、S、T 等辅助功能锁定，以自动循环模式让数控机床静态下执行程序，通过观察机床坐标位置数据和报警显示，判断程序是否有语法、格式或数据错误。

7.3　首件试切

1）通过首件试切，检测工件的尺寸和表面粗糙度等要求，校验各程序段及参数设置的正确性。

2）通过车削过程，检验工件加工余量的分配、粗车路线是否合理及校验粗车各程序段的参数。

3）零件首件三检。用游标卡尺，千分尺检验各外径和长度尺寸，用 R 规和百分表（千分表）检验圆弧形状精度，用螺纹环规或三针测量法检查螺纹，用样板或正弦规检查锥度尺寸。

4）零件首件三检合格后，程序投入生产使用。

8. 机床操作

8.1 机床操作安全知识

数控车床的正常使用必须满足如下条件：

1）温度条件。数控车床的环境温度应低于30℃，相对湿度应不得超过80%。一般来说，数控电动箱内部设有排风扇和冷风机，以保持电子元件，特别是中央处理器工作温度恒定或在小范围内变化。

2）电源要求。电源电压波动必须在允许范围内，并且保持相对稳定。否则会直接影响数控系统的正常工作。如果电源电压波动大、波动频繁，应及时设置稳压电源。

3）按数控机床操作说明书的要求使用机床。用户在使用机床时，不允许随意改变控制系统设定的参数。只有间隙补偿参数值可根据实际情况予以调整。不允许随意更换机床附件，不得改变液压卡盘、液压刀架、液压尾座及液压缸的压力，否则会造成变形和疲劳损坏。

8.2 工件装夹与找正

1）安装工件时，应保证工件所有待加工面加工方便，同时考虑机床主轴与刀架间的最小距离和刀具的装夹长度，确保在行程范围内完成零件的全部加工内容。

2）夹具的安装必须保证刀具运动有足够的空间，夹具不能和各工步刀具轨迹发生干涉。

3）夹紧点数量及夹紧位置不能影响零件的刚性。

8.3 对刀

8.3.1 对刀点的确定

机床返回参考点后，控制系统与机床同步，并建立了机床坐标系。接下来就要安装工件，工件在卡盘上的安装长度位置是任意的，因此在工件正确安装后都要进行对刀操作。对刀的目的就是寻找工件在机床坐标系中的位置，工件在机床坐标系中的位置又是通过工件上某一特定点在机床坐标系中的位置来反映，对刀点选择在工件上对刀操作方便的位置。

8.3.2 对刀注意事项

1）根据加工要求，手动正确对刀，控制对刀误差。

2）在对刀过程中，可通过微调节器改变进给量来提高对刀精度。

3）注意移动方向，避免撞车。

4）对刀数据一定要存入与程序对应的存储地址，防止调用错误。

5）工件坐标的建立。原则上讲，工件坐标系的设定是任意的，可以在毛坯的任何位置，也可以设置在毛坯的外面。坐标原点及坐标方向的选择应便于编程，同时还要考虑图样尺寸和标注习惯等。本课程设计两次装夹工件的坐标原点都设在工件端面上，这样便于编程和对刀。

8.4 试切及加工

程序检验正确后进行零件加工，其步骤为：

1）打开压缩空气开关和机床的主电源，按下操作面板上的电源开关显示屏上出现X、Z坐标值，确认【NOT READY】消失。

2）回零。

3）MDI（手动数据输入）。

4）输入程序。

5）寻找程序。

6）编辑程序。

7）设定补偿值。

8）检查程序。

9）机床的实际切削。

设 计 总 结

我们在此课程设计中遇到了很多的困难，例如，在确定工艺方案时，我们对选择哪种方案产生了分歧，最后经查阅相关资料并综合考虑才决定本次设计的加工方案。

通过这次的课程设计我们学到了很多东西，例如，制订加工工艺，根据计算的切削用量编制加工程序等。本次课程设计使我对零件加工的过程有了深刻地了解。

此次课程设计综合运用了我们之前所学的知识，如“机械制图”、“机械制造技术”、“数控加工工艺及设备”、“数控加工编程及操作”等。

此次课程设计零件的整个加工过程为：分析零件图→制订零件加工总体方案→拟订工艺过程路线→选定数控工序设计内容→数控工艺分析→编制数控加工工序卡片→选择机床→选择夹具及装夹方案→选择刀具→选择切削用量→确定加工工步→拟订走刀路线→数学处理→编写程序及程序说明等。

本课程设计的重点在于零件的结构工艺分析、机床的选择、加工方案及顺序的拟订和切削用量等参数的选择。

通过课程设计，我发现自己存在很多不足，在以后的学习当中我会更加努力去充实和完善自己。

最后，还要感谢老师在辅导过程中给予的大力支持和帮助。

参 考 文 献

[1] 张秀珍，晋其纯. 机械加工质量控制与检测［M］. 北京：北京大学出版社，2008.
[2] 顾京. 数控加工编程及操作［M］. 北京：高等教育出版社，2003.
[3] 赵长明，刘万菊. 数控加工工艺及设备［M］. 北京：高等教育出版社，2003.
[4] 王军，严丽. 机械基础［M］. 广州：华南理工大学出版社，2004.
[5] 陈根琴，宋志良. 机械制造技术［M］. 北京：北京理工大学出版社，2007.
[6] 刘力，王冰. 机械制图［M］. 北京：高等教育出版社。2007.

示例三　分度盘的数控加工设计（数控铣削）

数控加工课程设计说明书

设计题目　分度盘数控加工设计

成绩 ____________________

班级 ____________________

学号 ____________________

姓名 ____________________

指导教师 ________________

设计日期　　年　　月　　日至　　年　　月　　日

目　录

课程设计任务书

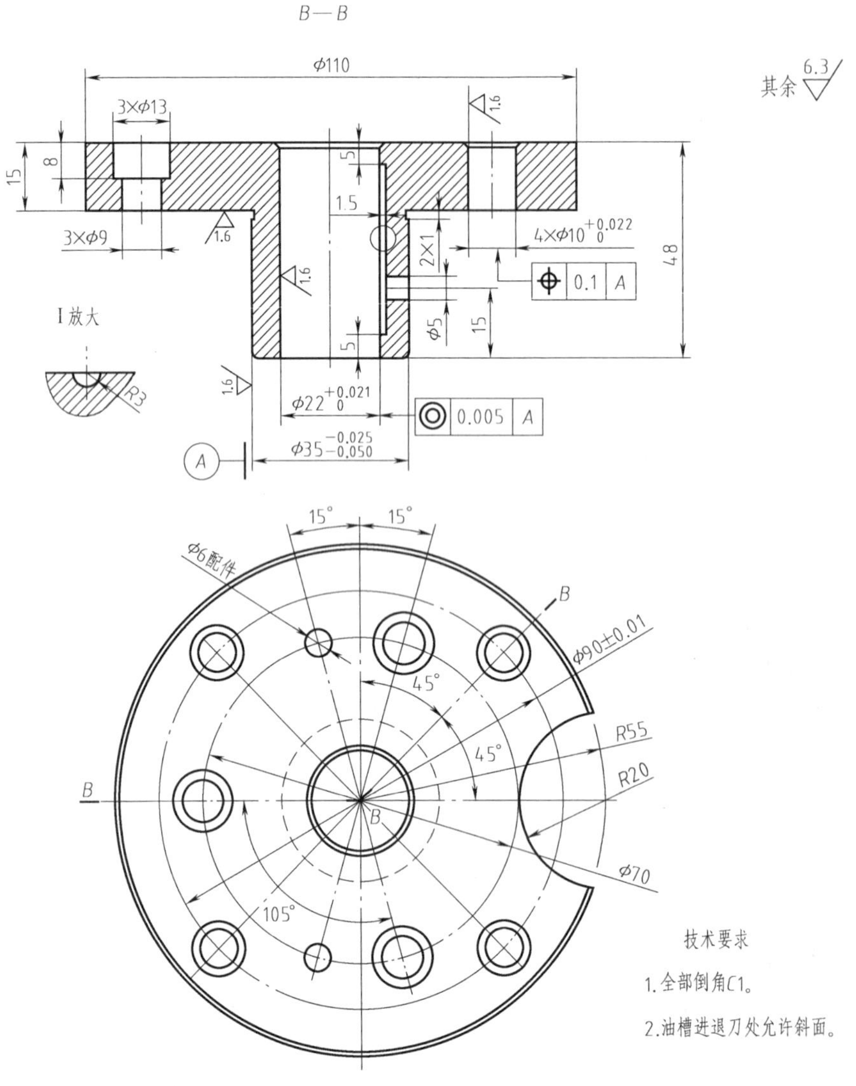

设计要求：1. 绘制分度盘标准零件图一份。

2. 绘制分度盘零件的毛坯图一份。
3. 零件机械加工工艺方案（零件加工过程卡）一份。
4. 数控加工工序卡一份。
5. 数控加工课程设计说明书一份（5000 字左右）。
6. 将说明书和相关图样装订成册（按 A4 尺寸装订）

绪　论

1. 零件分析

1.1　生产状态

绘制分度盘零件图，如图 4-15 所示，零件材料为 HT200，小批量生产，无热处理工艺等其他要求。

1.2　零件结构分析

分度盘是盘套类零件，盘套类零件的加工重点是内孔。一般情况，这类零件有精度较高的圆度和同轴度要求。

该零件在加工过程中各道工序均需良好的定位基面，其内孔油槽结构增加了加工难度。

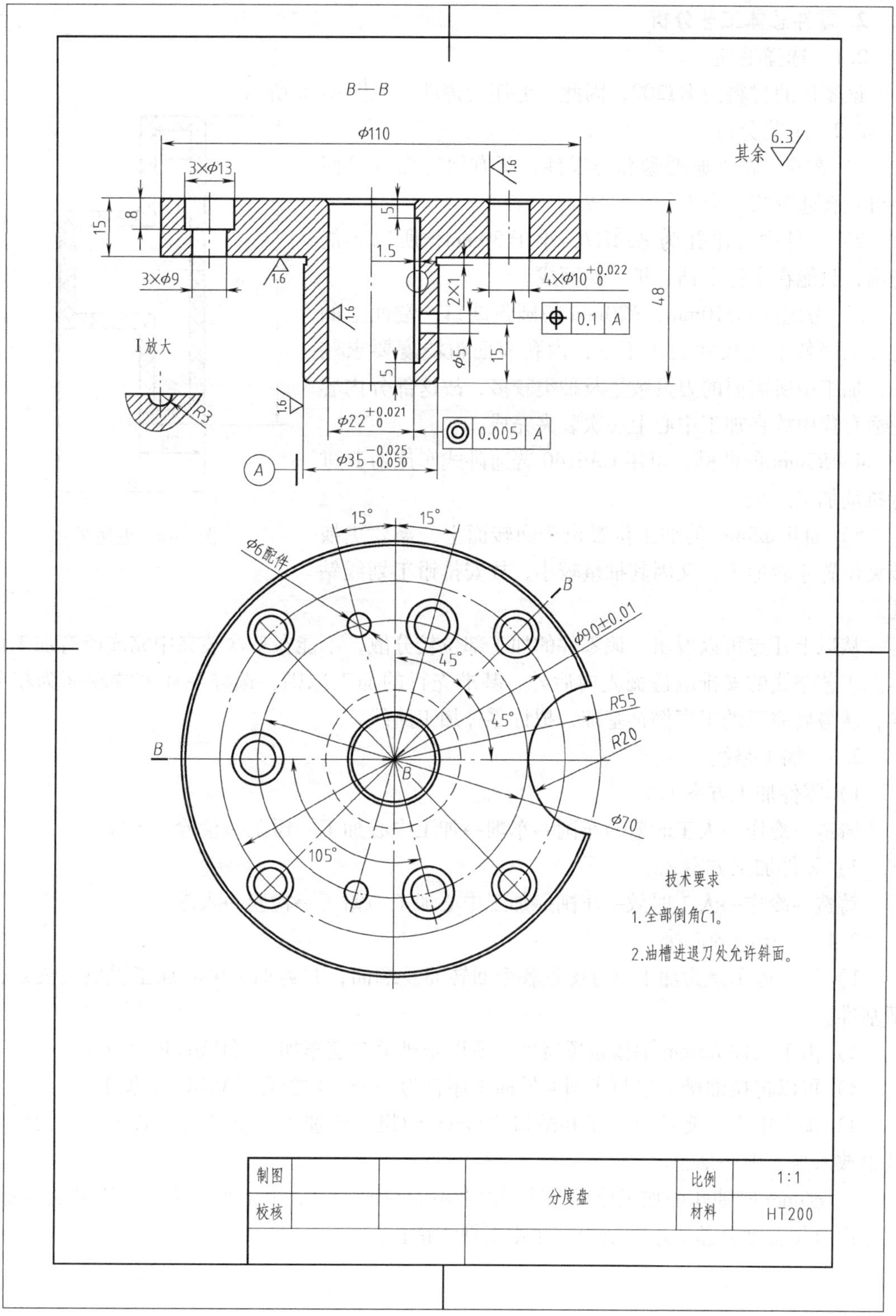
B—B
φ110
3×φ13
3×φ9
15
8
5
1.5
2×1
φ5
4×φ10$^{+0.022}_{0}$
0.1 A
48
15
6.3
其余
1.6
Ⅰ放大
R3
φ22$^{+0.021}_{0}$
0.005 A
φ35$^{-0.025}_{-0.050}$
A
15°
15°
φ6配件
B
φ90±0.01
45°
45°
R55
R20
φ70
105°
技术要求
1.全部倒角C1。
2.油槽进退刀处允许斜面。
制图
校核
分度盘
比例
1:1
材料
HT200

图 4-15　分度盘零件图

2. 零件总体工艺分析

2.1　选择毛坯

该零件的材料为 HT200，因此，毛坯为铸件，如图 4-16 所示。

2.2　工艺分析

1）该零件属于典型盘套类零件，所有回转面及端面均可在普通卧式车床上加工完成。

2）工件中心出孔为 ϕ22H7，小于 30mm，所以不能铸出，只能在实体上钻、扩、镗而成。

3）考虑圆 ϕ110mm、R20mm 的圆弧缺口，端面上的孔加工因各个孔尺寸大小不一，内孔表面粗糙度要求较高，加工中所需要的刀具数量及种类较多，故这部分内容更适宜集中放在加工中心上一次装夹完成。

4）R3mm 的油槽，可用 CA6140 普通卧式车床对其进行拉削加工。

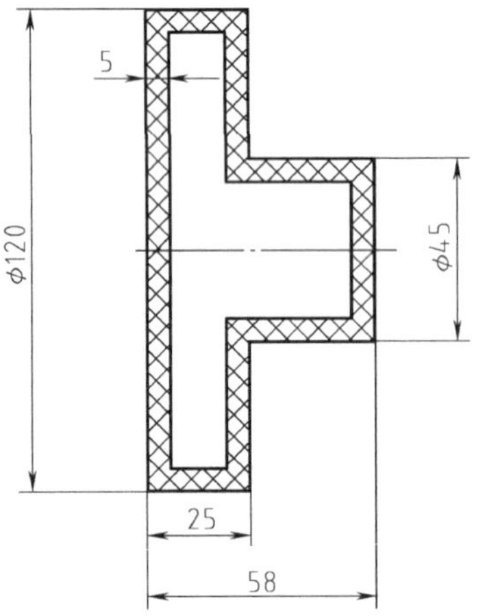

图 4-16　毛坯图

5）油孔 ϕ5mm 的加工位置位于回转面上，需要更换装夹位置才能加工，又因其批量较小，故安排钳工划线钻孔。

从以上几点可以看出，该零件的加工部位较分散，不能在一次装夹中完成所有加工内容。工艺路线的安排应遵循先内后外、基准先行的加工原则，选样毛坯大端端面为粗基准，从最后完工的工序倒推基准，拟订零件加工路线。

2.3　加工路线

1）零件加工方案 1。

铸造→冷作→人工时效→车削→车削→加工中心加工→钳工→检验→入库。

2）零件加工方案 2。

铸造→冷作→人工时效→车削→加工中心加工→钳工→检验→入库。

2.4　工序间的衔接

1）第一道车是为加工出分度盘各个回转面及端面，并为加工中心加工提供装夹定位精基准。

2）由于工件 R3mm 油槽位置特殊，所以安排第二道车加工（CA6140 车床）。

3）可以将拉油槽工序与车削回转面工序合为一个，均放在 CA6140 上加工。

4）加工中心主要针对孔系和缺口 R20mm 的粗、精加工，也可以将 ϕ110mm 大端圆柱也放入加工中心加工。

5）ϕ5mm 的油孔的加工位置在回转面上不能与加工中心上的加工内容一次装夹完成，由于没有位置度公差要求，所以安排钳工划线钻孔。

3. 加工工艺过程卡

机械加工工艺过程卡	零件	图号	材料	件数	毛坯类型	毛坯尺寸
	分度盘	0003	HT200	500	铸件	

序号	工序名称	工序内容	机床	工装
1	铸造	木模，手工造型		
2	冷作	清砂，浇冒口		
3	热处理工艺	人工时效		
4	车削	装夹 $\phi35_{-0.050}^{-0.025}$ 外圆，车 $\phi110$mm 及其端面至图样尺寸；钻 $\phi22_{0}^{+0.021}$ 孔至 $\phi20$mm	CA6140	150mm 金属直尺，200mm×0.02mm 游标卡尺 YG6 硬质合金 45° 端面车刀、$\phi21$mm 麻花钻
5	车削	1. 装夹 $\phi110$mm 外圆，车端面，粗车、半精车内外圆及端面 2. 加工油槽至图样尺寸 3. 精车内孔和外圆至图样尺寸	CA6140	YG6 硬质合金 90° 外圆车刀、$R3$mm 油槽车刀、200mm × 0.02mm 游标卡尺、$\phi22_{0}^{+0.021}$ 孔用综合量规、25～50mm 千分尺
6	加工中心加工	加工 $\phi110$mm 端面上的孔、$R20$mm 圆弧槽及 $\phi22$mm 孔和孔 3×$\phi9$mm，沉孔 $\phi13$mm 和 4×$\phi10$mm，所有孔口倒角，锐边倒顿 （详见数控加工工序卡片）	XH71	详见刀具卡
7	钻销	划钻径向孔 $\phi5$mm 至图样尺寸	Z512	$\phi5$mm 钻头
8	检验	按图样要求检验各部尺寸及形位公差		
9	入库	清洗，加工表面涂防锈油，入库		

	工艺设计		日期		共　页	第　页

4. 确定数控加工内容

1）工序 4 和工序 5 为分度盘回转面及端面的加工，虽然 ϕ36f7 外圆面及台阶面的精度要求较高，表面粗糙度 R_a1.6μm，但是工序 4 是直接从毛坯加工成形，且该工序需要调头加工，所以该部分内容适宜放在普通卧式车床上加工。

2）工序 6 为 ϕ110mm 端面的孔系和 R20mm 缺口的加工，这部分内容因为孔的尺寸大小不一，精度要求不一，孔位分布分散，所需要的刀具数量和种类较多。为保证加工精度且减少换刀时间，该部分内容适应在加工中心上加工，以减少手动换刀的不便。

3）工序 7 因加工内容单一，且其精度要求可由普通机床上保证，所以不在数控机床上加工。

因此，选定工序 6 为数控加工程序设计的工序。

5. 数控加工工序分析

5.1 零件加工内容分析

1）孔结构都集中在 $\phi110mm$ 的端面上，其中精度要求最高的孔为 $\phi22H7$，精度等级为 IT7；其次为 $4\times\phi10mm$ 孔，其精度要求为 IT7 级。

2）从定位和加工两个方面考虑，以 $\phi36f7$ 端面为主要定位基准，并在前道工序中先加工好，位于 $\phi110$ 端面上的全部内容在加工中心上加工完成。

5.2 工艺设计

5.2.1 选择加工方法

因 $\phi110mm$ 端面上各孔必须在实体表面进行钻削加工才能完成，为防止在实体表面钻孔产生偏斜、滑移等现象，必须先在各孔的加工位置钻中心孔进行预定位。

$\phi22H7$ 孔尺寸精度为 IT7 级，表面粗糙度为 $R_a1.6\mu m$，由于孔径太小毛坯中不能铸出，采用钻→扩→铰的方案；$4\times\phi10H7$ 孔的尺寸精度为 IT7 级，表面粗糙度为 $R_a1.6\mu m$，采用钻→扩→铰的方案；$\phi9mm$ 的表面粗糙度 $R_a6.3\mu m$，要求不高，则采用钻中心孔的方案。

$\phi13mm$ 孔在 $\phi9mm$ 孔的基础上锪孔口至尺寸，其表面粗糙度 $R_a6.3\mu m$，故采用锪的方案；$\phi6mm$ 为装配时配做不需加工，各处孔的倒角用钻削完成。

5.2.2 确定加工顺序

按照先粗后精、先小孔后大孔原则，减少换刀次数，以所用刀具不同确定加工工步顺序。工步顺序如下：

钻所有孔的中心孔→钻 $3\times\phi9mm$ 孔→锪 $3\times\phi13mm$ 沉孔→扩、铰 $4\times\phi10H7$ 孔→钻、扩、铰 $\phi22H7$ 孔→倒角。

5.3 选择加工中心

因全部孔均位于 $\phi110mm$ 的端面上，故只需一次装夹便可完成加工，所以选择立式铣床或立式加工中心。该零件按小批量安排生产，加工内容含有铣、钻、扩、锪、铰等工步，所需刀具在 20 把以内，工件总体尺寸属于常规加工装夹范围，故数控机床选用国产 XH714 型立式加工中心。

XH714 型立式加工中心基本参数：

1）X 轴行程为 600mm。

2）Y 轴行程为 400mm。

3）Z 轴行程为 400mm。

4）工作台尺寸为 800mm×400mm。

5）主轴端面至工作台面距离为 125～525mm。

6）定位精度和重复定位精度分别为 0.02mm 和 0.01mm。

7）刀库容量为 18 把。

5.4 确定装夹方案

5.4.1 装夹分析

1）零件的主要加工内容为 $\phi110mm$ 端面上的孔系加工，因此，其切削力的主要方向是在零件的轴心线方向，以 $\phi36f7$ 的端面承受主要的切削力。因此确定 $\phi36f7$ 的端面为主要 Z 向定位基准面。

2）零件为回转体结构，其中 $\phi36f7$ 的外圆面积最大，刚性最好，$\phi22H7$ 的孔使其刚性有所降低，采用双 V 形块定位兼夹紧。线接触夹紧定位方式能有效地防止工件发生形变，同时也能有效地夹紧工件。

3）加工工件上的孔时，应避免与夹具发生碰撞，所以，工件装夹定位必须为钻通孔预留安全操作空间。其方法是在工件 $\phi36f7$ 的端面下加垫块以抬高工件，留出工件与机口平口虎钳端面的间隔距离，装夹位置如图 4-17。

5.4.2 夹具确定

根据装夹分析，用线接触方式夹紧工件，回转部位采用 V 形块定位；同时采用机用平口虎钳夹紧，在工件与机用平口虎钳之间加装垫块抬高工件，为钻孔作业预留安全余量。具体夹紧方案及夹具装置如图 4-17 所用。

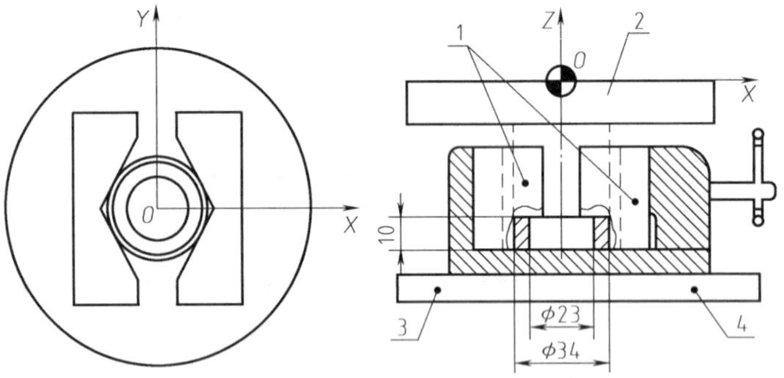

图 4-17 夹紧方案

1—V 形块 2—工件 3—垫圈 4—机用平口虎钳

5.5 刀具的选择

5.5.1 刀具类型

加工孔系选用的刀具及其结构类型如图 4-18 所示。

5.5.2 刀具材料

由于零件材料为 HT200，其抗压强度和耐磨性较高，但塑性较低，故采用高速钢可以对其进行切削，但切削余量较小、切削速度低。考虑到加工中心高效的特点，应采用硬质合金刀进行切削加工，提高效率。

5.5.3 刀具规格

由于数控加工内容里有几处需倒角，故选用一把 $\phi20$mm 顶角为 90°的麻花钻用于孔口倒角。

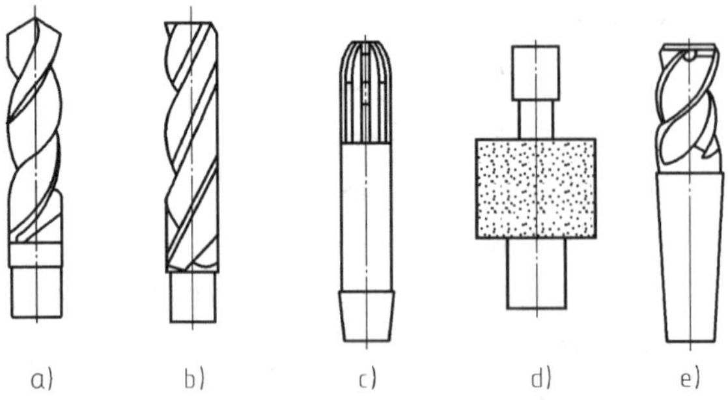

图 4-18 刀具类型

a）麻花钻 b）扩孔钻 c）铰刀 d）锪钻 e）立铣刀

本工序的刀具具体名称、刀具编号、刀柄规格等能内容见表 4-10。

表 4-10　数控加工刀具卡

产品名称代号		零件名称	分度盘	零件图号		程序编号
工步号	刀具号	刀具名称	刀柄型号	刀具		补偿
				直径/mm	长度/mm	/mm
1	T01	中心钻 $\phi3$	BT40-Z6-45	$\phi3$		
2	T02	麻花钻 $\phi9$	BT40-M1-45	$\phi9$		
3	T03	锪钻 $\phi13$	BT40-M1-45	$\phi13$		
4	T04	钻 $\phi9.8$	BT40-M1-45	$\phi9.8$		
5	T05	铰刀 $\phi10$	BT40-M1-45	$\phi10$		
6	T06	麻花钻 $\phi16$	BT40-M2-50	$\phi16$		
7	T07	扩孔钻 $\phi21.8$	BT40-M2-50	$\phi21.8$		
8	T08	铰刀 $\phi22$	BT40-M2-50	$\phi22$		
9	T09	立铣刀 $\phi20$	BT40-MW3-75	$\phi20$		
10	T10	麻花钻 $\phi20$	BT40-M1-45	$\phi20$		顶角为 90°

5.6　加工步骤

5.6.1　数控加工工步设计

1）数控工序加工步骤见表 4-11。

2）工序中各个工步走刀路线见数控加工走刀路线卡。

各加工点轮廓标示见基点坐标位置示意。编程时按等量分配的背吃刀量考虑走刀路线或循环加工工步。

5.6.2　数控加工各工步切削参数的确定

数控加工各工步参数见表 4-11。

表 4-11　数控加工工序卡片

工步号	工步内容	刀具号	刀具规格/mm	主轴转速/mm	进给速度/(mm/min)	背吃刀量/mm
1	钻所有中心孔	T01	$\phi3$	1200	40	1.5
2	钻 3×$\phi9$mm	T02	$\phi9$	600	60	2.5
3	锪 3×$\phi13$mm 沉孔	T03	$\phi13\times9$	150	15	1.5
4	钻 4×$\phi10$mm 孔至尺寸 9.8mm	T04	$\phi9.8$	600	60	3
5	铰 4×$\phi10$mm 孔至尺寸	T5	$\phi10$	100	50	0.125
6	钻 $\phi22$H7 孔至 $\phi16$mm	T6	$\phi16$	450	60	7.5
7	扩 $\phi22$H7 孔至 $\phi21.8$mm	T7	$\phi21.8$	200	40	0.6
8	精铰 $\phi22$H7 孔至尺寸	T8	$\phi22$	150	40	0.025
9	铣 $R20$mm 圆弧槽	T9	$\phi20$	200	60	10
10	完成各处倒角	T10	$\phi12$	300	30	1

数控加工走刀路线图	零件图号	0003	工序号	7	工步号	1	程序号	O1000
机床型号	XH714	程序段号	N1 ~ N15	加工内容	钻各个孔的中心孔		共 7 页	第 1 页

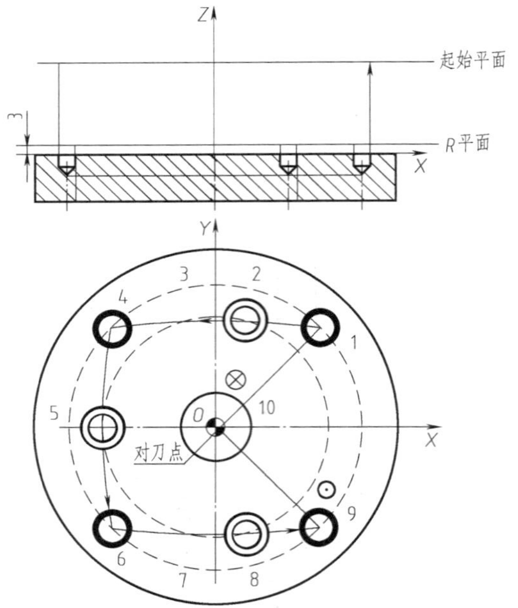

符号	⊙	⊗							
含义	抬刀	下刀	编程原点	起刀点	走刀方向	走刀线相交	爬斜坡	铰孔	行切

数控加工走刀路线	零件图号	0003	工序号	7	工步号	2	程序号	O1000
机床型号	XH714	程序段号	N17 ~ N23	加工内容	钻 ϕ9mm 孔至尺寸要求		共 7 页	第 2 页

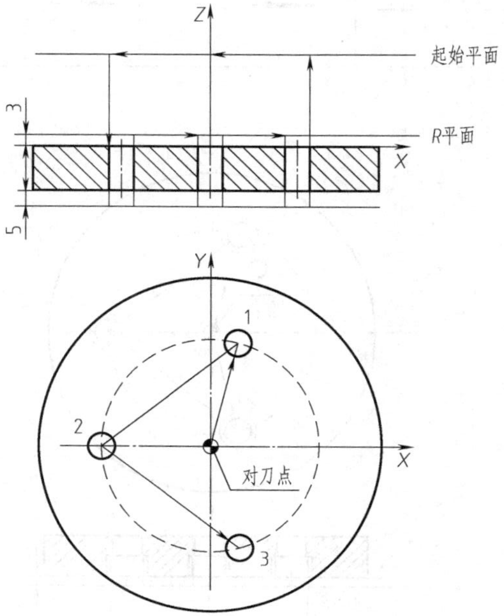

符号	⊙								
含义	抬刀	下刀	编程原点	起刀点	走刀方向	走刀线相交	爬斜坡	铰孔	行切

数控加工走刀路线图	零件图号	0003	工序号	7	工步号	3	程序号	O1000
机床型号	XH714	程序段号	N31 ~ N38	加工内容	锪 ϕ13mm 沉孔		共 7 页	第 3 页

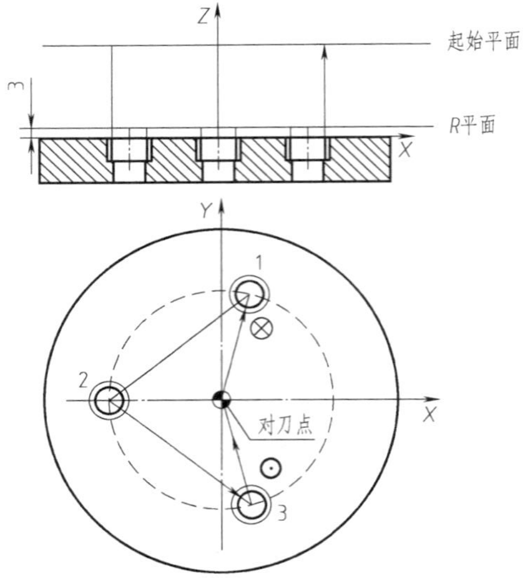

符号	⊙	⊗							
含义	抬刀	下刀	编程原点	起刀点	走刀方向	走刀线相交	爬斜坡	铰孔	行切

数控加工走刀路线图	零件图号	0003	工序号	7	工步号	4、5	程序号	O1000
机床型号	XH714	程序段号	N39 ~ N54	加工内容	加工 ϕ10mm 孔		共 7 页	第 4 页

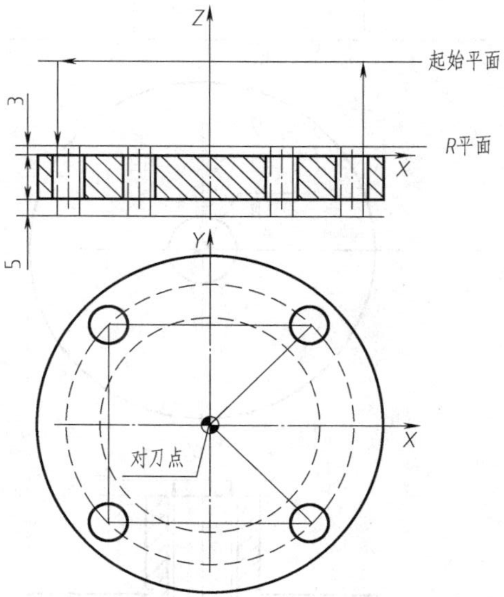

符号	⊙								
含义	抬刀	下刀	编程原点	起刀点	走刀方向	走刀线相交	爬斜坡	铰孔	行切

走刀路线图	零件图号	0003	工序号	7	工步号	6、7、8	程序号	O1000
机床型号	XH714	程序段号	N55 ~ N77	加工内容	钻、扩、铰 ϕ22mm 孔		共 7 页	第 5 页

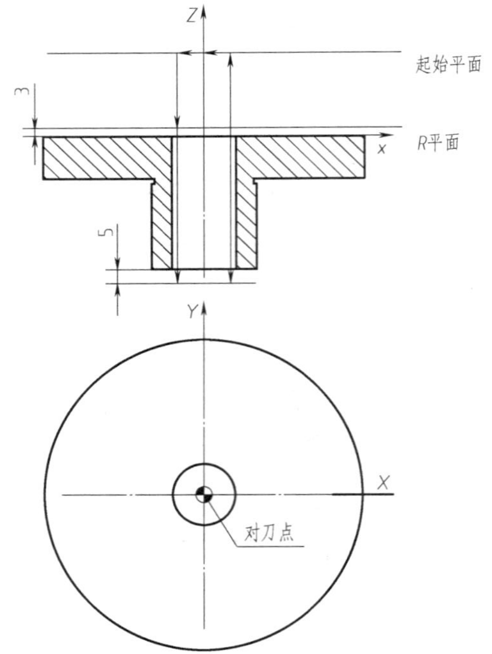

符号	⊙	⊗							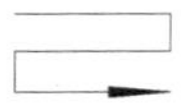
含义	抬刀	下刀	编程原点	起刀点	走刀方向	走刀线相交	爬斜坡	铰孔	行切

走刀路线图	零件图号	0003	工序号	7	工步号	9	程序号	O1000
机床型号	XH714	程序段号	N78 ~ N186	加工内容	铣 *R*20mm 圆弧槽		共 7 页	第 6 页

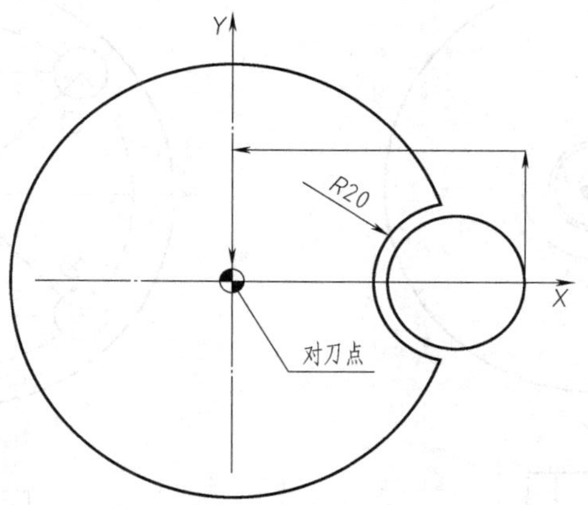

符号	⊙ 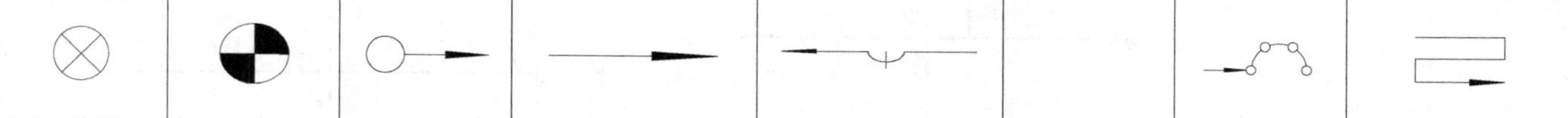								
含义	抬刀	下刀	编程原点	起刀点	走刀方向	走刀线相交	爬斜坡	铰孔	行切

数控加工走刀路线图	零件图号	0003	工序号	7	工步号	10	程序号	O1000
机床型号	XH714	程序段号	N114 ~ N1119	加工内容	ϕ10mm、ϕ22H7 孔口倒角		共 7 页	第 7 页

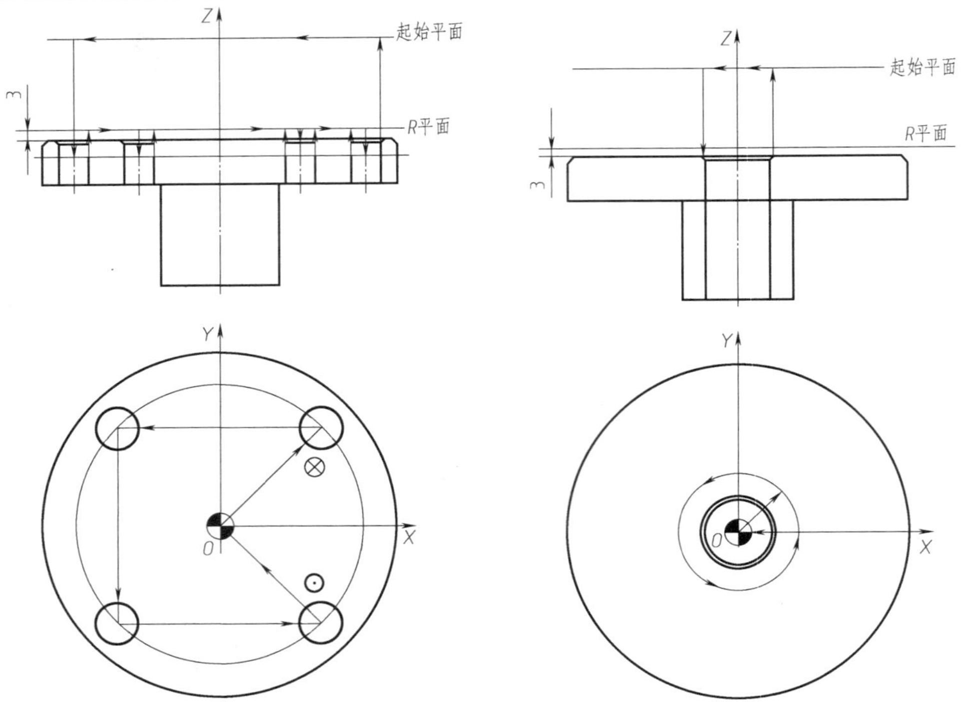

符号	⊙	⊗						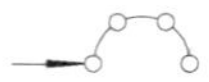	
含义	抬刀	下刀	编程原点	起刀点	走刀方向	走刀线相交	爬斜坡	铰孔	行切

5.7　数学处理

5.7.1　编程坐标系及原点的确定

所有孔系的加工内容都集中在 $\phi110$mm 端面上，且都是以 $\phi22$H7 孔的中心定位，其他各孔的圆心都落在 $\phi22$H7 孔上的同心圆上，所以确定编程坐标系原点为 $\phi22$H7 的中心，以 $\phi110$mm 端面为 X、Y 平面，垂直于端面的轴为 Z 轴，如图 4-19 所示。

5.7.2　基点坐标

常规计算费时费力，采用作图法查询简单、方便。

1）将加工轮廓及切削区域简图绘出。分度盘各基点、圆心点坐标点如图 4-20 所示。

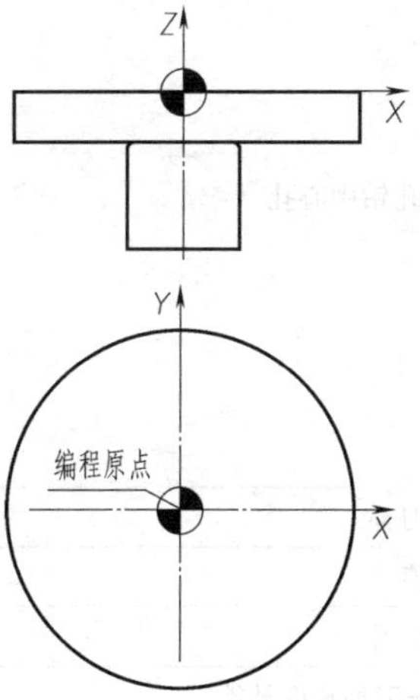

图 4-19　编程坐标原点

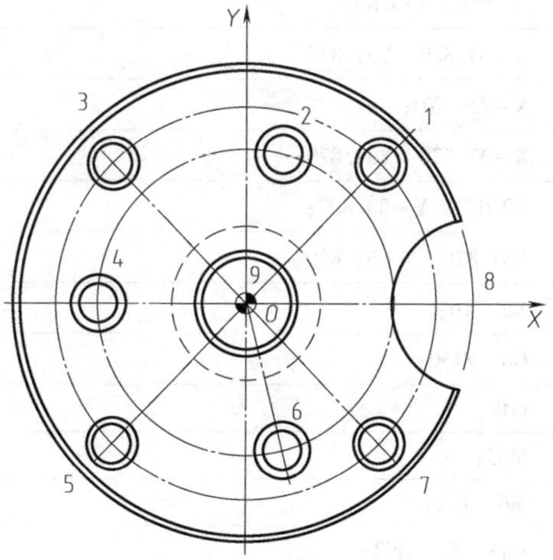

图 4-20　基点坐标位置

2）将粗加工的轮廓标示出，并按等量分配的背吃刀量考虑走刀路线或循环加工工步。

分度盘各基点、圆心点坐标值见表 4-12。

表 4-12　各基点、圆心点坐标值

点	坐　标
点 1	(X31.820，Y31.820)
点 2	(X9.059，Y33.807)
点 3	(X-31.820，Y31.820)
点 4	(X-35，Y0)
点 5	(X-31.820，Y-31.820)
点 6	(X9.059，Y-33.807)
点 7	(X31.820，Y-31.820)
点 8	(X54.995，Y0)
点 9	(X0，Y0)

5.8　程序编制及说明

分度盘零件数控工序加工程序单见表 4-13。

表 4-13　分度盘零件数控程序单及编程说明

程　　序	解　　释
O001	
N01　G54　G90　G00　X0　Y0　Z20;	进入加工坐标系
N02　M06　T01;	换用 T01 号刀
N03　G43　G00　Z5　H01;	T01 号刀加长度补偿
N04　S1200　M30;	主轴起动，切削液开
N05　G99　G81　X31.82　Y31.82　Z-5　R3　F40;	
N06　X9.059　Y33.807;	
N07　X-31.820　Y31.820;	
N08　X-35　Y0;	
N09　X-31.820　Y31.820;	1~8 孔钻中心孔
N10　X9.059　Y-33.807;	
N10　X31.820　Y-31.820;	
N11　X0　Y0;	
N14　G0　Z150;	
N15　G49;	取消刀补
N16　M05;	主轴停
N17　M6　T02;	换 T02 号刀
N18　G43　Z5　H02;	T02 号刀加长度补偿
N19　S600　M03;	主轴起动
N20　G99　G81　X9.059　Y33.807　Z-18　R3　F60　M08;	钻 2 号孔至 ϕ9mm 钻 4 号孔至 ϕ9mm，切削液开
N21　X9.059　Y-33.807;	钻 6 号孔至 ϕ9mm
N22　G0　Z150　M5;	抬刀主轴停
N23　G49　M09;	取消刀补，切削液关
N31　M06　T03;	换 T03 刀
N32　G43　Z5　H03;	T03 刀加刀补
N33　S300　M03;	主轴起动
N34　G99　G81　X9.059　Y33.807　Z-8　R3　F15　M08;	锪 ϕ13mm 孔 2 号孔至 8mm 切削液开
N35　X-35　Y0;	钻 4 号孔至 8mm
N36　X9.059　Y-33.807;	钻 6 号孔至 8mm
N37　G0　Z150　M05;	抬刀主轴停
N38　G49　M09;	取消刀补，切削液关
N39　M06　T04;	换 T04 刀
N40　G43　Z5　H03;	T04 刀加刀补
N41　S600　M03;	主轴起动
N42　G99　G81　X31.820　Y31.820　Z-18R3　M08　F40;	钻 1 号至 ϕ9.8mm，切削液开 钻 3 至 ϕ9.8mm

（续）

程　　序	解　　释
N43　X－31.820　Y31.820；	钻5ϕ9.8mm
N44　X31.820　Y－31.820；	钻7ϕ9.8mm
N45　G0　Z150　M09；	抬刀，切削液关
N46　G49；	取消刀补
N47　M06　T05；	换T05号刀
N48　G43　Z5　H05；	T05号刀加长度补偿
N49　S100　M03；	主轴起动
N50　G99　G81　X31.820　Y31.820　Z－18　R3　M08　F15；	铰4×ϕ10mm切削液开
N51　X－31.820　Y31.820；	
N52　X31.820　Y－31.820；	
N53　G0　Z150　M05；	抬刀主轴停
N54　G49　M09；	取消刀补，切削液关
N55　M06　T06；	换T06号刀
N56　G43　Z0　H06；	T06加长度补偿
N57　S100　M03　M08；	主轴起动、切削液开
N58　G99　G83　X0　Y0　Z－53　R3　Q10　F35；	钻ϕ22mm孔至尺寸ϕ16mm
N61　G0　Z150　M09；	抬刀，切削液关
N62　G49　M5；	取消刀补，主轴停
N63　M06　T7；	换T07刀
N64　G43　Z5　H07；	T07刀加长度补偿
N65　S600　M03；	主轴起动
N66　G99　G81　X0　Y0　Z－53　F40；	扩ϕ22mm孔至尺寸ϕ21.8mm
N70　G0　Z150；	抬刀，取消刀补
N71　G00　X500　Y0；	回换刀点
N72　M06T08；	换T09号刀
N73　G43　Z5　H08；	T08号刀加长度补偿
N74　S100　M03；	主轴起动
N75　G99　G81　X0　Y0　Z－50　F15　M08；	铰ϕ22mm孔
N76　G0　Z150　M09；	抬刀，切削液关
N77　G49　M05；	取消刀补，主轴停
N78　M06　T09；	换T09号刀
N79　G54　G90　X54.995　Y0；	快速到R20mm圆心
N80　M3　S500；	主轴以500r/min正转
N81　G43　Z－16　H09；	加长度补偿
N82　G41　G91　X27.497　D9　M08；	切削液开
N83　G03　I－27.497　F50；	铣R20mm圆缺口

（续）

程　　序	解　　释
N84　G40　G01　X27.497；	取消半径补偿
N85　G0　Z150　M09；	抬刀，切削液关
N86　G49　M05；	取消刀补，主轴停
N87　M06　T10；	换 T10 号刀
N88　M03　S600；	开转速
N89　G0　Z5　H10；	加长度补偿
N90　G99　G81　X31.82　Y31.82　Z－1　R3　F40；	
N91　X9.059　Y33.807；	
N92　X－31.820　Y31.820；	所有孔口倒角
N93　X－35　Y0；	
N94　X－31.820　Y31.820；	
N95　X9.059　Y－33.807；	
N96　X31.820　Y－31.820；	
N97　X0　Y0；	
N98　G0　Z150　M09；	抬刀，切削液关
N99　G49；	取消刀具长度补偿
N100　M05；	主轴停
N101　M30；	程序停止

6. 程序输入及机床操作

6.1 程序输入

将所编制零件的加工程序输入机床。

6.2 机床操作安全知识

6.2.1 一般注意事项

1）机床运转时，操作人员应穿戴好工作服、工作帽、安全鞋。

2）清扫机床周围和控制部分，保持环境整洁。

3）经常检查紧固螺钉，不得有松动。

6.2.2 机床起动时的注意事项

1）熟悉机床的紧急停车方法及机床的操作顺序。

2）刀具、工件安装好后，应再做一次检查。

3）检查润滑油箱、齿轮箱内油量情况。

4）确认运转程序和刀具加工顺序是否一致。

6.2.3 调整程序时的注意事项

1）不得承担超出机床加工能力的作业。

2）在机床停车时进行刀具调整，确认刀具在换刀过程中不和其他部分碰撞。

3）程序调整好后，要进行程序效验检查，确认无误后方可开始加工。

6.2.4 机床运行中的注意事项

1）机床起动后，在机床自动连续运转前，必须监视其运转状态。

2）运转时，不得调整刀具和测量工件。

6.2.5 操作完毕时的注意事项

1）关闭电源。

2）清扫机床并涂防锈油。

6.3 对刀操作

6.3.1 对刀点

对刀点是工件在机床上定位（或找正）装夹后，用于确定工件坐标系位置的基准点。一般来说，加工中心对刀点应选择在编程坐标系原点或至少与 X、Y 方向重合，这样有利于保证对刀精度，减少对刀误差。

6.3.2 对刀方法

1）工件坐标系原点（对刀点）为圆柱孔的中心线。

2）工件坐标系原点为两相互垂直线的交点。

3）利用外对刀仪对刀。

4）刀具 Z 向对刀。

6.4 程序校验

正式加工之前必须要对程序进行检验。通常采用机床空运行的方式来检查机床动作和运动轨迹的正确性，以检验程序。在具有图形模拟显示功能的数控机床上，可通过显示走刀轨迹或模拟刀具对工件的切削过程对程序进行检查。

在课程设计中，对于形状复杂和要求较高的零件，也可以采用塑料和石蜡等容易切削的材料进行试切来检验程序，通过观察试件切削过程来检查程序是否正确，加工精度是否符合要求。若能采用与被加工零件相同的材料进行试切则更能反映程序的实际加工效果。当发现加工零件不符合加工要求时，可修改程序或采取补偿等措施。

6.5 首件试切

程序通过校验正确。首件进行试切已达到精度要求后，就可以进行零件加工。

设 计 总 结

本次课程设计的零件为典型盘套类零件，各加工部位的加工方法在以前的学习中已学过。但由于对加工方法的掌握不够，使得这次加工显得很吃力，尤其在加工余量的确定方面不能很好地把握，其次对于孔的加工，其表面粗糙度、位置精度方面不清楚该如何加工才能很好的予以保证。再次，在刀具的使用方面，由于未见过实际加工中刀具的实际使用范围是如何确定的，所以在刀具选择方面有很多欠考虑的地方。希望在以后的学习中能得以弥补！

参 考 文 献

[1] 张秀珍，晋其纯. 机械加工质量控制与检测［M］. 北京：北京大学出版社，2008.

[2] 王茂元. 机械制造技术［M］. 北京：机械工业出版社，2004.

[3] 宗国强，赵学跃. 数控铣工技能鉴定考核培训教程［M］. 北京：机械工业出版社，2006.

[4] 赵如福. 金属机械加工工艺人员手册［M］. 上海：上海科学技术出版社，2006.

[5] 何兆凤. 公差配合与技术测量［M］. 北京：中国劳动社会保障出版社，2006.

[6] 王启义，李文敏. 几何测量器具使用手册［M］. 北京：机械工业出版社，1997.

第五章　课程设计训练

训练一　数控车削加工训练

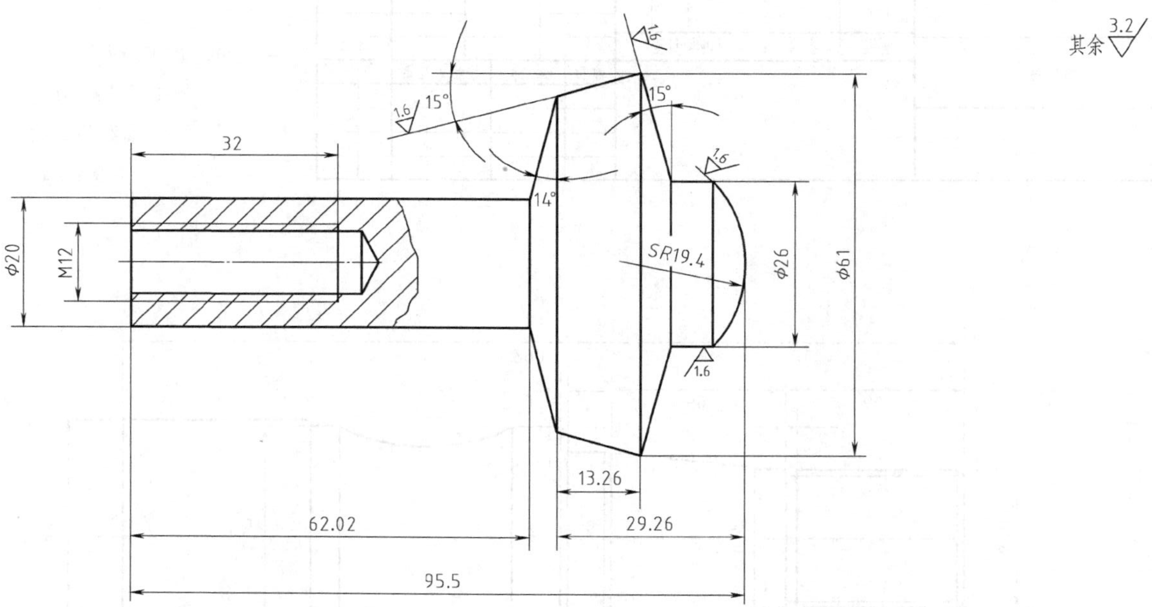

技术要求

1.零件径向尺寸公差为±0.01。

2.角度公差为±0.1′。

标记	处数	更改文件名	签 字	日 期	45			模具芯轴
设 计					图 样 标 记	重 量	比 例	01
							1:1	
			日期		共 张	第 张		

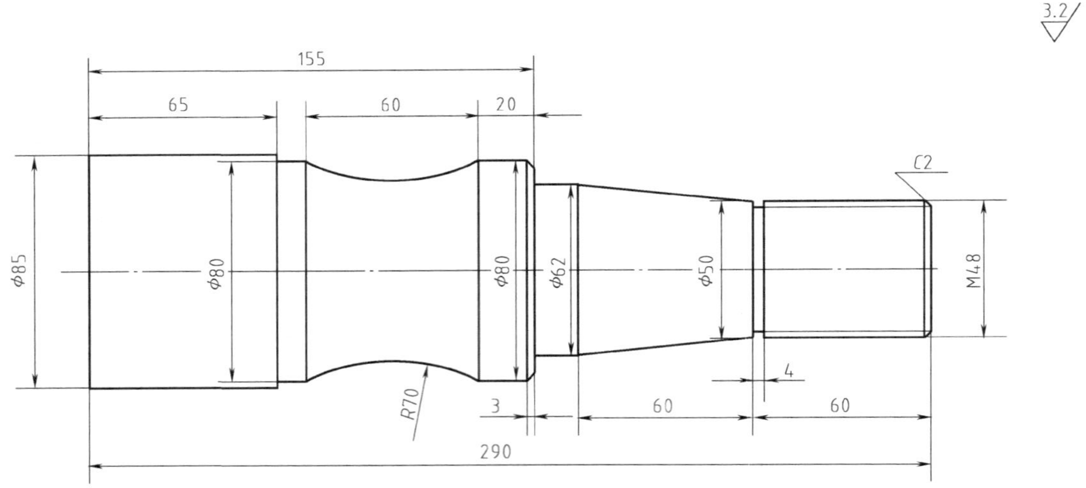

技术要求

1. 零件用煤油清洗。

2. 去尖角毛刺，锐边倒钝。

3. 未注尺寸公差按 GB/T 1804—m。

标记	处数	更改文件名	签 字	日期
设计				
			日期	

45		
图样标记	重量	比例
		1:1
共 张	第 张	

传动轴1
02

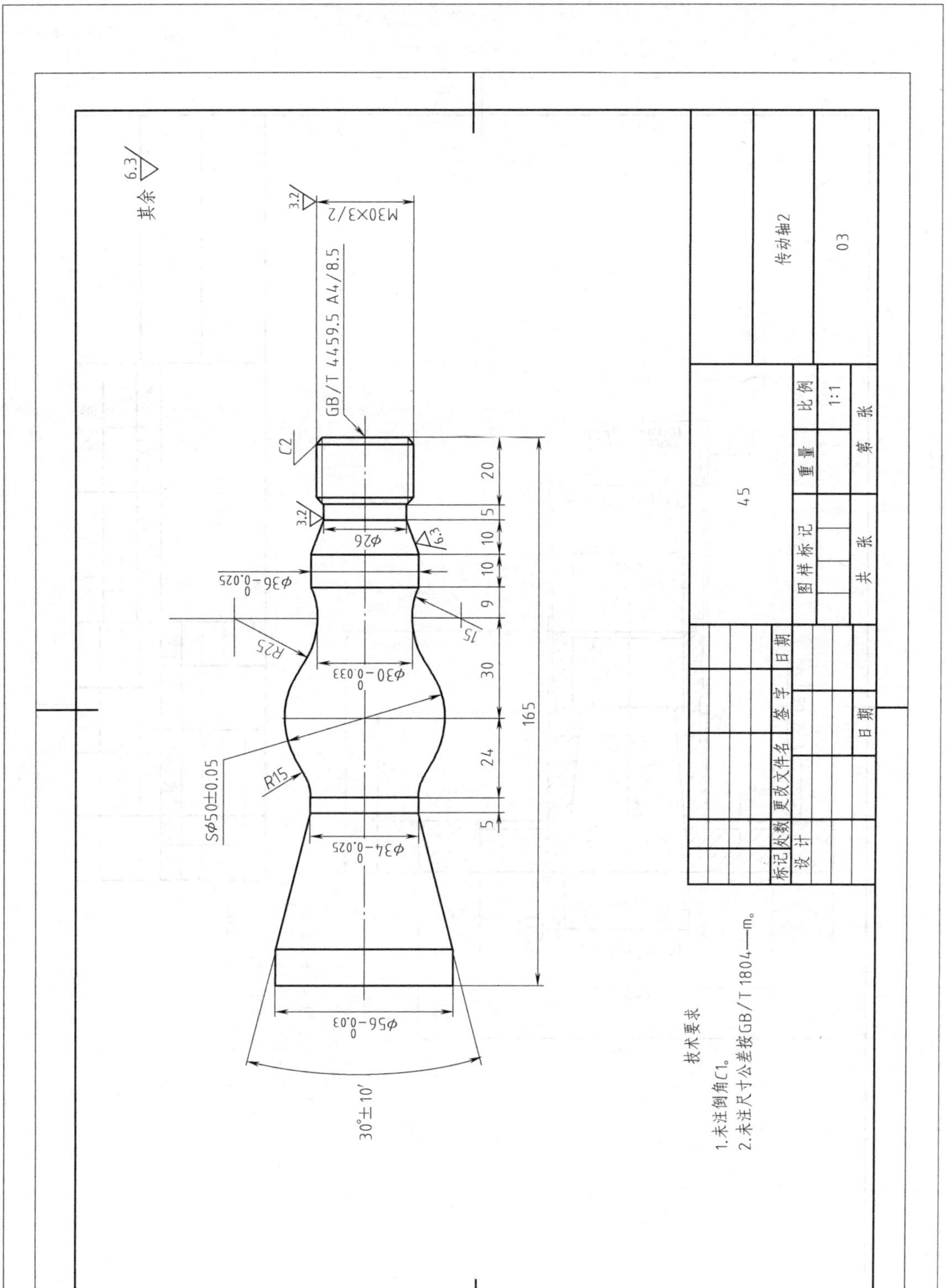

其余 6.3
3.2
M30X3/2
GB/T 4459.5 A4/8.5
C2
20
5
10
10
9
30
24
5
165
3.2
Φ26
6.3
Φ36-0.025 0
15
R25
Φ30-0.033 0
SΦ50±0.05
R15
Φ34-0.025 0
Φ56-0.03 0
30°±10′
技术要求
1.未注倒角C1。
2.未注尺寸公差按GB/T 1804—m。
传动轴2
03
45
图样标记
重量
比例
1:1
共 张
第 张
标记
处数
更改文件名
签字
日期
设计
日期

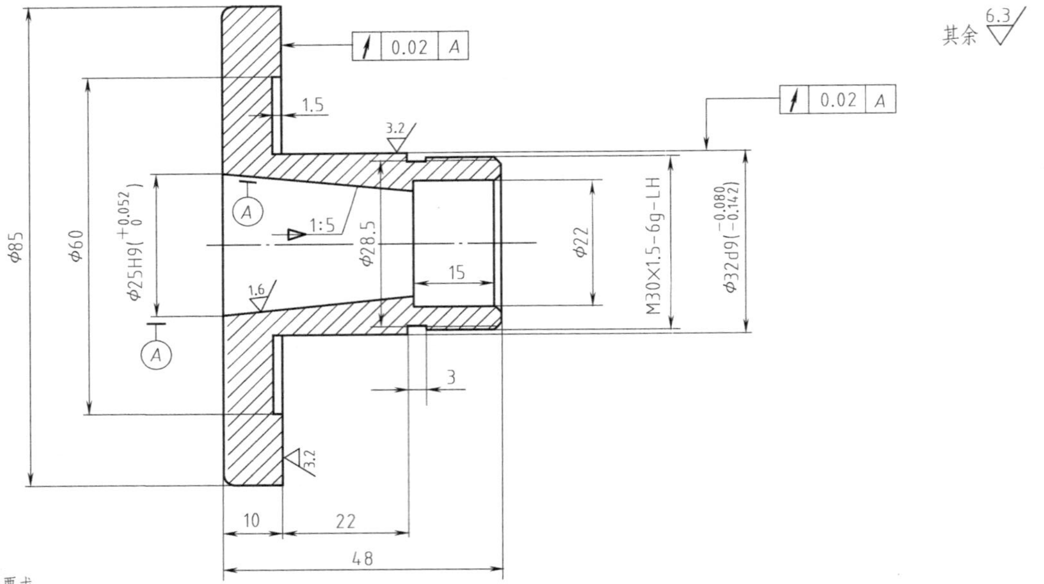

技术要求

1.锥度1:5用涂色法检验，在全长范围内接触面积不少于60%。

2.锐边倒钝C1，未注圆角R1。

3.人工时效硬度147~241/HBW。

标记	处数	更改文件名	签字	日期	HT200		法兰盘
设计					图样标记	重量	比例
							1:1
			日期		共 张	第 张	04

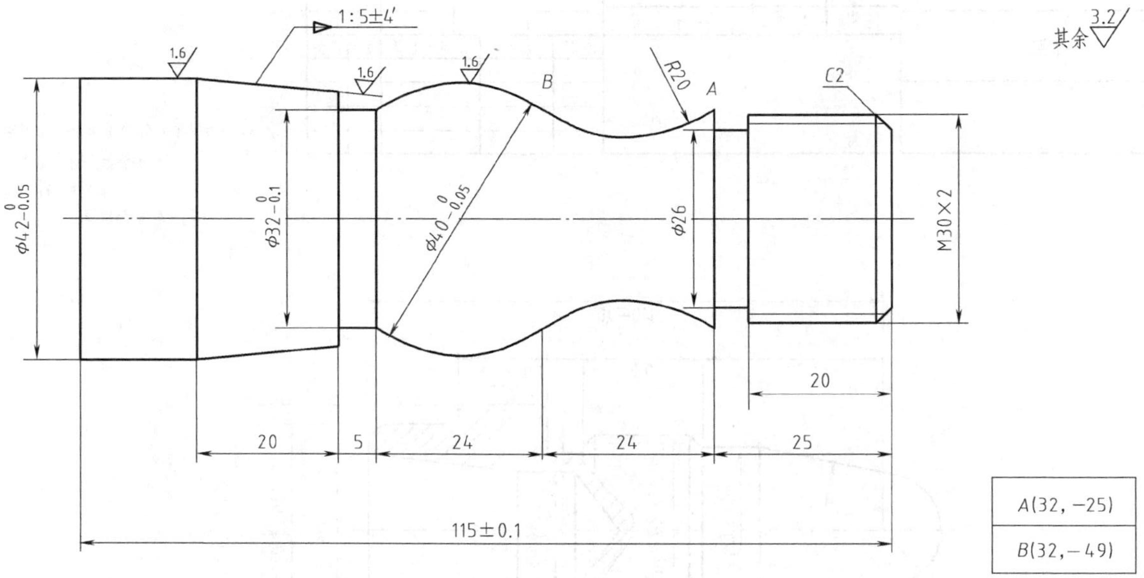

技术要求

1. 去尖角毛刺，锐边倒钝。
2. 未注尺寸公差按GB/T 1804—m。

标记	处数	更改文件名	签字	日期	45		多用连接轴
设计					图样标记	重量	比例
							1:1
			日期		共　张	第　张	05

其余 3.2

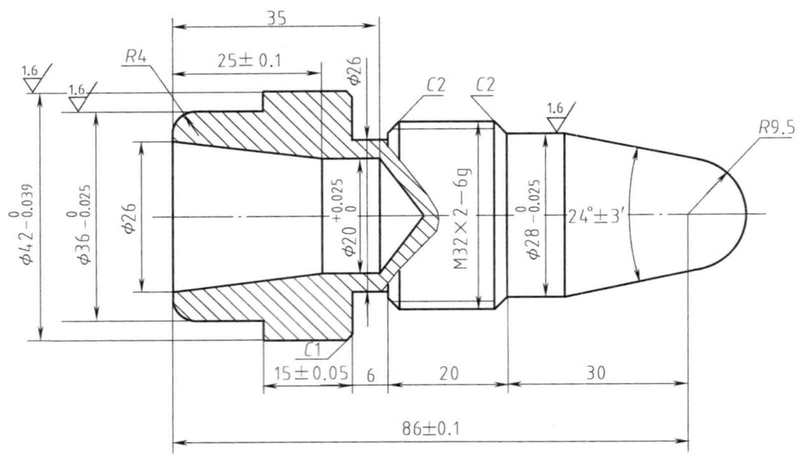

技术要求

1.零件用煤油清洗。

2.去尖角毛刺，锐边倒钝。

3.未注尺寸公差按GB/T 1804—m。

标记	处数	更改文件名	签字	日期	45		触头
设计					图样标记	重量	比例
							1:1
			日期		共 张		第 张
							06

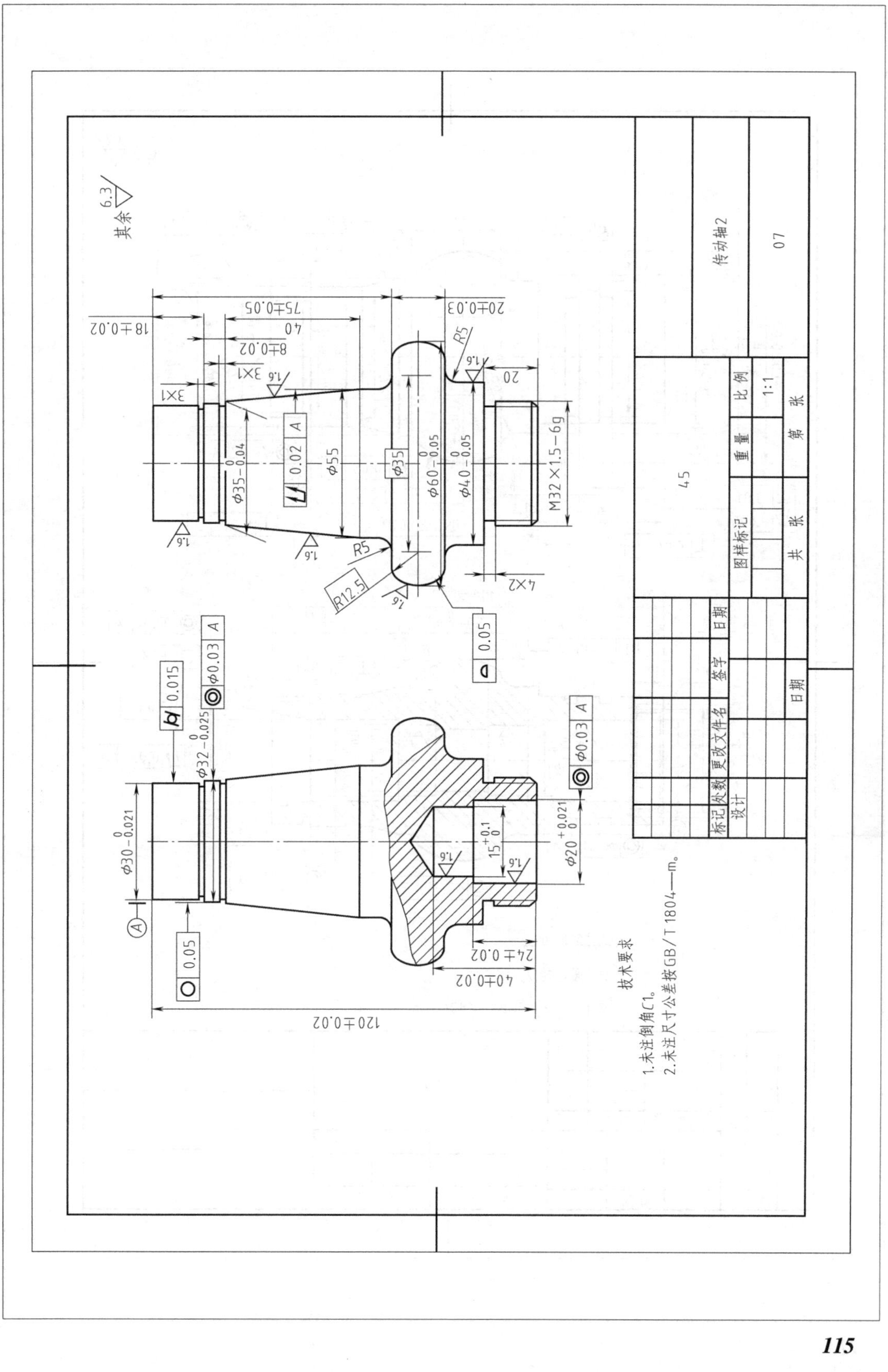
其余 6.3
技术要求
1.未注倒角C1。
2.未注尺寸公差按GB/T 1804—m。
传动轴2
07
45
图样标记
重量
比例
1:1
共 张
第 张
标记
处数
更改文件名
签字
日期
设计
日期
120±0.02
40±0.02
24±0.02
18±0.02
75±0.05
40
8±0.02
3×1
20±0.03
20
4×2
R5
R12.5
M32×1.5−6g
φ55
φ35
φ0.03 A
0.015
0.05
0.02 A

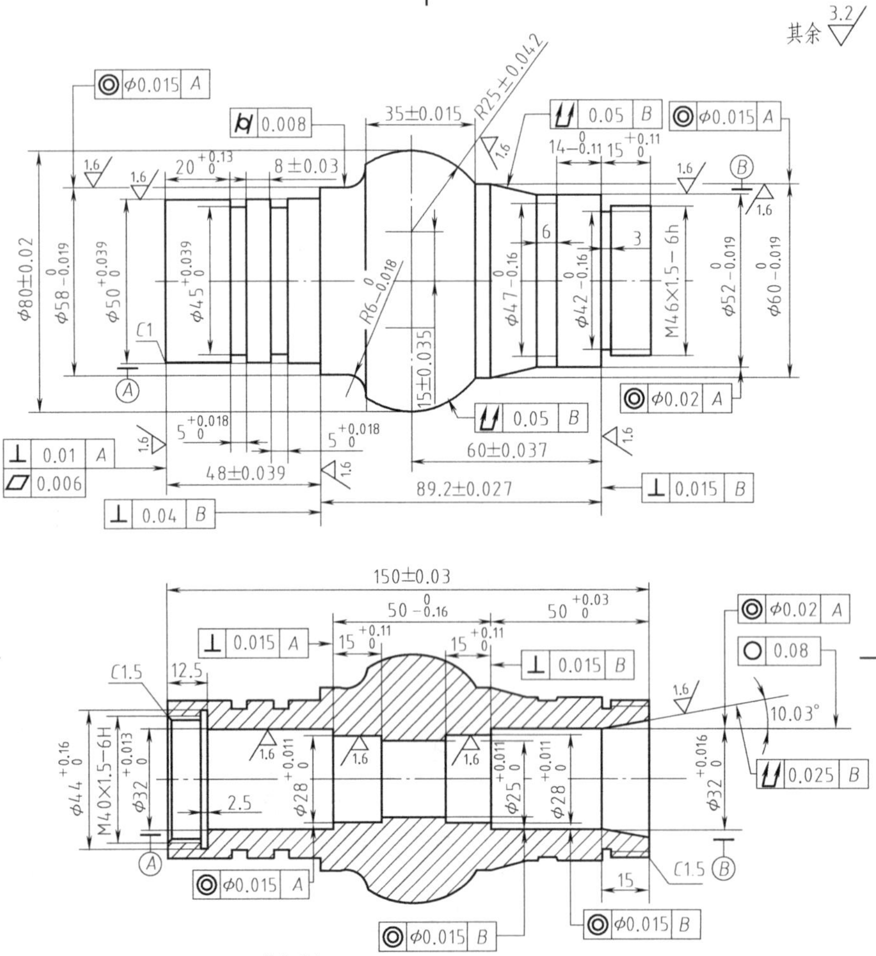

技术要求

1. 未注倒角C0.5。

2. 未注圆角R0.2。

3. 未注尺寸公差按GB/T 1804—m。

					45		
标记	处数	更改文件名	签字	日期			空心轴
设计					图样标记	重量	比例
							1:2
			日期		共 张	第 张	08

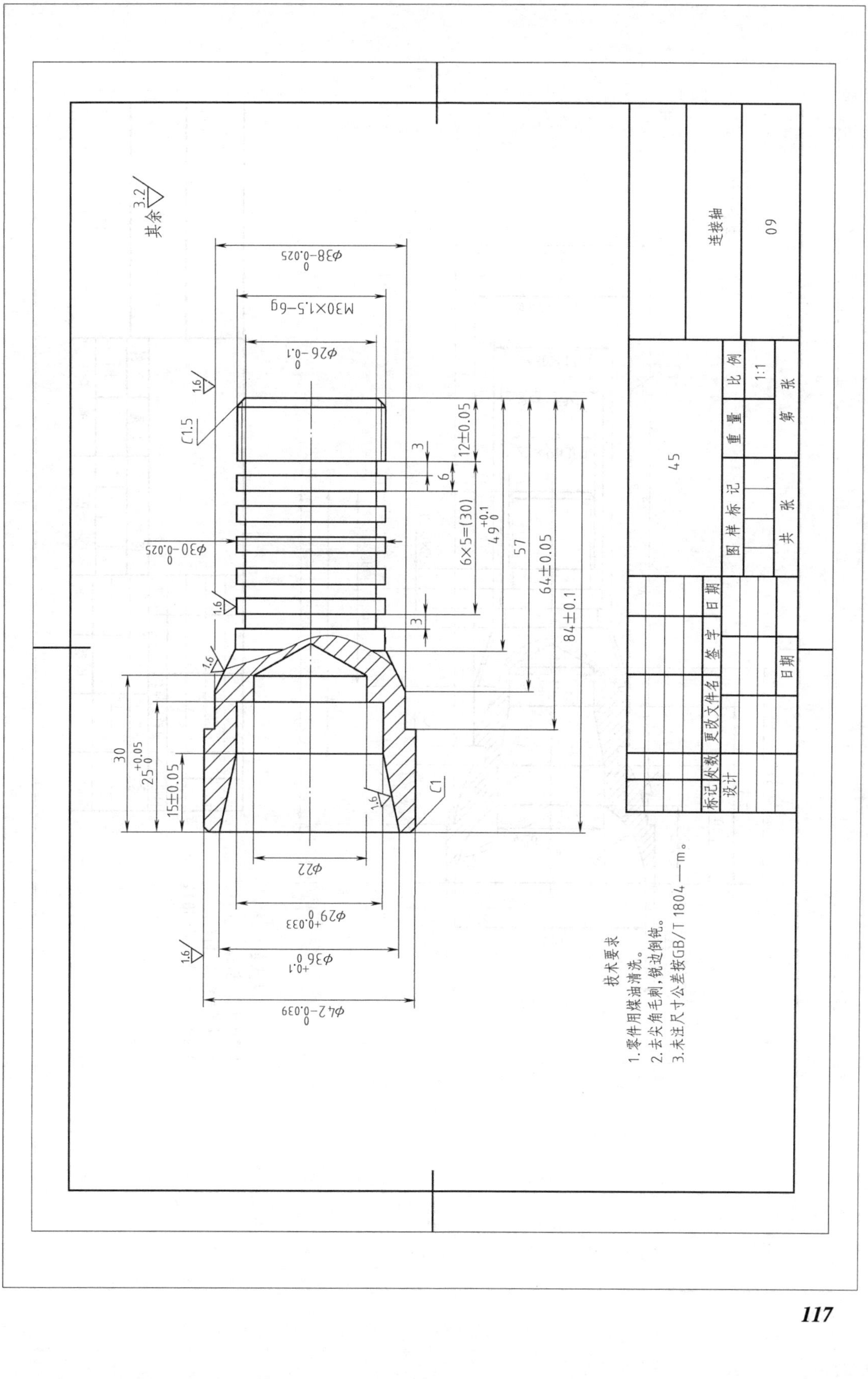
其余 3.2
Φ38-0.025 0
M30×1.5-6g
Φ26-0.1 0
1.6
C1.5
12±0.05
3
6
6×5=(30)
49+0.1 0
57
64±0.05
84±0.1
Φ30-0.025 0
1.6
3
1.6
30
25+0.05 0
15±0.05
1.6
C1
Φ22
Φ29+0.033 0
1.6
Φ36+0.1 0
Φ42-0.039 0
技术要求
1.零件用煤油清洗。
2.去尖角毛刺，锐边倒钝。
3.未注尺寸公差按GB/T 1804—m。
连接轴
09
45
图样标记
重量
比例
1:1
共 张
第 张
标记
处数
更改文件名
签字
日期
设计
日期

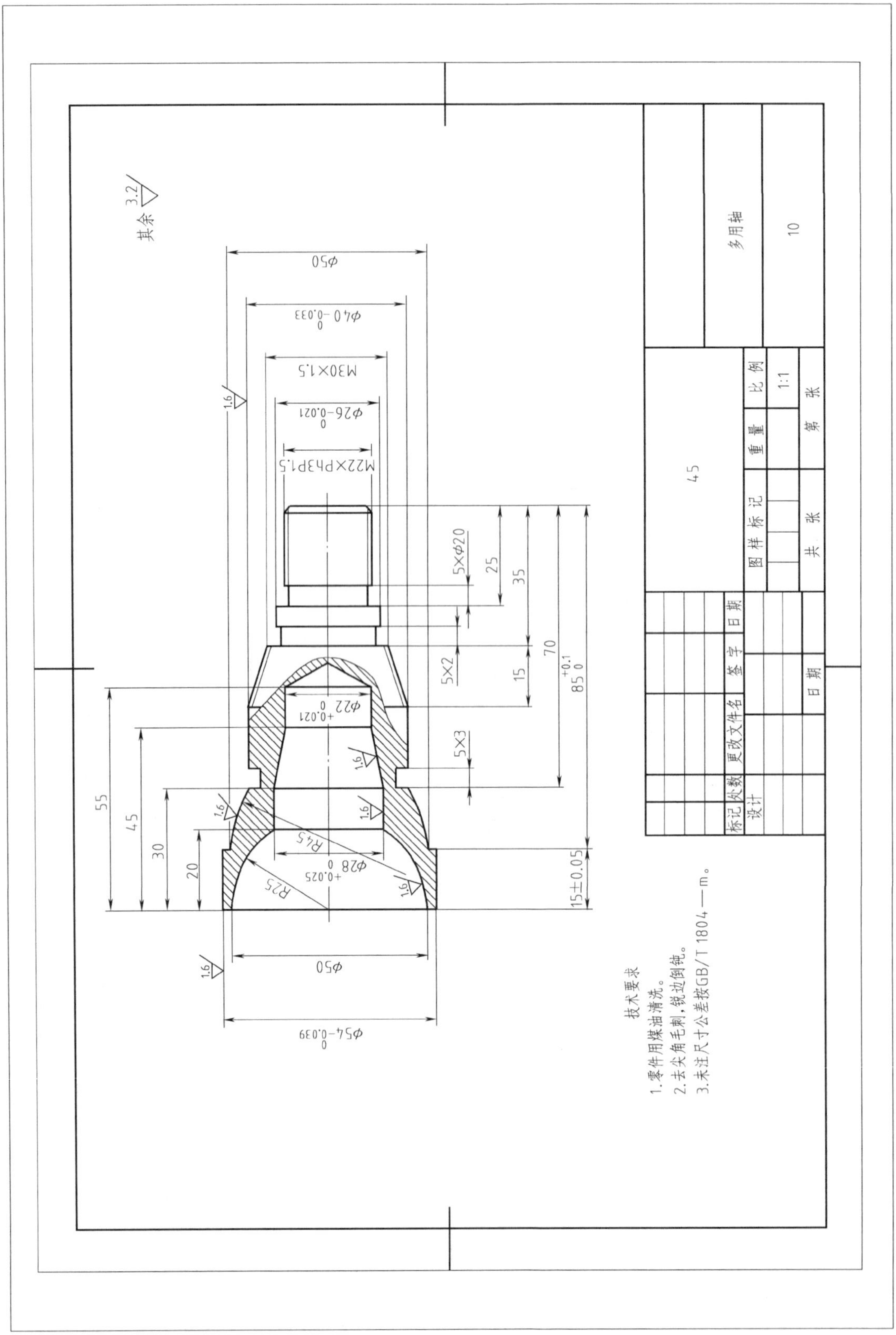
其余 3.2
φ50
φ40-0.033 0
M30×1.5
φ26-0.021 0
M22×Ph3P1.5
5×φ20
5×2
5×3
25
35
15
70
85 +0.1 0
15±0.05
55
45
30
20
R45
R25
φ22 +0.021 0
φ28 +0.025 0
1.6
φ50
φ54-0.039 0
技术要求
1.零件用煤油清洗。
2.去尖角毛刺，锐边倒钝。
3.未注尺寸公差按GB/T 1804—m。
多用轴
10
45
图样标记
重量
比例
1:1
共 张
第 张
标记
处数
更改文件名
签字
日期
设计
日期

训练二　数控钻铣加工训练

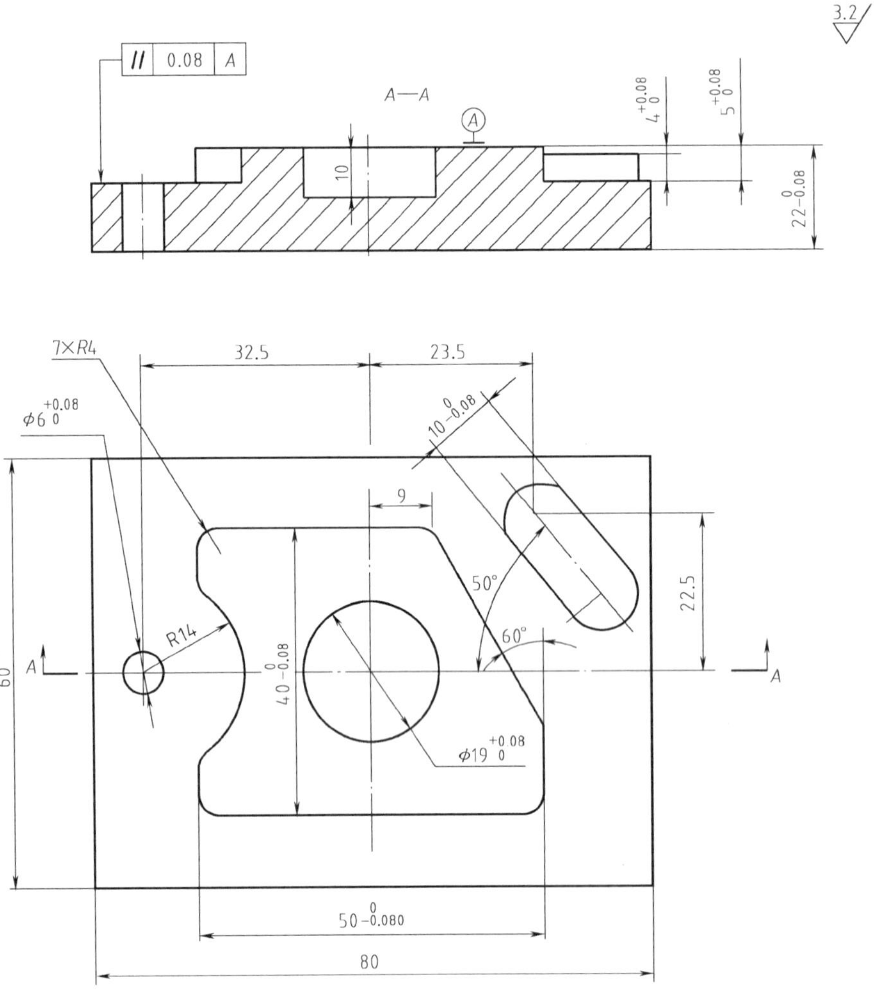

技术要求

1. 未注倒角C1。
2. 未注尺寸公差按GB/T 1804—m。

标记	处数	更改文件名	签字	日期	45		凸台1
设计					图样标记	重量	比例
							1:1
		日期			共　张	第　张	01

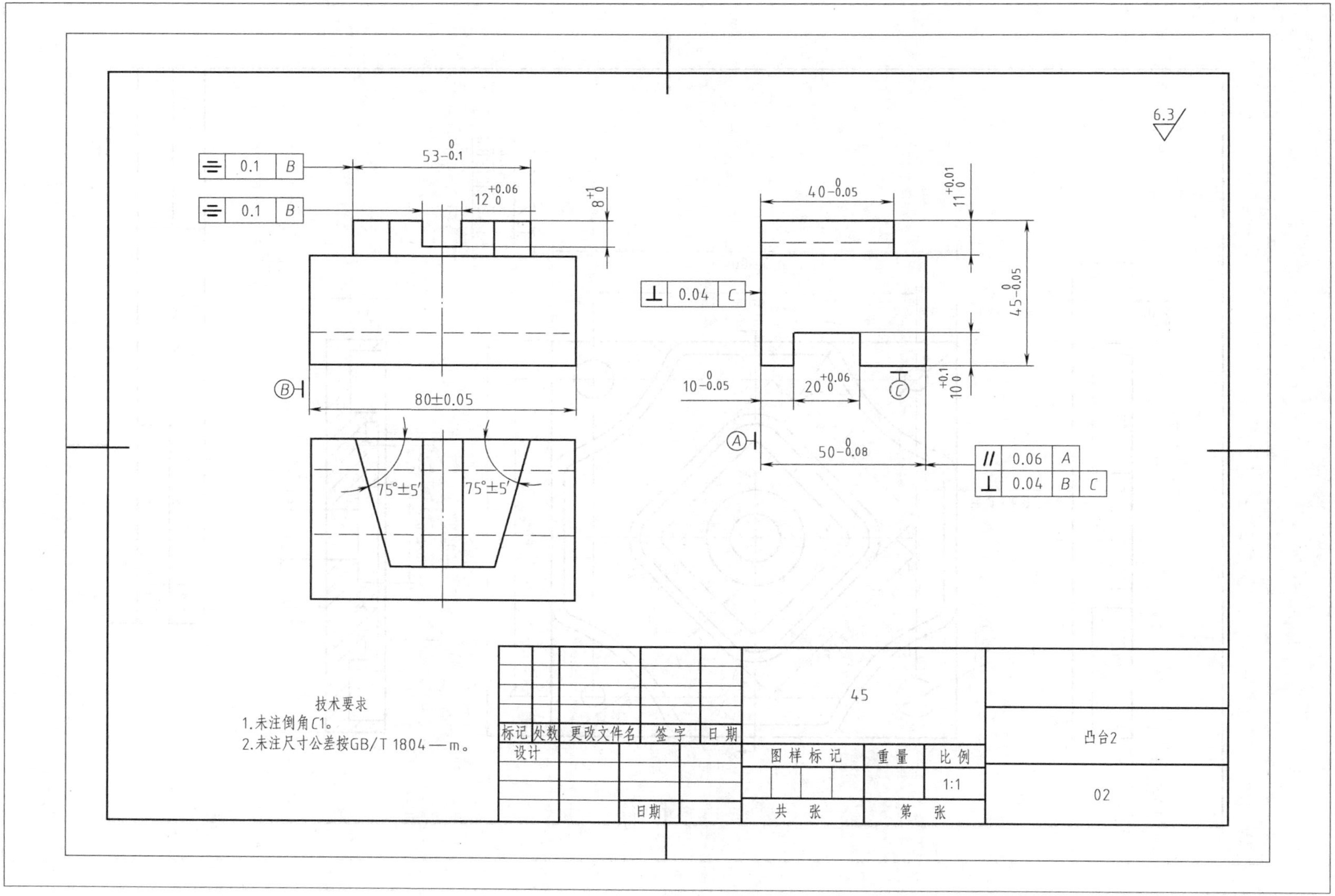
6.3
0.1 B
0.1 B
53-0.1
12+0.06
8+1
80±0.05
B
75°±5′
75°±5′
40-0.05
11+0.01
45-0.05
0.04 C
10-0.05
20+0.06
C
10+0.1
A
50-0.08
0.06 A
0.04 B C
技术要求
1.未注倒角C1。
2.未注尺寸公差按GB/T 1804—m。
标记 处数 更改文件名 签字 日期
设计
日期
45
图样标记 重量 比例
1:1
共 张 第 张
凸台2
02

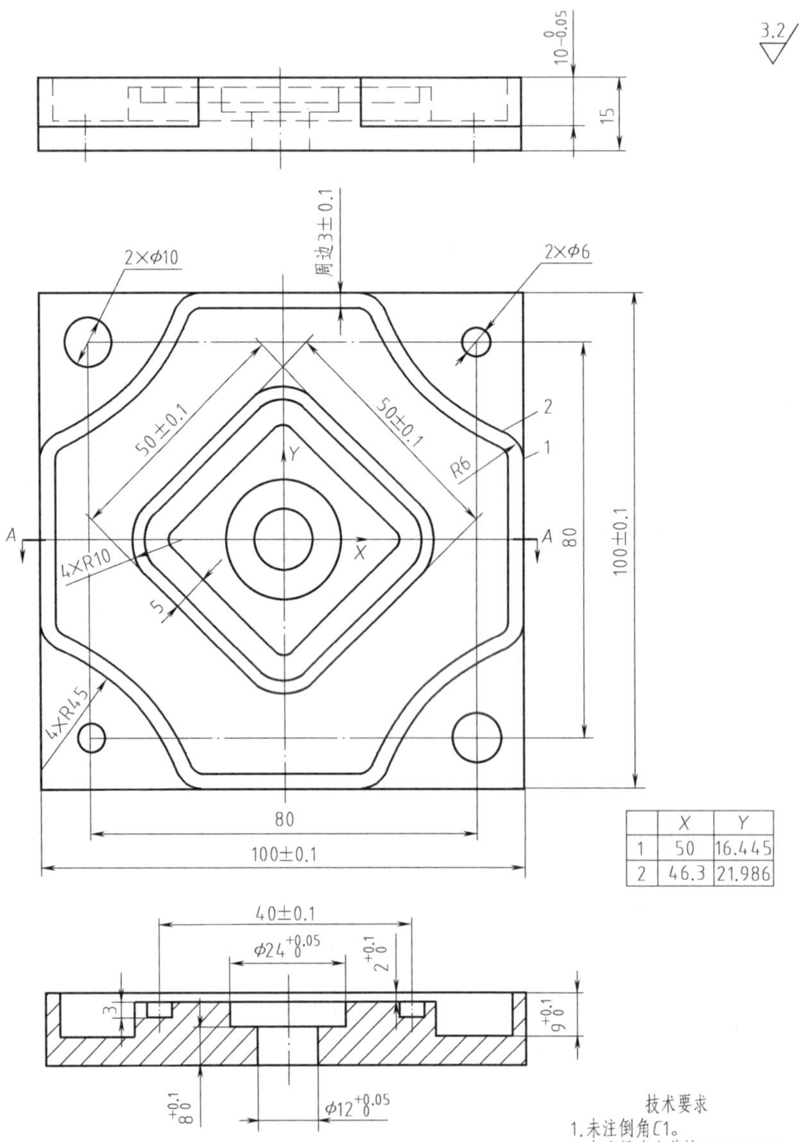

	X	Y
1	50	16.445
2	46.3	21.986

技术要求

1.未注倒角C1。

2.未注尺寸公差按GB/T 1804—m。

制图			型腔件1	1:1
校核				
			03	

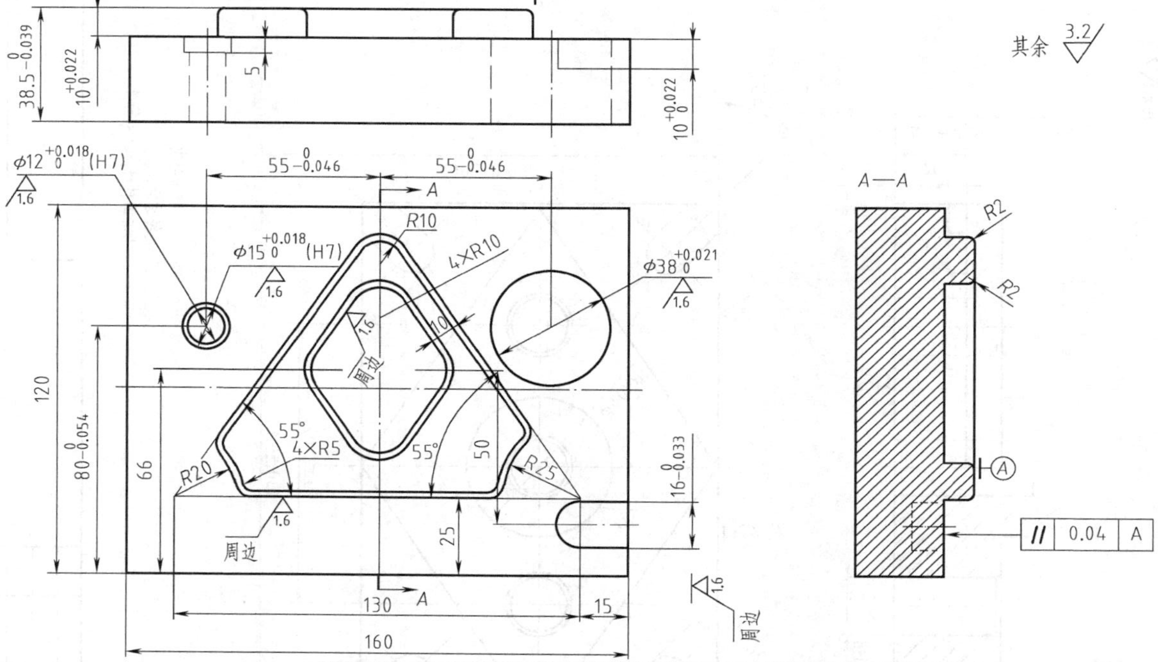

技术要求

1.锐边倒钝。

2.未注尺寸公差按GB/T 1804—m。

标记	处数	更改文件名	签字	日期	45			
设计					图样标记	重量	比例	三角形凸台零件
							1:1	04
			日期		共 张		第 张	

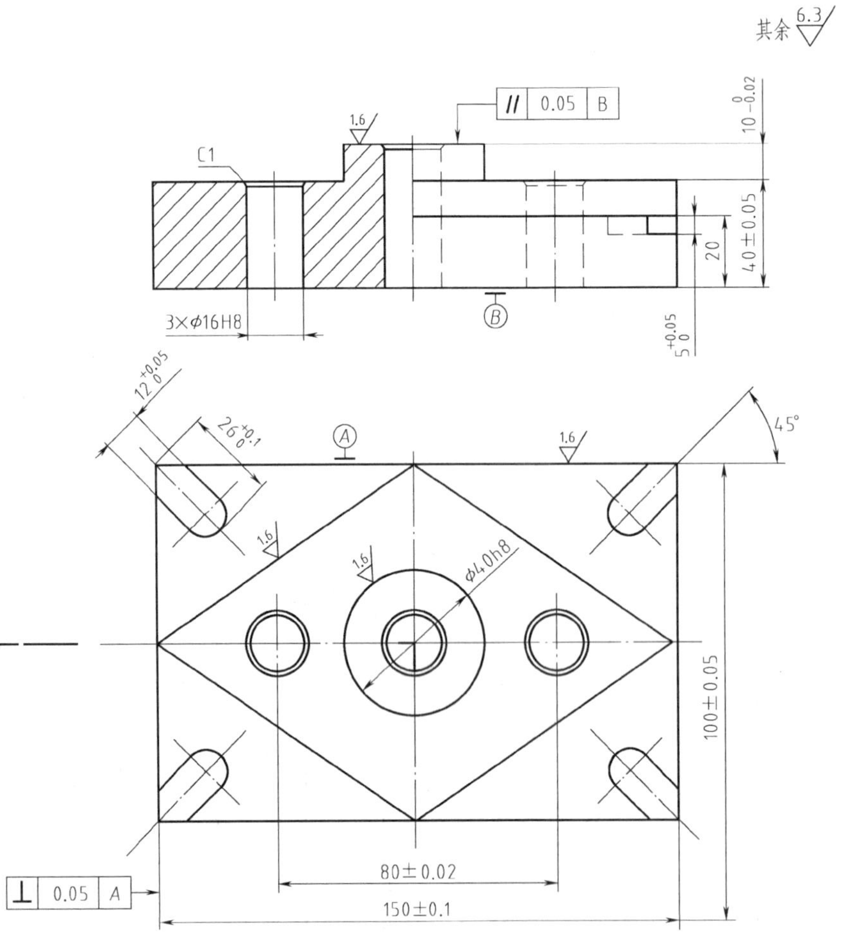

技术要求
1.锐边倒钝。
2.加工材料为45钢锻件。

					45			
标记	处数	更改文件名	签字	日期				底板1
设计					图样标记	重量	比例	
							1:1	05
			日期		共 张		第 张	

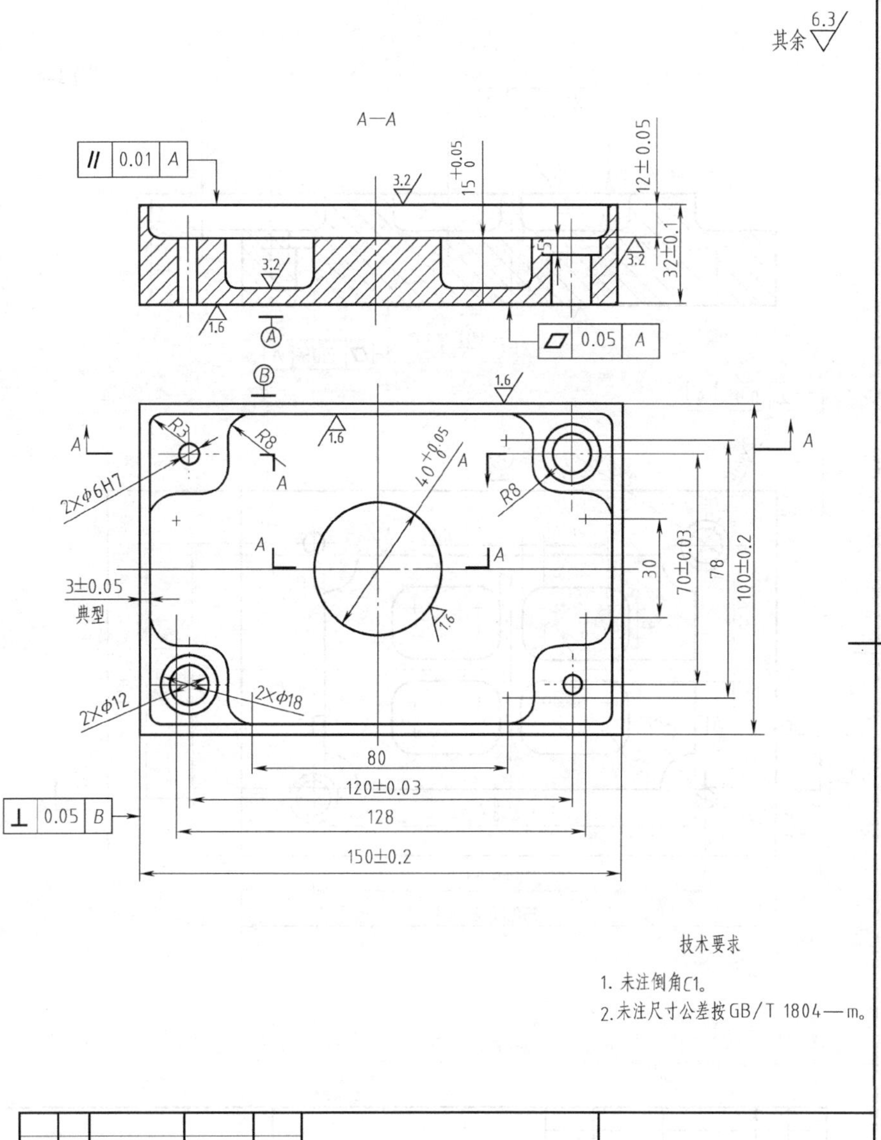

技术要求

1. 未注倒角C1。
2. 未注尺寸公差按GB/T 1804—m。

标记	处数	更改文件名	签字	日期	45锻件		型腔件1
设计					图样标记	重量	比例
							1:1
			日期		共 张	第 张	06

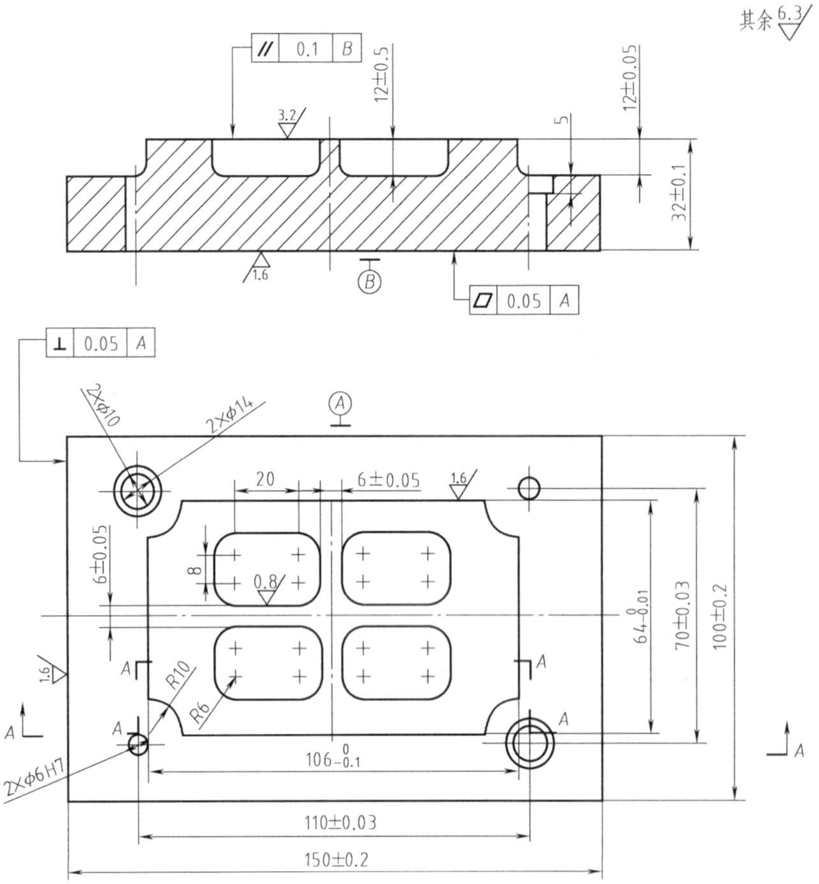

标记	处数	更改文件名	签 字	日 期	45		
设 计					图样标记	重 量	比 例
							1:1
		日期			共 张	第 张	
							型腔件
							07

其余 6.3

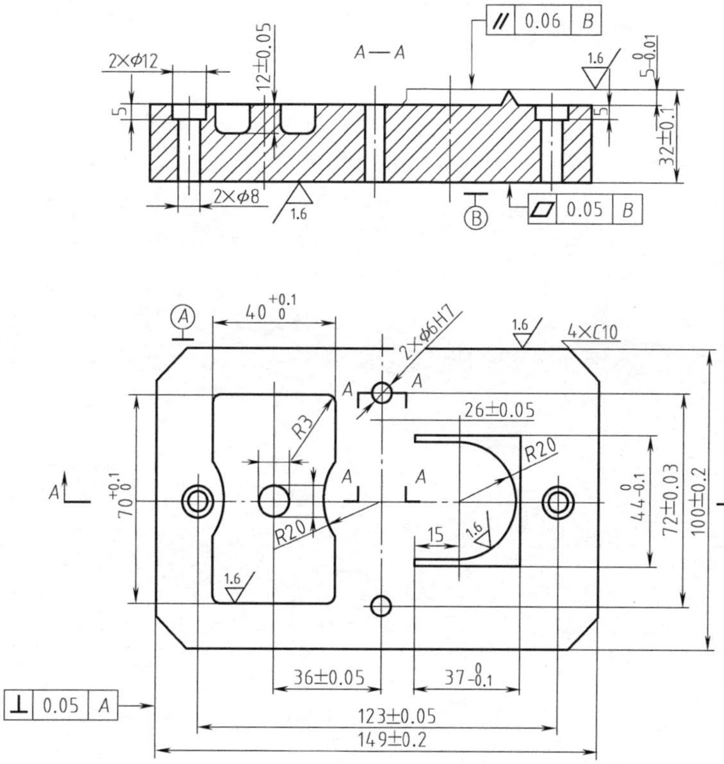

技术要求

1. 未注倒角C1。
2. 未注尺寸公差按GB/T 1804—m。

标记	处数	更改文件名	签字	日期	45锻件	型腔件3
设计					图样标记 / 重量 / 比例 1:1	08
		日期			共 张 / 第 张	

训练三　数控加工中心训练

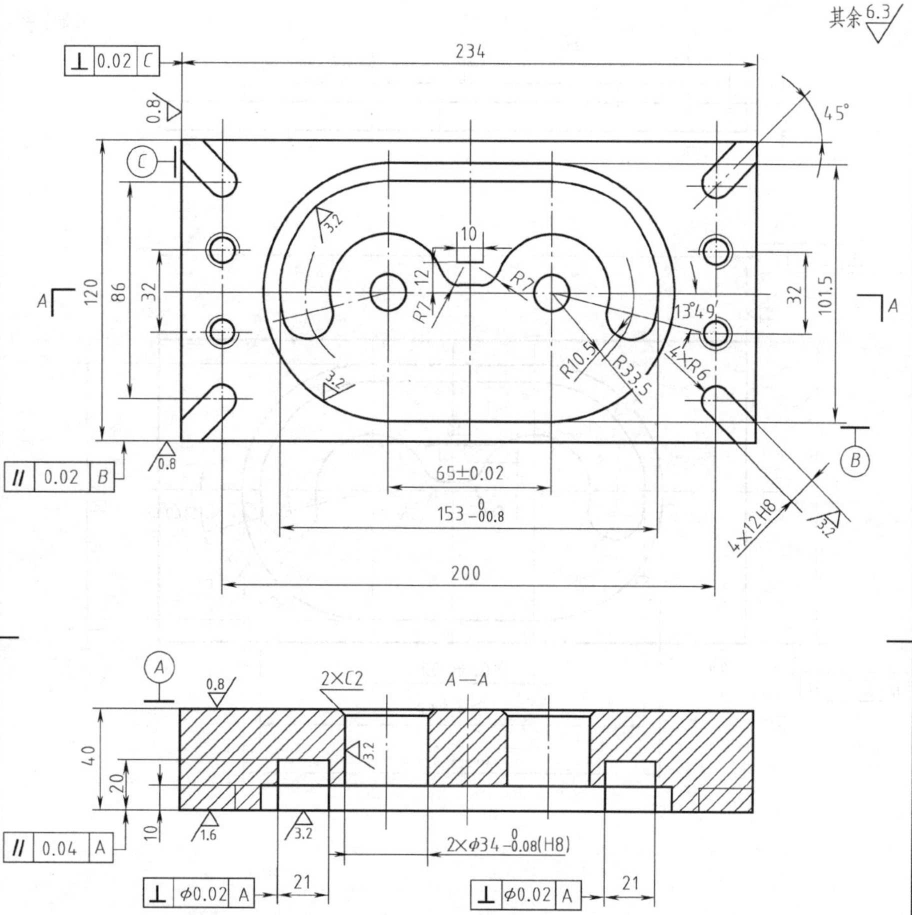

技术要求

1. 锐边倒钝C1。
2. 未注尺寸公差按GB/T 1804—m。

标记	处数	更改文件名	签　字	日期	45锻件	板类配合件 1
设　计			图样标记	重　量	比　例	01
					1:2	
		日　期	共　张		第　张	

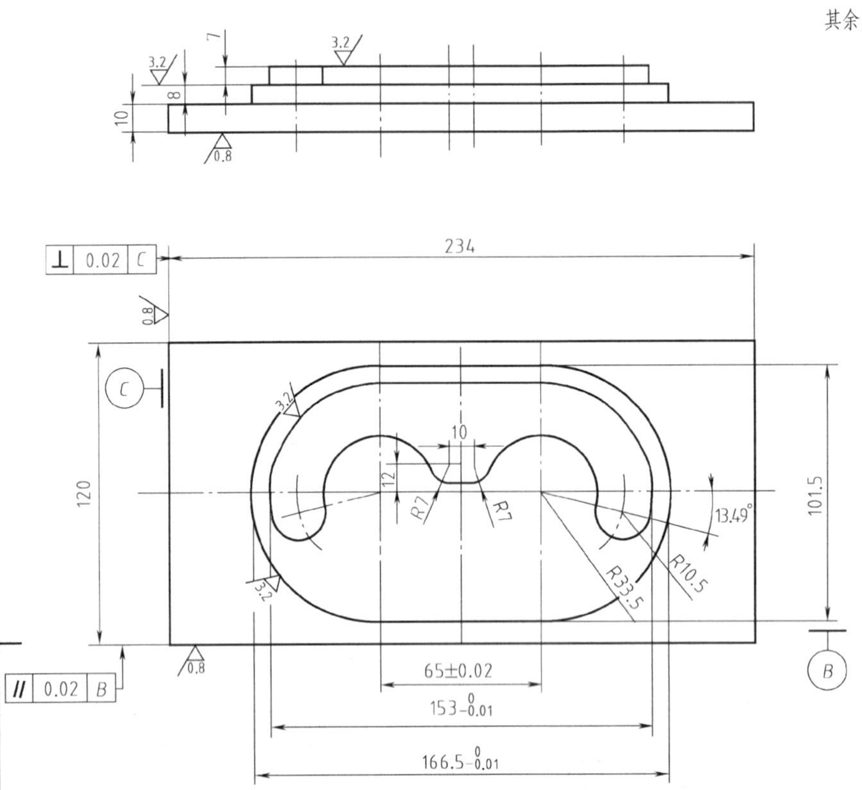

技术要求

1. 锐边倒钝。
2. 未注尺寸公差按GB/T 1804—m。

					45锻件	
标记	处数	更改文件名	签字	日期		板类配合件2
设计			图样标记	重量	比例	
					1:2	02
	日期		共 张	第 张		

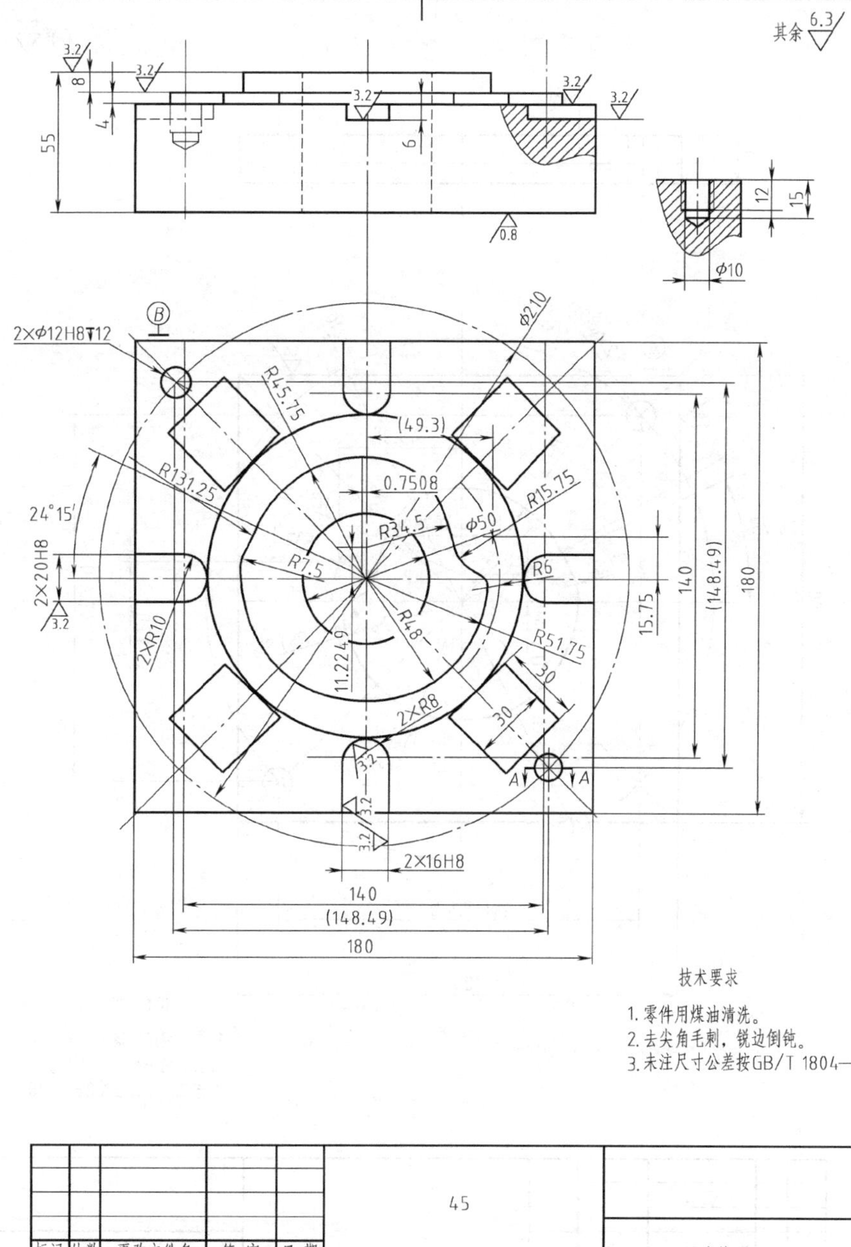

技术要求

1. 零件用煤油清洗。
2. 去尖角毛刺，锐边倒钝。
3. 未注尺寸公差按GB/T 1804—m。

					45			配合件(凸)
标记	处数	更改文件名	签 字	日 期				
设 计					图 样 标 记	重 量	比 例	
							1:2	03
			日 期		共 张	第 张		

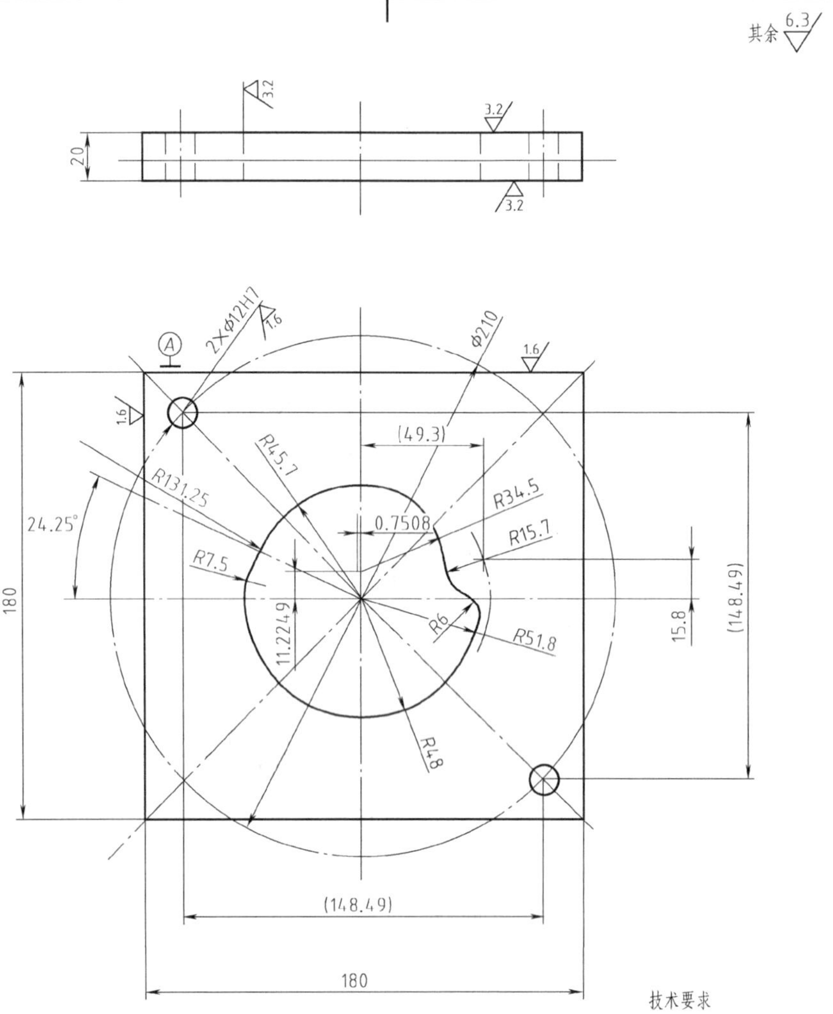

技术要求

1. 零件用煤油清洗。
2. 去尖角毛刺，锐边倒钝。
3. 未注尺寸公差按GB/T 1804—m。

标记	处数	更改文件名	签字	日期	45	配合件(凸)
设计					图样标记 / 重量 / 比例 1:2	03
		日期			共 张 / 第 张	

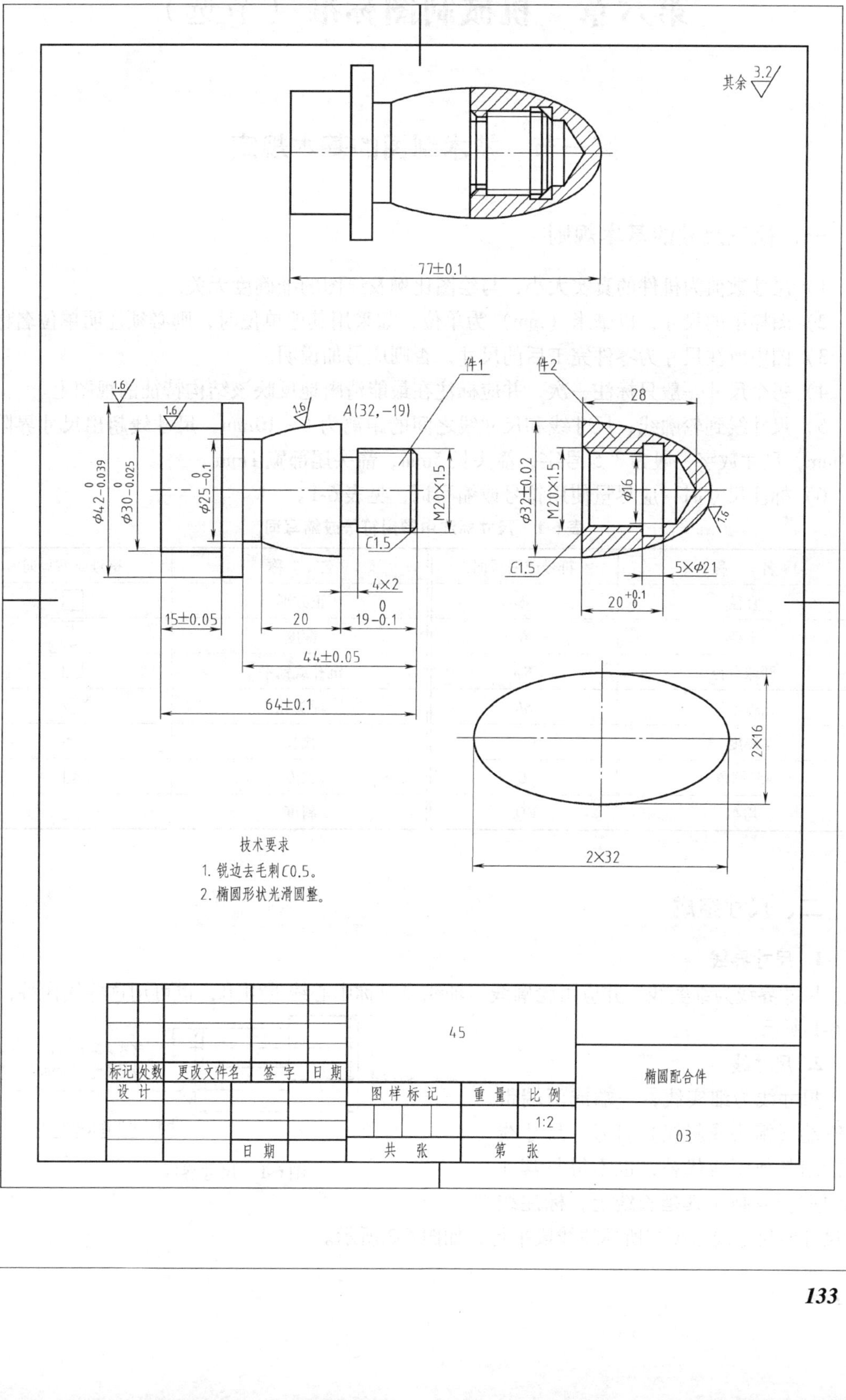
其余 3.2
77±0.1
件1
件2
1.6
A(32,−19)
28
φ42 0 −0.039
φ30 0 −0.025
φ25 0 −0.1
M20×1.5
C1.5
φ32±0.02
M20×1.5
φ16
5×φ21
20 +0.1 0
4×2
15±0.05
20
19 0 −0.1
44±0.05
64±0.1
2×16
2×32
技术要求
1. 锐边去毛刺C0.5。
2. 椭圆形状光滑圆整。
45
标记 处数 更改文件名 签字 日期
设计
图样标记 重量 比例
1:2
日期
共 张 第 张
椭圆配合件
03

第六章　机械制图标准（节选）

第一节　技术制图的基本规定

一、标注尺寸的基本规则

1）尺寸数值为机件的真实大小，与绘图比例及绘图的准确度无关。

2）图样中的尺寸，以毫米（mm）为单位，如采用其他单位时，则必须注明单位名称。

3）图中所注尺寸为零件完工后的尺寸，否则应另加说明。

4）每个尺寸一般只标注一次，并应标注在最能清晰地反映该结构特征的视图上。

5）尺寸线到轮廓线、尺寸线和尺寸线之间的距离为 6 ~ 10mm，尺寸线超出尺寸界限 2 ~3mm，尺寸数字一般为 3.5 号字，箭头长 5mm，箭头尾部宽 1mm。

6）标注尺寸时，应尽量使用符号或缩写词，见表 6-1。

表 6-1　尺寸标注中常用符号或缩写词

名　　称	符号或缩写词	名　　称	符号或缩写词
直径	ϕ	正方形	□
半径	R	深度	↧
圆球直径	$S\phi$	沉孔或锪平	⌴
圆球半径	SR	埋头孔	⌵
厚度	t	弧长	⌒
45°倒角	C	锥度	◁
均布	EQS	斜度	∠

二、尺寸组成

1. 尺寸界线

尺寸界线为细实线，并应由轮廓线、轴线或对称中心线处引出，也可用这些线代替，如图 6-1 所示。

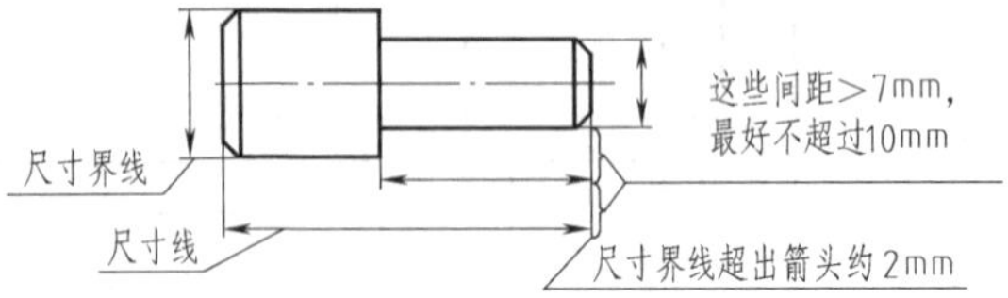

图 6-1　尺寸界线

2. 尺寸线

尺寸线为细实线，一端或两端带有终端（箭头或斜线）符号，尺寸线不能用其他图线代替，也不得与其他图线重合或画在其延长线上，标注线性尺寸时尺寸线必须与所标注线段平行，如图 6-2 所示。

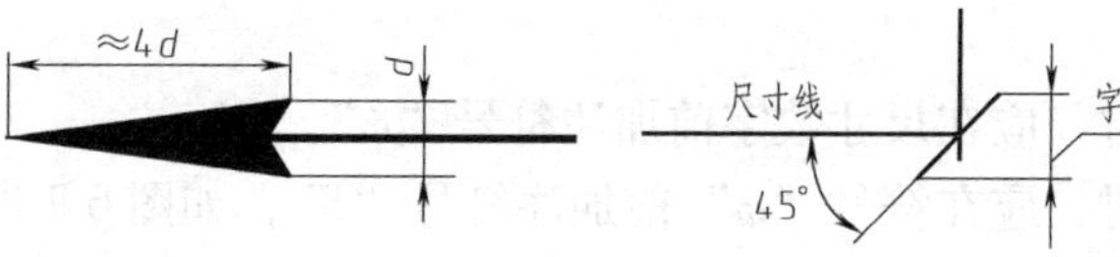

图 6-2　尺寸线

3. 尺寸数字

1）尺寸数字一般应注在尺寸线的上方，也可注在尺寸线的中断处，尺寸数字应按国标要求书写，并且水平方向字头向上，垂直方向字头向左，字高 3.5mm，如图 6-3 所示。

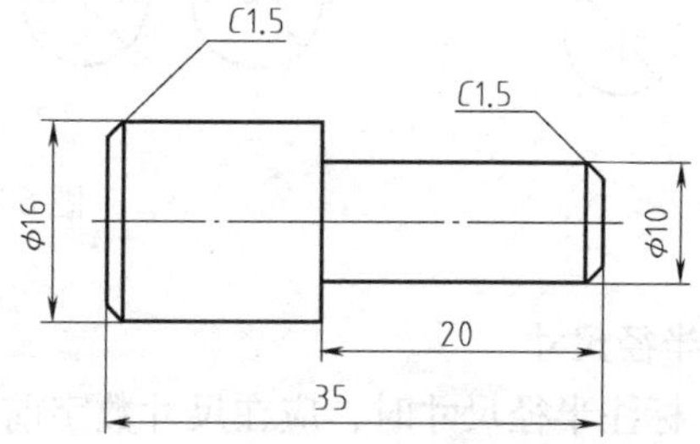

图 6-3　尺寸数字

2）线性尺寸数字的方向，一般应按图 6-4 所示方向注写，并尽可能避免在图示 30°范围内标注尺寸，无法避免时应引出标注。

3）尺寸数字不可被任何图线所通过，否则必须将该图线断开，如图 6-5 所示。

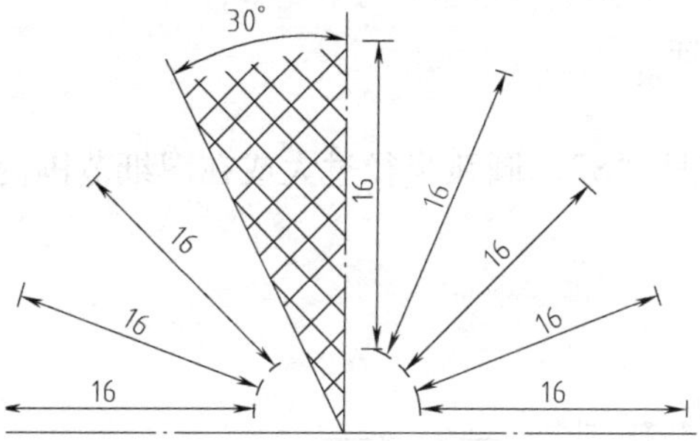

图 6-4　尺寸数字方向

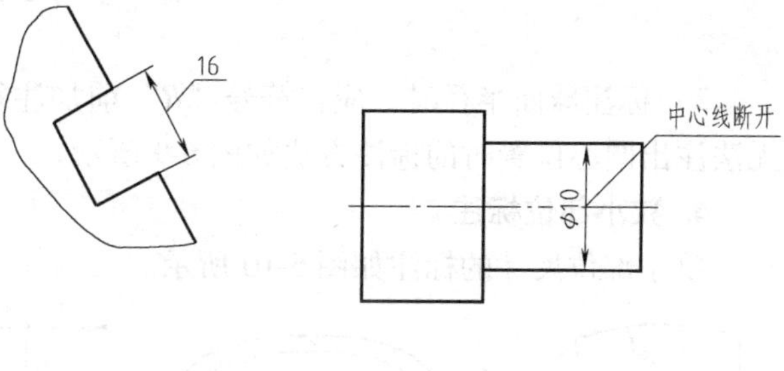

图 6-5　图线断开

三、角度、直径、半径及狭小部位尺寸的标注

1. 角度尺寸

1）尺寸界线沿径向引出，尺寸线应画成圆弧，其圆心是该角的顶点。

2）角度数字一律水平写，通常写在尺寸线的中断处，必要时允许写在尺寸线的外面，或引出标注，如图 6-6 所示。

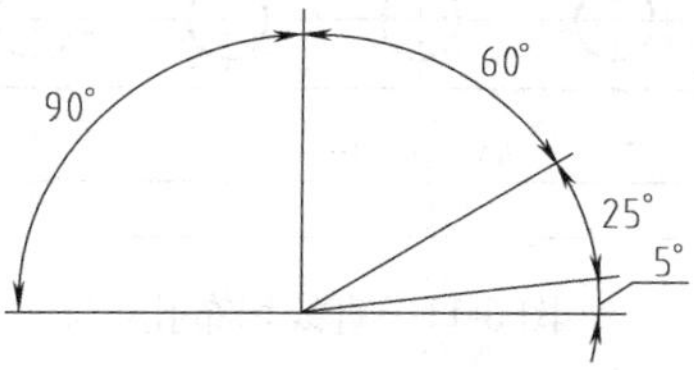

图 6-6　角度标注

2. 直径尺寸

1）标注直径尺寸时，应在尺寸数字前加注符号“*ϕ*”。

2）标注球面直径时，应在符号“*ϕ*”前加注符号“*S*”，如图 6-7 所示。

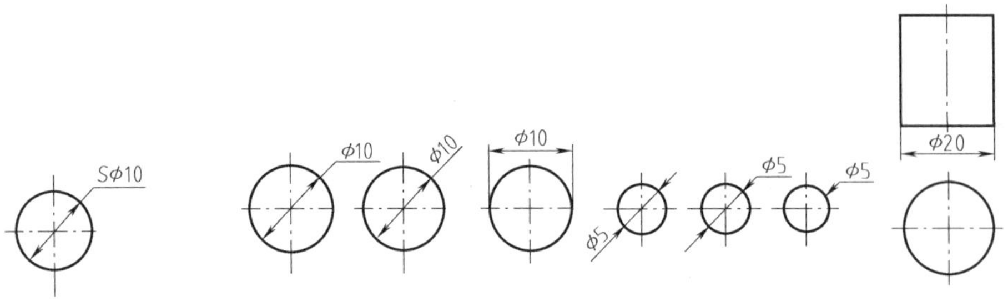

图 6-7　直径标注

3. 半径尺寸

1）标注半径尺寸时，应在尺寸数字前加注符号“*R*”，如图 6-8 所示。

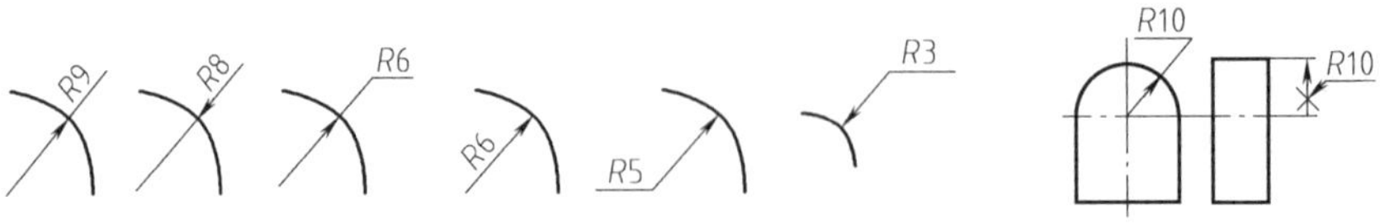

图 6-8　半径标注

2）标注球面半径时，应在符号“*R*”前加注符号“*S*”。圆弧半径过大或在图纸范围内无法注出圆心位置时的标注方法如图 6-9 所示。

4. 狭小部位标注

狭小部位尺寸的标注如图 6-10 所示。

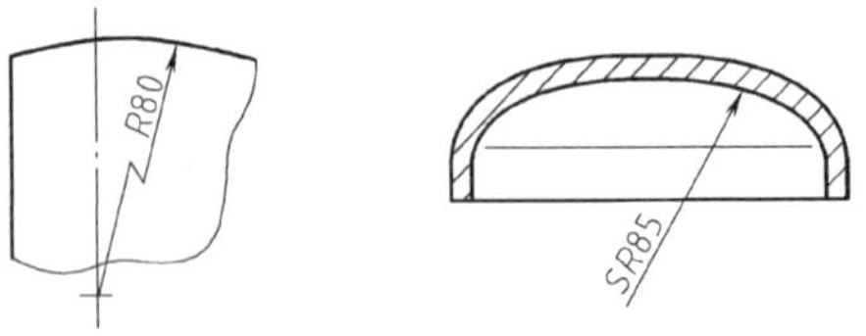

图 6-9　大半径标注

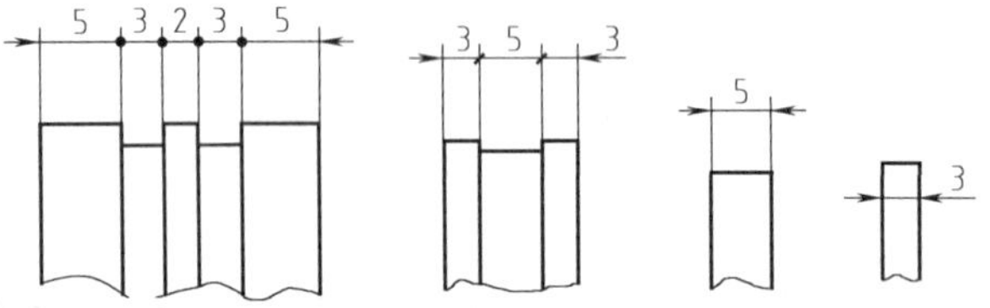

图 6-10　狭小部位标注

5. 均匀分布的孔的标注

1）孔沿直线均匀分布如图 6-11 所示。

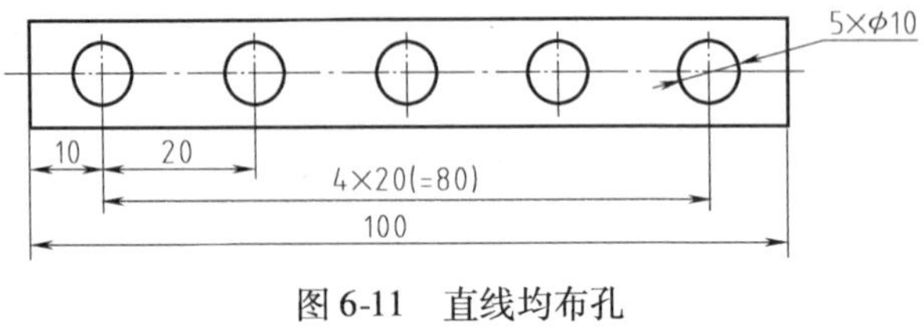

图 6-11　直线均布孔

2）孔沿圆周均匀分布的标注如图 6-12 所示。

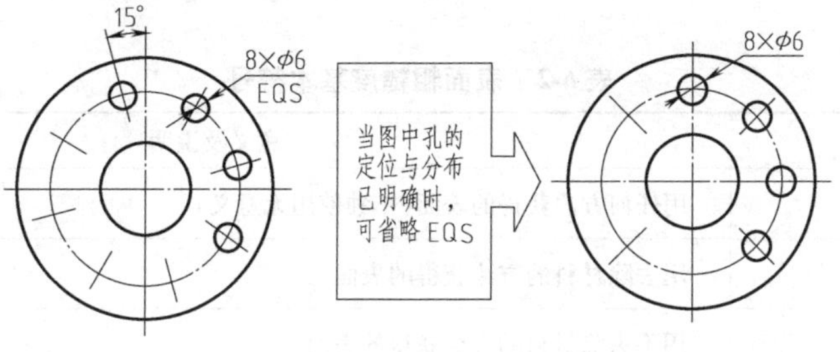

图 6-12　圆周均布孔

6. 断面为正方形的标注

断面为正方形结构的标注如图 6-13 所示。

7. 均匀厚度板状零件的标注

均匀厚度板不必另画视图表示厚度，如图 6-14 所示。

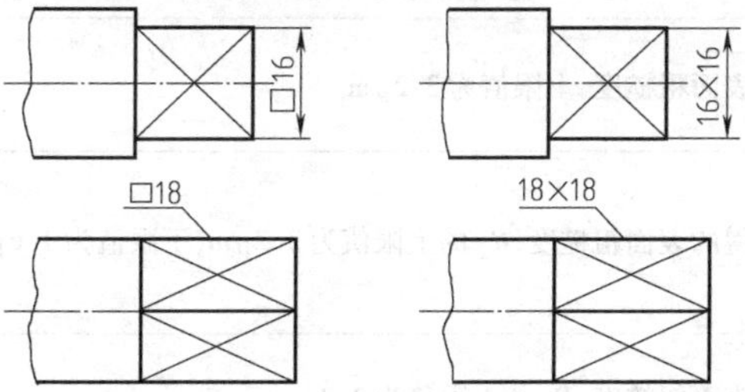

图 6-13　断面正方标注

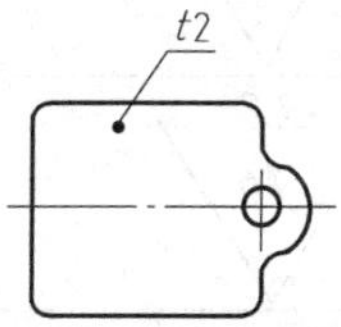

图 6-14　均匀厚度板标注

第二节　表面粗糙度的代号及其注法

一、表面粗糙度参数的选定

参照生产中的实例，用类比法确定表面粗糙度。

确定表面粗糙度时，应考虑下列原则：

1）在满足表面性能要求的前提下，应尽量选用较大的表面粗糙度值。

2）工作表面的表面粗糙度值应小于非工作表面的表面粗糙度值。

3）配合表面的表面粗糙度值应小于非配合表面的表面粗糙度值。

4）运动速度高、单位压力大的摩擦表面的粗糙度参数值应小于运动速度低、单位压力小摩擦表面的表面粗糙度值。

一般接触面 R_a 值取 3.2 ~ 6.3μm；配合面 R_a 值取 0.8 ~ 1.6μm；钻孔表面 R_a 值取 12.5μm。

二、表面粗糙度代（符）号及其注法

1. 表面粗糙度代号

表面粗糙度代号由表面粗糙度符号、表面粗糙度参数及其他有关规定组成。

2. 基本符号

表面粗糙度基本符号见表 6-2，表面粗糙度参数的单位是 μm，表面粗糙度值的含义见

表 6-3。

表 6-2　表面粗糙度基本符号

符　　号	意义及说明
	用任何方法获得的表面(单独使用无意义)
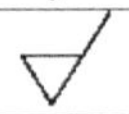	用去除材料的方法获得的表面
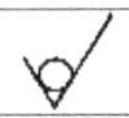	用不去除材料的方法获得的表面
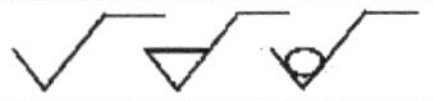	横线上用于标注有关参数和说明
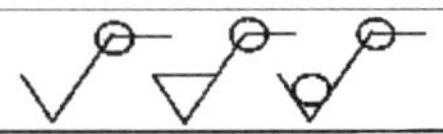	表示所有表面具有相同的表面粗糙度要求

表 6-3　表面粗糙度值的含义

符　　号	意义及说明
 3.2	用任何方法获得的表面粗糙度,上限值为 3.2μm
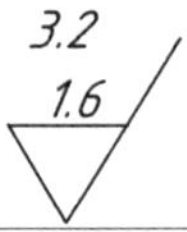 3.2 1.6	用去除材料方法获得的表面粗糙度,R_a 的上限值为 3.2μm,下限值为 1.6μm
 R_Z 3.2	用任何方法获得的表面粗糙度,R_z 的上限值为 3.2μm

3. 表面粗糙度代（符）号在图样上的注法

1）在同一图样上每一表面只注一次表面粗糙度代号，且应注在可见轮廓线、尺寸界线、引出线或它们的延长线上，并尽可能靠近有关尺寸线，如图 6-15 所示。

2）当零件大部分表面具有相同的粗糙度要求时，对其中使用最多的一种代（符）号，可统一标注在图样的右上角，并加注“其余”两字。所注代号和文字大小是图样上其他表面所注代号和文字的 1.4 倍。

3）在不同方向的表面上标注时，代号中的数字及符号的方向必须按下图规定标注。且代号中的数字方向应与尺寸数字的方向一致，如图 6-16 所示。

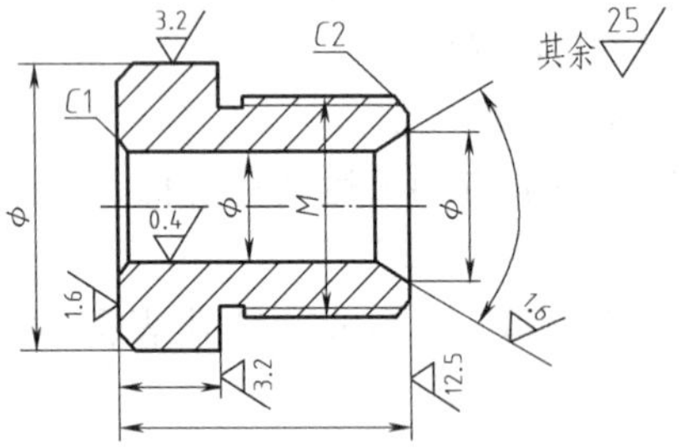

图 6-15　表面粗糙度的注法

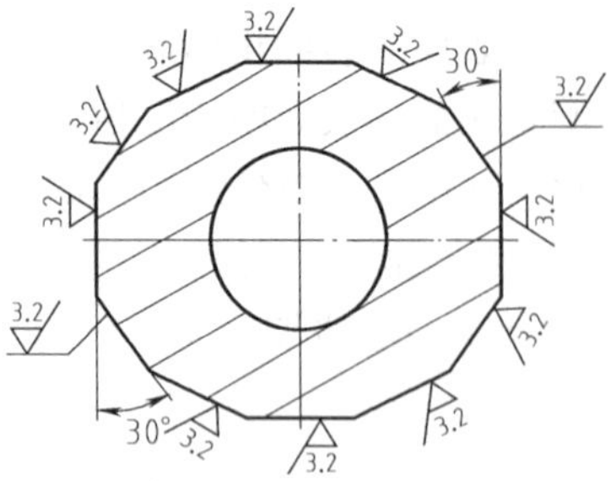

图 6-16　表面粗糙度的注法

第三节　尺 寸 标 注

标注尺寸时，既要满足设计要求又要符合加工测量等工艺要求。

1. 基准类型

1）设计基准，即用以确定零件在部件中的位置的基准。

2）工艺基准，即用以确定零件在加工或测量时的基准。

标注基准如图 6-17 所示。

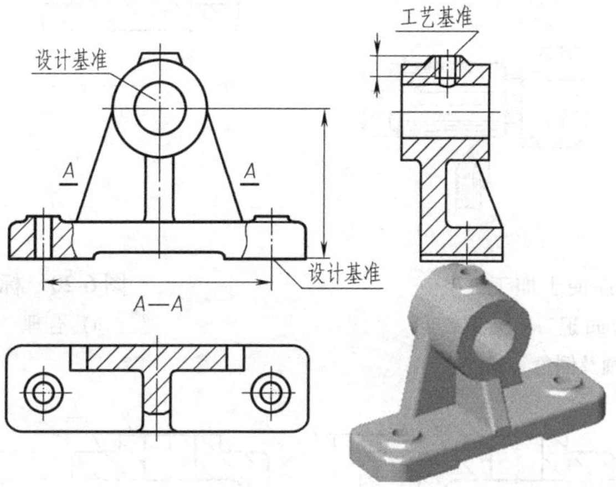

图 6-17　标注基准

2. 重要的尺寸直接注出

重要尺寸指影响产品性能、工作精度和配合的尺寸，应直接注出，如图 6-18 所示。非主要尺寸指非配合的直径、长度、外轮廓尺寸等。

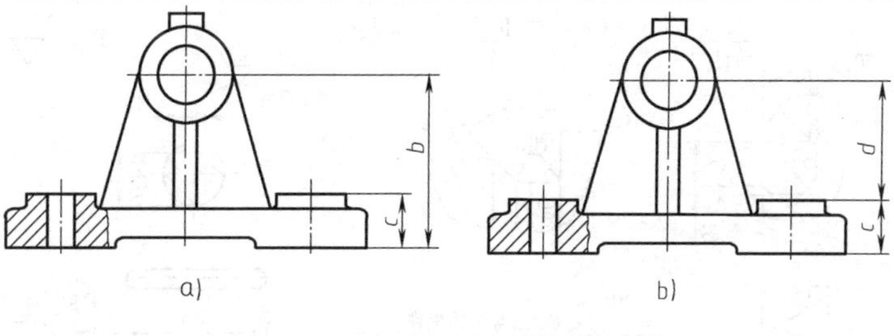

图 6-18　重要尺寸标注

a）正确　b）错误

3. 应尽量符合加工顺序

尺寸标注应尽量符合加工顺序，如图 6-19 所示。

4. 应考虑测量方便

尺寸标注应考虑测量方便，如图 6-20 所示。

5. 同一个方向只能有一个非加工面与加工面联系

联系尺寸的合理标注如图 6-21 所示，图中，*A* 为加工面，*B*、*C*、*D* 为非加工面。

轴类零件的尺寸标注，如图 6-22 所示。

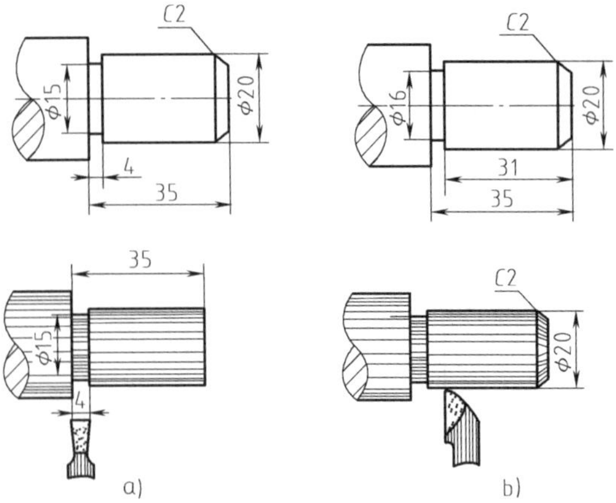

图 6-19　标注便于加工

a）车削 4mm × ϕ15mm 退刀槽（正确）

b）车削 ϕ20mm 圆及倒角（错误）

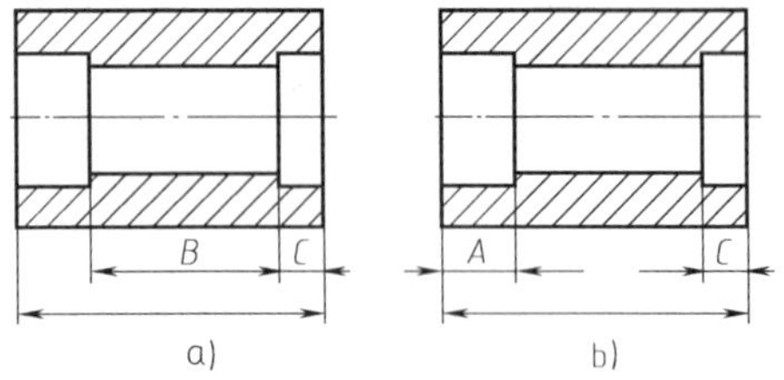

图 6-20　标注便于测量

a）合理　b）不合理

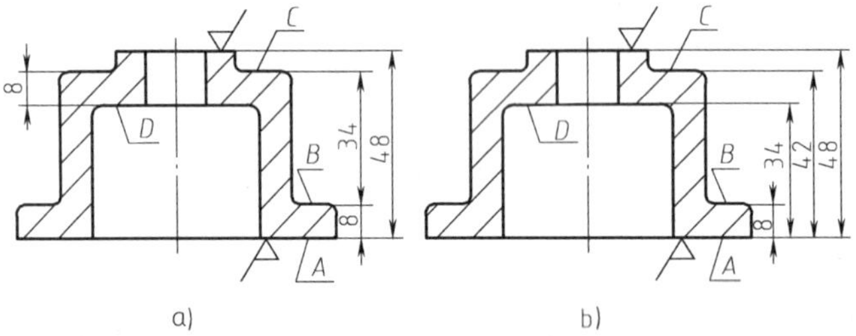

图 6-21　联系尺寸的合理标注

a）合理　b）不合理

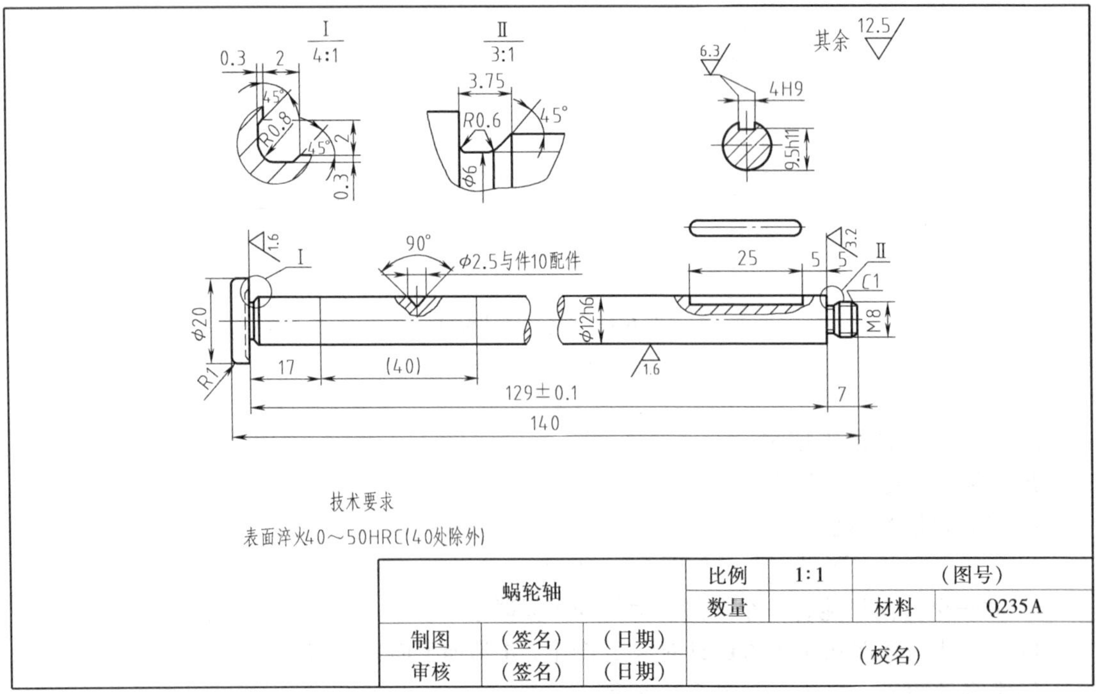

蜗轮轴			比例	1:1	（图号）	
			数量		材料	Q235A
制图	（签名）	（日期）	（校名）			
审核	（签名）	（日期）				

图 6-22　蜗轮轴

第七章　公差标准（节选）

第一节　标 准 公 差

标准公差是指国家标准 GB/T 1800. 3—1998 所规定的已标准化的公差值，它规定了公差带的大小，见表 7-1。

表 7-1　标准公差数值（摘自 GB/T 1800. 3—1998）

基本尺寸/mm		公差等级																	
		IT1	IT2	IT3	IT4	IT5	IT6	IT7	IT8	IT9	IT10	IT11	IT12	IT13	IT14	IT15	IT16	IT17	IT18
大于	至	μm											mm						
—	3	0.8	1.2	2	3	4	6	10	14	25	40	60	0.10	0.14	0.25	0.40	0.60	1.0	1.4
3	6	1	1.5	2.5	4	5	8	12	18	30	48	75	0.12	0.18	0.30	0.48	0.75	1.2	1.8
6	10	1	1.5	2.5	4	6	9	15	22	36	58	90	0.15	0.22	0.36	0.58	0.90	1.5	2.2
10	18	1.2	2	3	5	8	11	18	27	43	70	110	0.18	0.27	0.43	0.70	1.10	1.8	2.7
18	30	1.5	2.5	4	6	9	13	21	33	52	84	130	0.21	0.33	0.52	0.84	1.30	2.1	3.3
30	50	1.5	2.5	4	7	11	16	25	39	62	100	160	0.25	0.39	0.62	1.00	1.60	2.5	3.9
50	80	2	3	5	8	13	19	30	46	74	120	190	0.30	0.46	0.74	1.20	1.90	3.0	4.6
80	120	2.5	4	6	10	15	22	35	54	87	140	220	0.35	0.54	0.87	1.40	2.20	3.5	5.4
120	180	3.5	5	8	12	18	25	40	63	100	160	250	0.40	0.63	1.00	1.60	2.50	4.0	6.3
180	250	4.5	7	10	14	20	29	46	72	115	185	290	0.46	0.72	1.15	1.85	2.90	4.6	7.2
250	315	6	8	12	16	23	32	52	81	130	210	320	0.52	0.81	1.30	2.10	3.20	5.2	8.1
315	400	7	9	13	18	25	36	57	89	140	230	360	0.57	0.89	1.40	2.30	3.60	5.7	8.9
400	500	8	10	15	20	27	40	63	97	155	250	400	0.63	0.97	1.55	2.50	4.00	6.3	9.7

表 7-1 列出的是国家标准制定出的一系列标准公差数值，称为标准公差系列。标准公差列包含三项内容，即基本尺寸分段、公差等级和公差单位。

配合公差是指允许间隙或过盈的变动量。它表示配合精度，是评定配合质量的一个重要指标。其大小计算如下：

对于间隙配合 $$T_f = |X_{max} - X_{min}| \tag{7-1}$$

对于过盈配合 $$T_f = |Y_{max} - Y_{min}| \tag{7-2}$$

对于过渡配合 $$T_f = |X_{max} - Y_{max}| \tag{7-3}$$

配合公差另一表达式为孔公差与轴公差之和，即

$$T_f = T_h + T_s \tag{7-4}$$

第二节　孔与轴基本配合

孔是指圆柱形内表面，也包括其他形状内表面由单一尺寸确定的部分。轴是指圆柱形外表面，也包括其他形状外表面由单一尺寸确定的部分。孔与轴截面示意如图 7-1 所示。

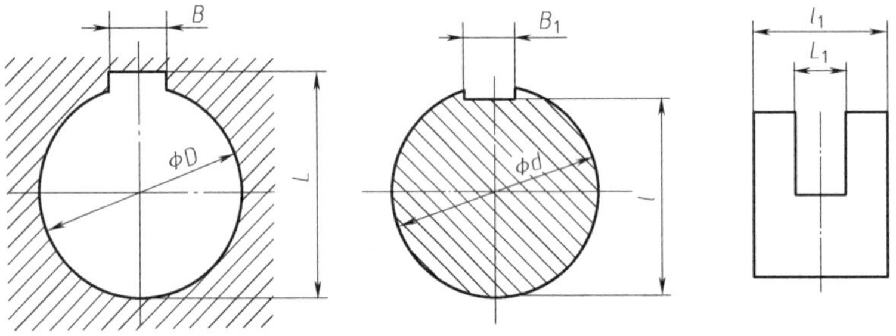

图 7-1　孔与轴

一、基准制

基准制是以两个相配合的零件之一为基准，选定标准公差带，通过改变另一零件（非标准）的公差带位置而形成各种配合的一种制度。国家标准对配合规定了两种基准制，即基孔制与基轴制，并且优先采用基孔制。基准制如图 7-2 所示。

1. 基孔制

基本偏差为一定的孔，其公差带与各种不同基本偏差的轴的公差带形成各种配合的制度称为基孔制，即为了得到松紧程度不同的各种配合，将孔的公差带位置固定不变（基准件），而变动轴的公差带位置。

基孔制的孔称为基准孔，标准规定基准孔的公差带位于零线之上，其下偏差为零。基准孔的代号为 H，如图 7-2a 所示。

2. 基轴制

基本偏差为一定的轴，其公差带与各种不同基本偏差的孔的公差带形成各种配合的制度称为基轴制，即为了得到松紧程度不同的各种配合，将轴的公差带位置固定不变（基准件），而变动孔的公差带位置。基轴制的轴称为基准轴，标准规定基准轴的公差带位于零线之下，其上偏差为零。基准轴的代号为 h，如图 7-2b 所示。

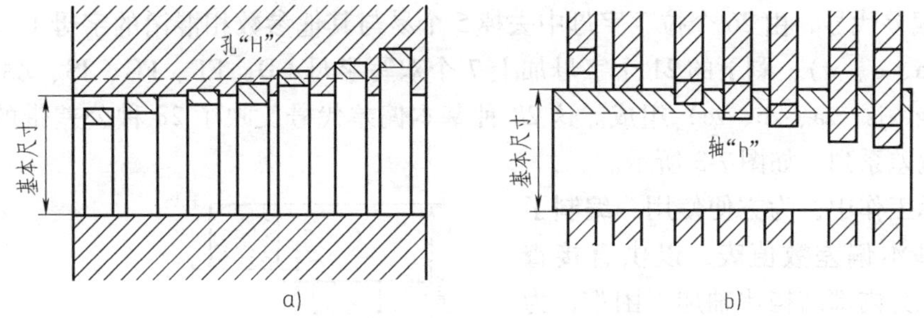

图 7-2　基准制

a）基孔制　b）基轴制

二、基本偏差系列

1. 基本偏差

基本偏差指用以确定公差带相对于零线位置的上偏差或下偏差，是公差带位置标准化的具体体现。

基本偏差的数量决定配合种类的数量。国家标准对孔和轴分别规定了 28 种基本偏差，以满足松紧程度不同的各种配合要求，以利互换。

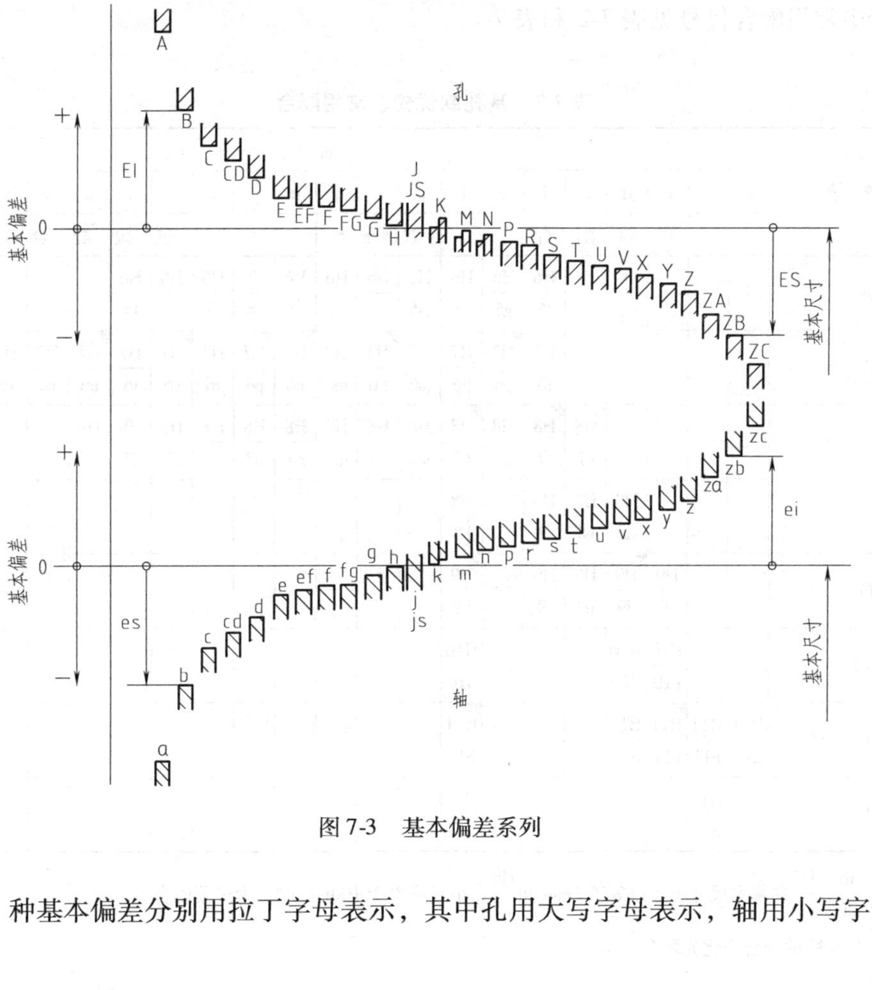

图 7-3　基本偏差系列

这 28 种基本偏差分别用拉丁字母表示，其中孔用大写字母表示，轴用小写字母表示。

28 种基本偏差代号，由 26 个拉丁字母中去掉 5 个易与其他参数相混淆的字母 I、L、O、Q、W（i、l、o、q、w），剩下的 21 个字母加上 7 个双写字母 CD、EF、FG、JS、ZA、ZB、ZC（cd、ef、fg、js、za、zb、zc）组成。这 28 种基本偏差代号反映了 28 种公差带的位置，构成了基本偏差系列，如图 7-3 所示。

在实际工作中，为方便使用，编制了轴和孔的基本偏差数值表，以供直接查用。由于孔为内部结构比轴加工困难，为使孔和轴在工艺上等价，国标规定，在高精度等级的配合中，孔比轴的公差等级低一级；在低精度等级的配合中，孔与轴采用相同的公差等级。

2. 极限偏差标注

现以 $\phi 20\frac{H7}{p6}$ 和 $\phi 20\frac{P7}{h6}$ 为例说明极限偏差的标注，如图 7-4 所示。

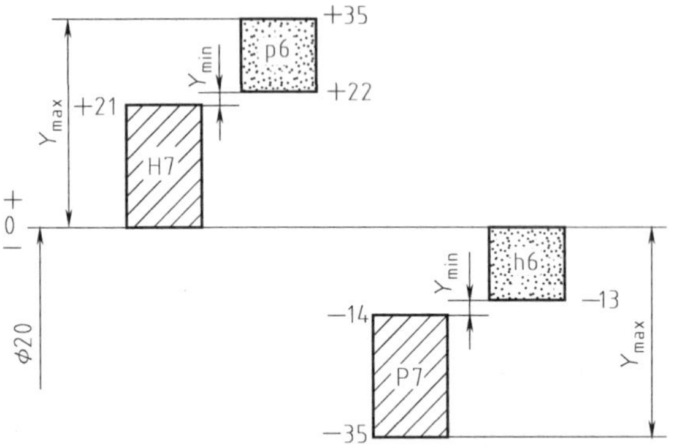

图 7-4　极限偏差标注

3. 常用配合代号

生产中常用配合代号见表 7-2 和表 7-3。

表 7-2　基孔制优先、常用配合

基准孔	轴																			
	a	b	c	d	e	f	g	h	js	k	m	n	p	r	s	t	u	v	x	y	z
	间隙配合								过渡配合			过盈配合									
H6						H6/f5	H6/g5	H6/h5	H6/js5	H6/k5	H6/m5	H6/n5	H6/p5	H6/r5	H6/s5	H6/t5					
H7						H7/f6	◤H7/g6	◤H7/h6	H7/js6	◤H7/k6	H7/m6	◤H7/n6	◤H7/p6	H7/r6	◤H7/s6	H7/t6	◤H7/u6	H7/v6	H7/x6	H7/y6	H7/z6
H8					H8/e7	◤H8/f7	H8/g7	◤H8/h7	H8/js7	H8/k7	H8/m7	H8/n7	H8/p7	H8/r7	H8/s7	H8/t7	H8/u7				
				H8/d8	H8/e8	H8/f8		H8/h8													
H9			H9/c9	◤H9/d9	H9/e9	H9/f9		◤H9/h9													
H10			H10/c10	H10/d10				H10/h10													
H11	H11/a11	H11/b11	◤H11/c11	H11/d11				◤H11/h11													
H12		H12/b12						H12/h12													

注：1. $\frac{H6}{n5}$、$\frac{H7}{p6}$ 在基本尺寸小于或等于 3mm 和 $\frac{H8}{r7}$ 在小于或等于 100mm 时，为过渡配合。

2. 标注◤的配合为优先配合。

表 7-3　基轴制优先、常用配合

基准轴	孔																				
	A	B	C	D	E	F	G	H	JS	K	M	N	P	R	S	T	U	V	X	Y	Z
	间隙配合								过渡配合			过盈配合									
h5						F6/h5	G6/h5	H6/h5	JS6/h5	K6/h5	M6/h5	N6/h5	P6/h5	R6/h5	S6/h5	T6/h5					
h6						F7/h6	◤G7/h6	◤H7/h6	JS7/h6	◤K7/h6	M7/h6	◤N7/h6	◤P7/h6	R7/h6	◤S7/h6	T7/h6	◤U7/h6				
h7					E8/h7	◤F8/h7		◤H8/h7	JS8/h7	K8/h7	M8/h7	N8/h7									
h8				D8/h8	E8/h8	F8/h8		H8/h8													
h9				◤D9/h9	E9/h9	F9/h9		◤H9/h9													
h10				D10/h10				H10/h10													
h11	A11/h11	B11/h11	◤C11/h11	D11/h11				◤H11/h11													
h12		B12/h12						H12/h12													

注：标注◤的配合为优先配合。

三、公差与配合的应用实例

在工程机械中，优先选用基孔制，这主要是从工艺上考虑的。

若与标准件（零部件）配合，应以标准件为基准件来决定是采用基孔制还是基轴制。

例如，用冷拔钢材、光轧成形的钢丝等直接做轴，采用基轴制经济些。

滚动轴承是标准部件，其外圈与机座孔配合应采用基轴制；内圈与轴配合时应采用基孔制。

有配合尺寸的零件公差等级通常选 IT5、IT6、…、IT12 级。图 7-5 所示为基准制配合示例。

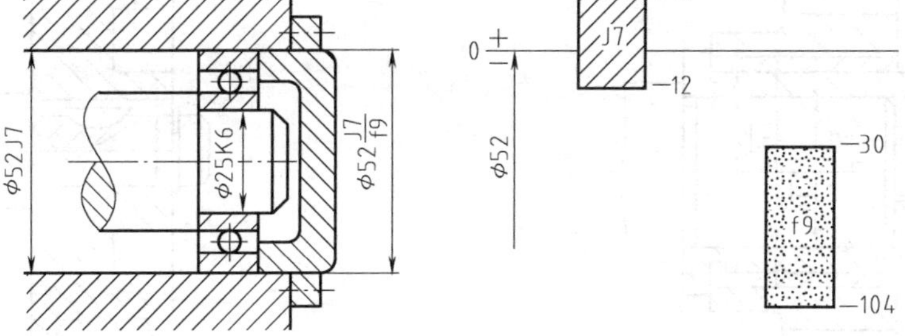

图 7-5　基准制配合

1. 间隙配合的选用

基准孔 H 与相应公差等级的轴 a ~ h 形成间隙配合，其中 H/a 组成的配合间隙最大，H/h 的配合间隙最小，其最小间隙为零。

1）H/a、H/b、H/c 配合。这三种配合的间隙很大，不常使用。一般使用在工作条件较差，要求灵活动作的机械上；或用于受力变形大，轴在高温下工作需保证有较大间隙的场合，如内燃机的排气阀和导管，如图 7-6 所示。

2）H/d、H/e 配合。这两种配合的间隙较大，用于要求不高、易于转动的支承。其中 H/d 适用于较松的转动配合，如密封盖、滑轮和空转带轮等与轴的配合，也适用于大直径滑动轴承的配合，如球磨机、轧钢机等重型机械的滑动轴承，适用于 IT7 ~ IT11 级。滑轮与轴的配合如图 7-7 所示。H/e 适用于要求有明显间隙、易于转动的支承配合，如大跨度支承、多支点支承等配合，也适用于大的、高速、重载的支承，如蜗轮发电机、大电动机的支承以及凸轮轴的支承等。

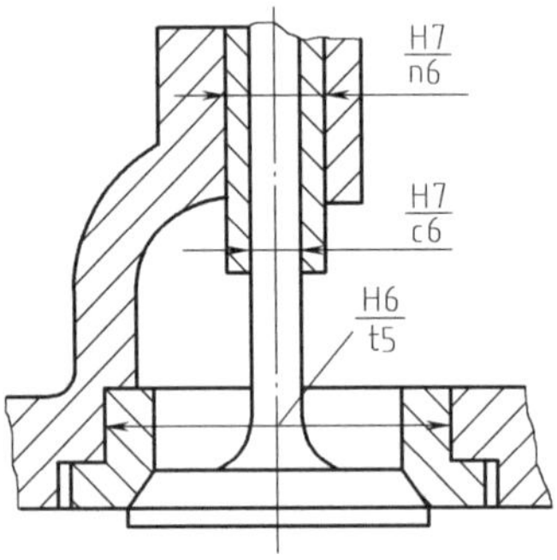

图 7-6　内燃机的排气阀和导管

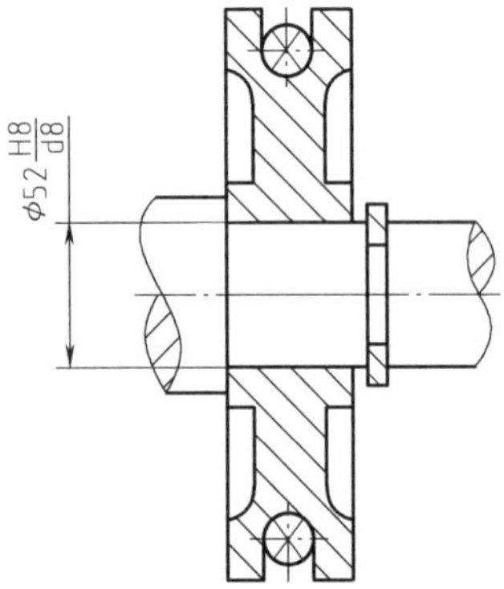

图 7-7　滑轮与轴的配合

3）H/f 配合。这个配合的间隙适中，多用于 IT7 ~ IT9 的一般转动配合，如齿轮箱、小电动机、泵等转轴及滑动轴承的配合。图 7-8 所示为齿轮套与轴的配合。

2. 过渡配合的选用

基准孔 H 与相应公差等级的轴 j ~ n 形成过渡配合。

1）H/j、H/js。这两种过渡配合适用于间隙比 h 小并略有过盈的定位配合，如带轮与轴的配合，如图 7-9 所示。

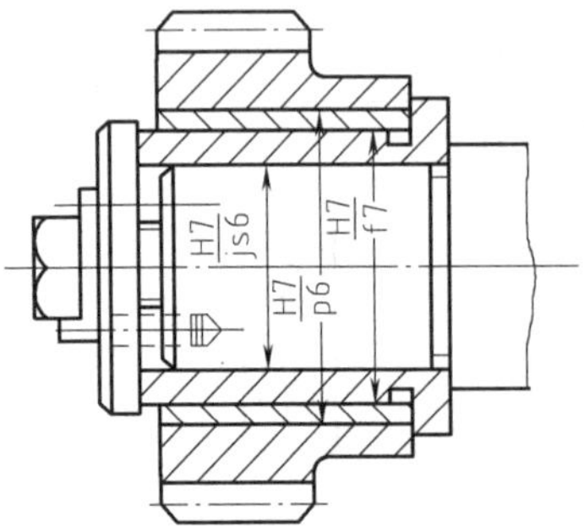

图 7-8　齿轮轴套与轴

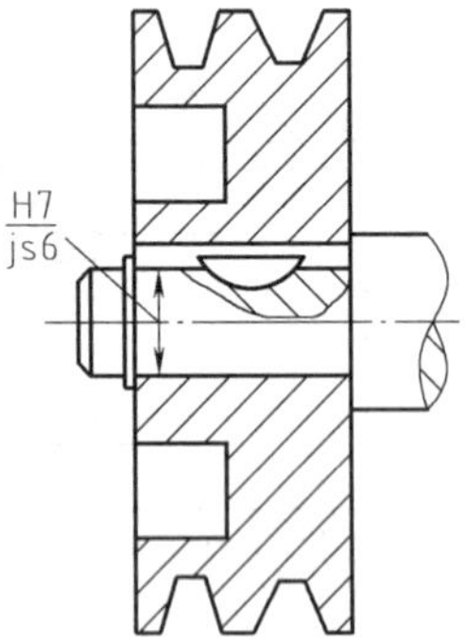

图 7-9　带轮与轴的配合

2）H/k 配合。获得的平均间隙接近于零，定心好，装配后零件接触应力较小，能够拆卸，该配合适用于如刚性联轴器的配合，如图 7-10 所示。

以上这几种过渡配合多用于 IT4 ~ IT7 级，常见于联轴器、齿圈与刚制轮毂及滚动轴承与箱体的配合，如图 7-11 所示。

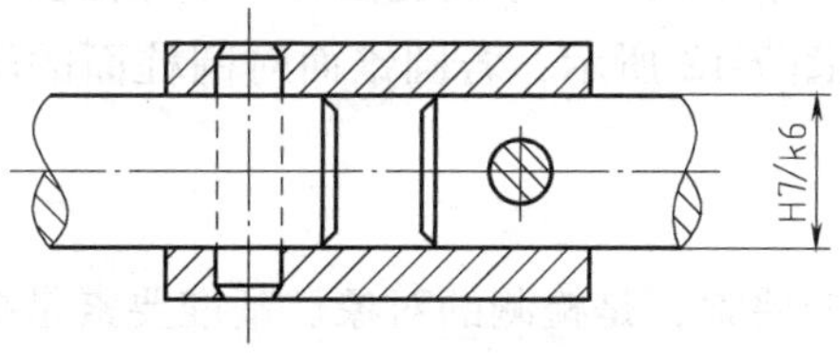

图 7-10　刚性联轴器的配合

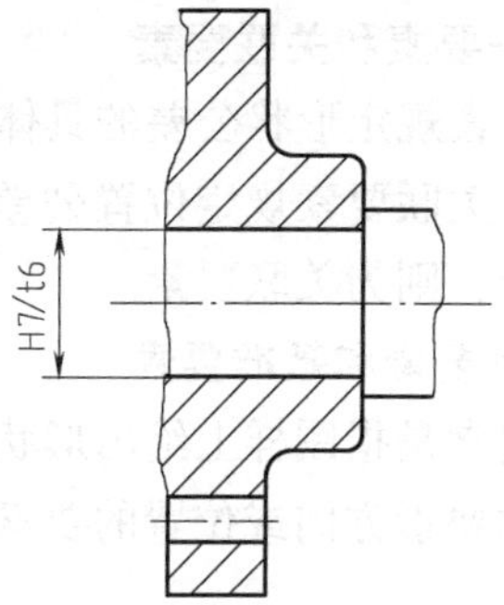

图 7-11　联轴器与轴的配合

3. 过盈配合的选用

基准孔 H 与相应公差等级的轴 p ~ zc 形成过盈配合。

1）H/p、H/r。这两种配合属于小过盈量的配合，它们主要用于定心精度高、零件有足够的刚性、受到冲击载荷的定位配合，装配方式用锤打或压力机。

2）H/s、H/t。这两种配合属于中过盈量的配合，它们主要用于零件的永久或半永久的结合。依靠过盈配合产生的结合力可以直接传递中等载荷，装配方式用热套或冷轴法。

3）H/s 和 H/t 之后的配合属更大过盈量的配合，适于传递大转矩或大的冲击载荷，完全依靠过盈产生的结合力连接。其装配方式用热套或冷轴法。以上过盈配合常用于 IT6 ~ IT8 的公差等级。

第三节　形状和位置公差

一、形位公差

为了满足零部件的互换性和装配要求，一个零件除了应控制尺寸公差，还需控制形状和位置误差。形状误差影响连接强度和刚度、耐磨性，位置误差影响机械运动的平稳性和使用寿命等。为合理地确定这两种误差，国家标准规定了形状误差和位置误差，即形位公差。

1. 基本要素

要素是构成零件几何特征的点、线、面，它是考虑对零件规定形位公差的具体对象。零件的要素有球心、锥（顶）点、圆柱和圆锥的素线、轴线、端平面、球面、圆锥面、圆柱面等，如图 7-12 所示。

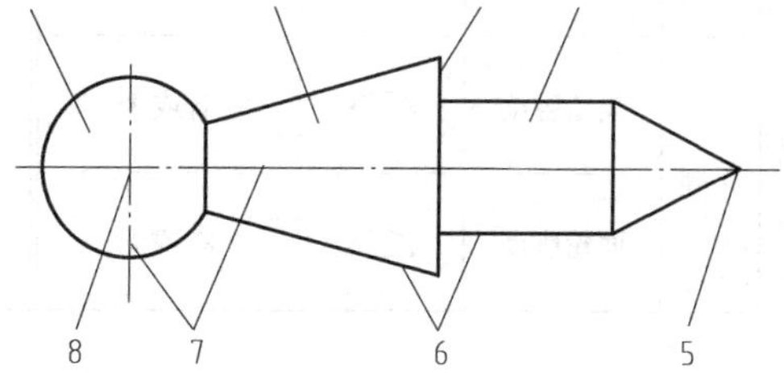

图 7-12　零件的要素

1—球面　2—圆锥面　3—平面（端面）　4—圆柱面　5—顶点　6—素线　7—中心（轴）线　8—球心

2. 理想要素和实际要素

具有几何意义的要素称为理想要素，如直线、平面、圆柱面、圆等。零件上实际存在的要素称为实际要素，它是通过测量反映出来的要素。由于测量误差是不可避免的，故实际要素并非加工后的真实要素。

3. 单一要素和关联要素

单一要素规定形状公差的具体对象，它可以是一个平面、一个圆柱面、一个球面、两个平行面等。关联要素规定位置公差的具体对象。如图 7-12 所示，若圆锥面对圆柱面的轴线有跳动要求，则为关联要素。

4. 被测要素和基准要素

被测要素是指图样上给出形状或位置公差要求的要素，是检测的对象。基准要素是指用来确定被测要素方向或位置的要素。

二、形状公差和位置公差

形状公差是单一实际要素的形状所允许的变动全量。合格零件的形状误差必须在规定的公差范围内。

形状公差包括直线度、平面度、圆度、圆柱度 4 项。

位置公差包括平行度、垂直度、倾斜度、位置度、同轴度、对称度、圆跳动、全跳动 8 项。

形状或位置公差包括线轮廓度和面轮廓度 2 项。

三、形位公差的特征符号

国家标准规定的形位公差特征符号为 14 种，其名称及符号见表 7-4。

表 7-4　形位公差特征符号（摘自 GB/T 1182—1996）

公差		特征	符号	有或无基准要求
形状	形状	直线度	—	无
		平面度	▱	无
		圆度	○	无
		圆柱度	⌭	无
形状或位置	轮廓	线轮廓度	⌒	有或无
		面轮廓度	⌓	有或无

公差		特征	符号	有或无基准要求
位置	定向	平行度	//	有
		垂直度	⊥	有
		侧斜度	∠	有
	定位	位置度	⌖	有或无
		同轴(同心)度	◎	有
		对称度	⌯	有
	跳动	圆跳动	↗	有
		全跳动	⌰	有

四、形位公差的功能要求及测量方法

形位公差的定义及解释见表 7-5。

表 7-5　形位公差的定义及解释　　（单位：mm）

名称及符号	公差带定义	标注和解释
直线度公差 —	在给定平面内，公差带是距离为公差值 t 的两平行直线之间的区域 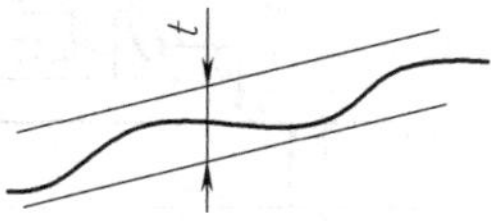	被测表面的素线必须位于平行于图样所示投影面且距离为公差值 0.1 的两平行直线内 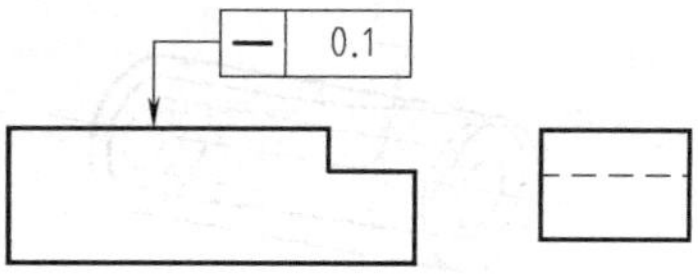
	在给定方向上公差带是距离为公差值 t 的两平行平面之间的区域 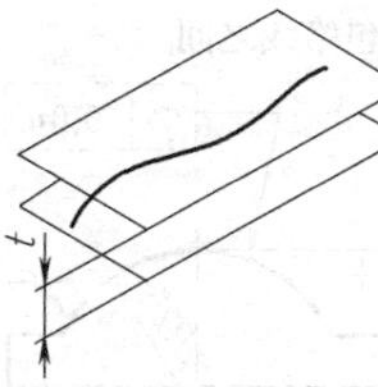	被测圆柱面的任一素线必须位于距离为公差值 0.1 的两平行平面之内 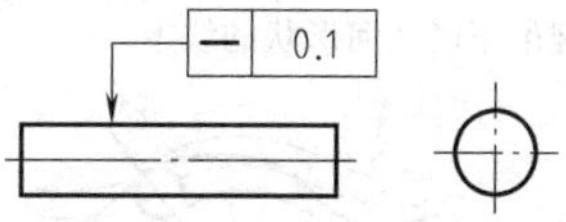
	如在公差值前加注 ϕ，则公差带是直径为 t 的圆柱面内的区域 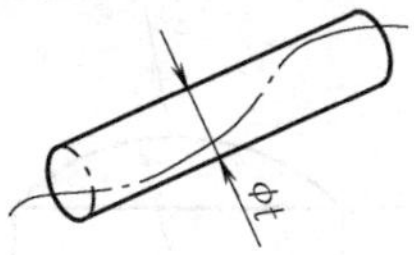	被测圆柱面的轴线必须位于直径为公差值 ϕ0.08 的圆柱面内 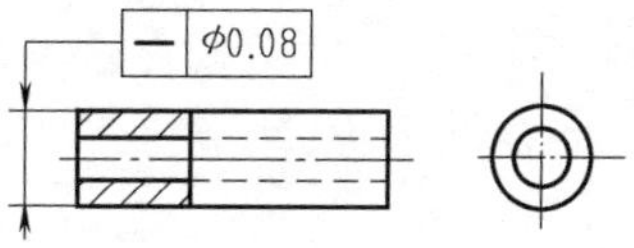
平面度公差 ▱	公差带是距离为公差值 t 的两平行平面之间的区域 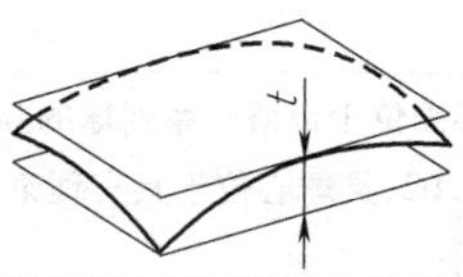	被测表面必须位于距离为公差值 0.08 的两平行平面内 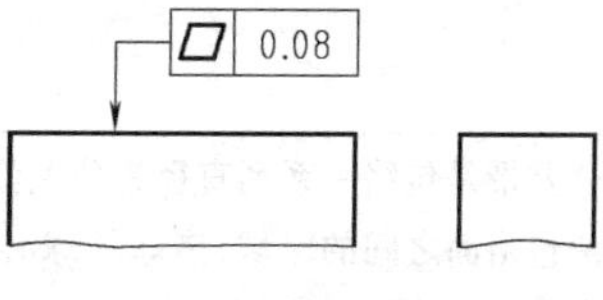
圆度公差 ○	公差带是在同一正截面上，半径差为公差值 t 的两同心圆之间的区域 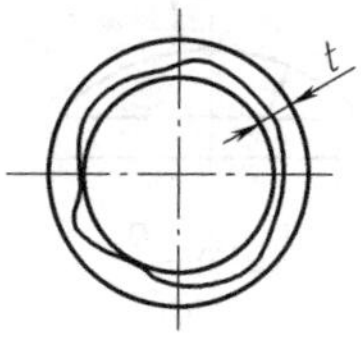	被测圆柱面任一正截面的圆周必须位于半径差为公差值 0.03 的两同心圆之间 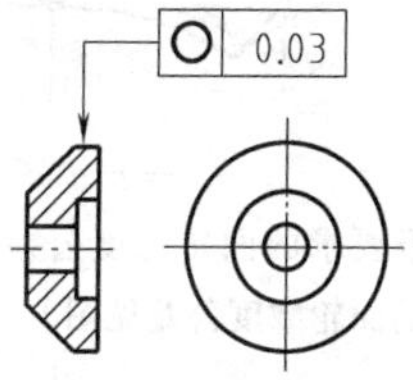 被测圆锥面任一正截面上的圆周必须位于半径差为公差值 0.1 的两同心圆之间 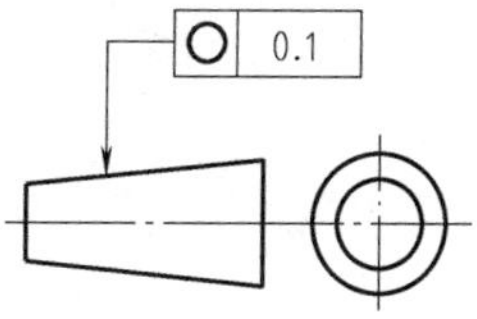

名称及符号	公差带定义	标注和解释
圆柱度公差 ⌭	公差带是半径差为公差值 t 的两同轴圆柱面之间的区域 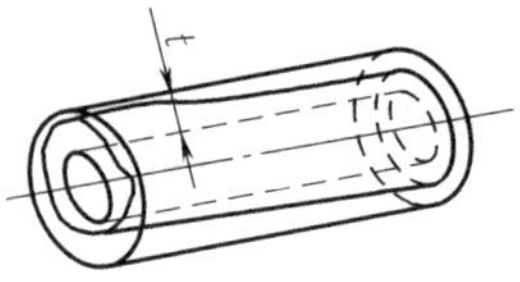	被测圆柱面必须位于半径差为公差值 0.1 的两同轴圆柱面之间 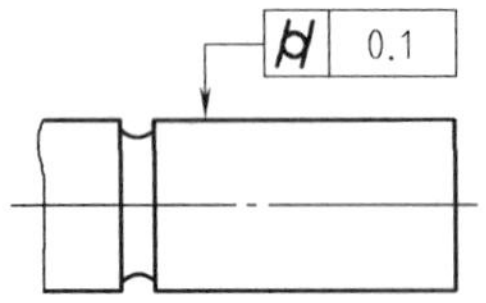
线轮廓度公差 ⌒	公差带是包络一系列直径为公差值 t 的圆的两包络线之间的区域。诸圆的圆心位于具有理论正确几何形状的线上 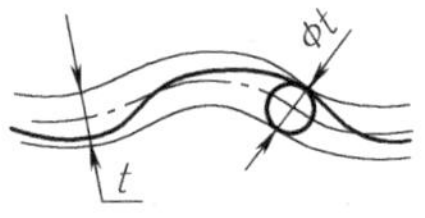 $d=t$ 无基准要求的线轮廓度公差见图 a；有基准要求的线轮廓度公差见图 b	在平行于图样所示投影面的任一截面上，被测轮廓线必须位于包络一系列直径为公差值 0.04 且圆心位于具有理论正确几何形状的线上的两包络线之间 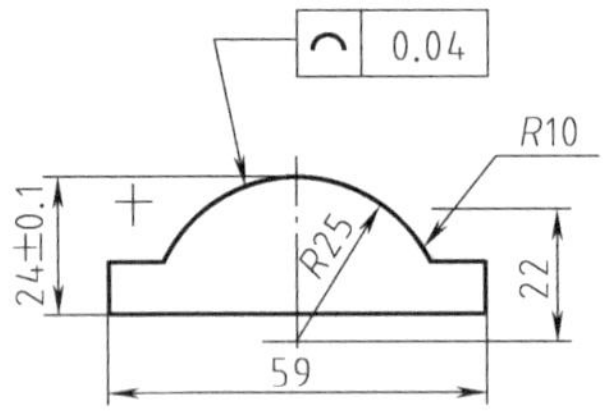 a) 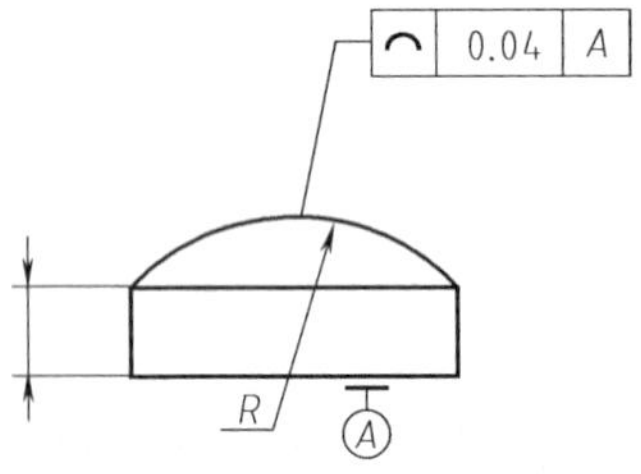 b)
面轮廓度公差 ⌓	公差带是包络一系列直径为公差值 t 的球的两包络面之间的区域，诸球的球心应位于具有理论正确几何形状的面上 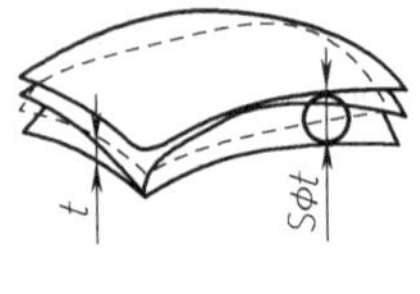 $d=t$ 无基准要求的面轮廓度公差见图 a；有基准要求的面轮廓度公差见图 b	被测轮廓面必须位于包络一系列球的两包络面之间，诸球的直径为公差值 0.02，且球心位于具有理论正确几何形状的面上的两包络面之间 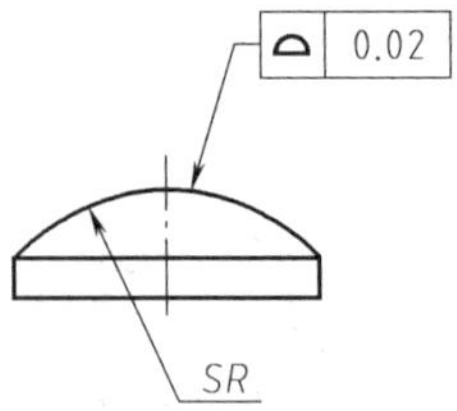 a) 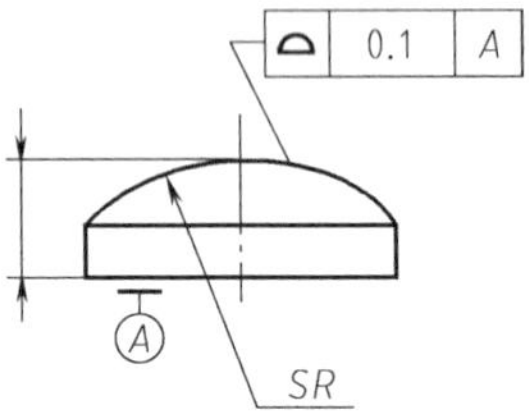 b)

<table>
<tr><th>名称及符号</th><th>公差带定义</th><th>标注和解释</th></tr>
<tr><td rowspan="4">平行度
公差
//</td><td colspan="2">1. 线对线平行度公差</td></tr>
<tr><td rowspan="2">公差带是距离为公差值 t 且平行于基准线、位于给定方向上的两平行平面之间的区域
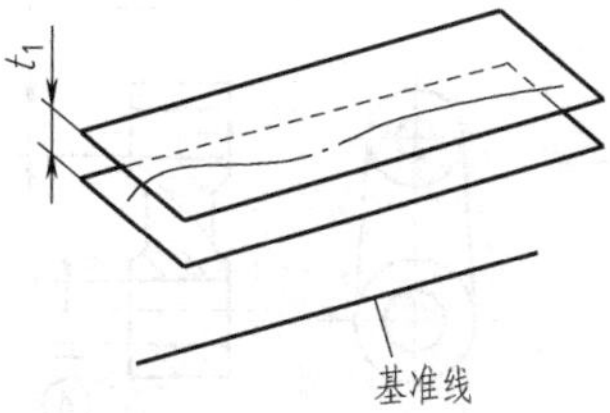</td><td>被测轴线必须位于距离为公差值0.1且在给定方向上平行于基准轴线的两平行平面之间
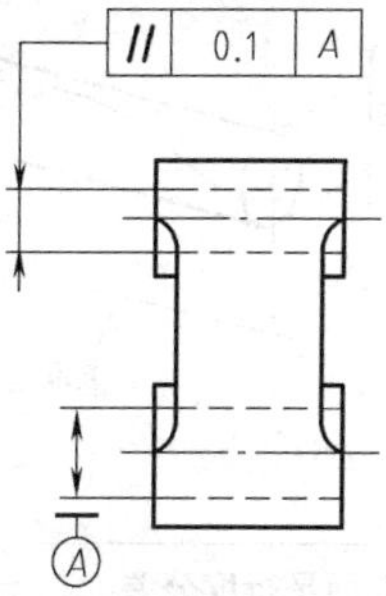</td></tr>
<tr><td>被测轴线必须位于距离为公差值0.2且在给定方向上平行于基准轴线的两平行平面之间
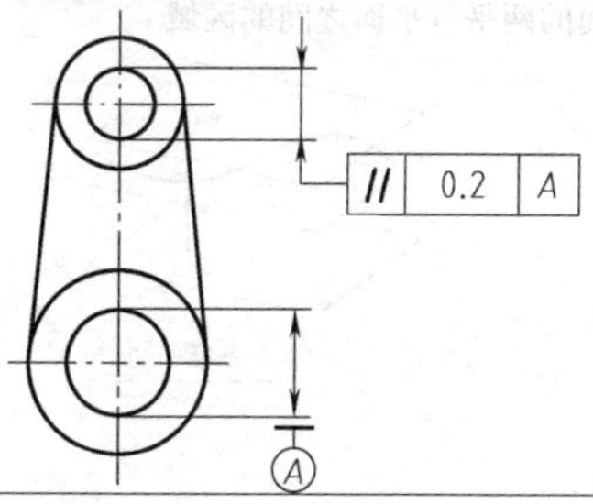</td></tr>
<tr><td>公差带是两对互相垂直的距离分别为 t_1 和 t_2 且平行于基准线的两平行平面之间的区域
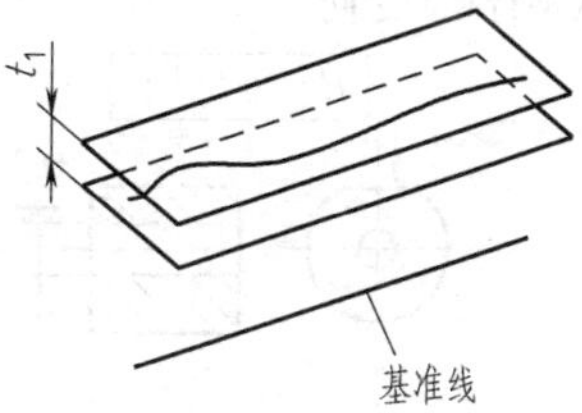
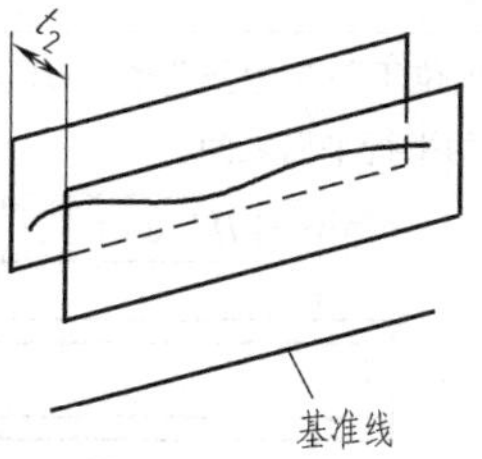</td><td>被测轴线必须位于距离分别为公差值0.2和0.1，在给定的互相垂直方向上且平行于基准轴线的两组平行平面之间
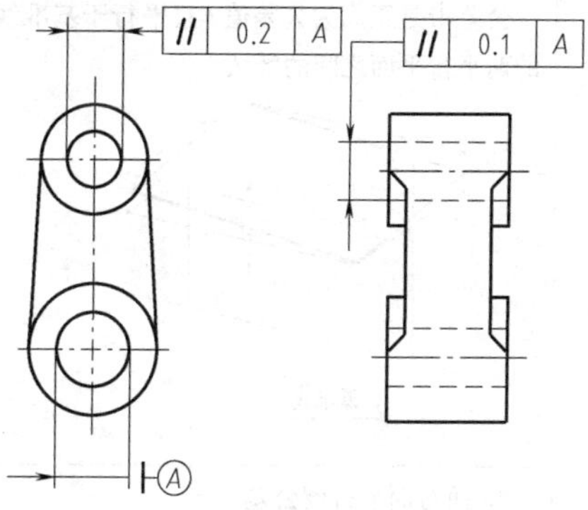
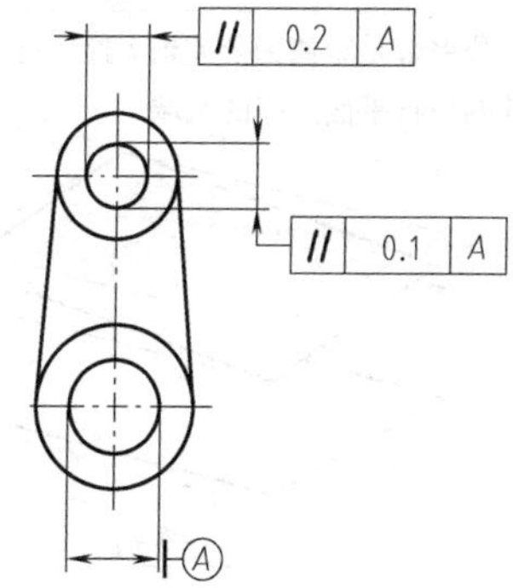</td></tr>
</table>

（续）

名称及符号	公差带定义	标注和解释
平行度公差 //	1. 线对线平行度公差	
	如在公差值前加注 ϕ，公差带是直径为公差值 t 且平行于基准线的圆柱面内的区域 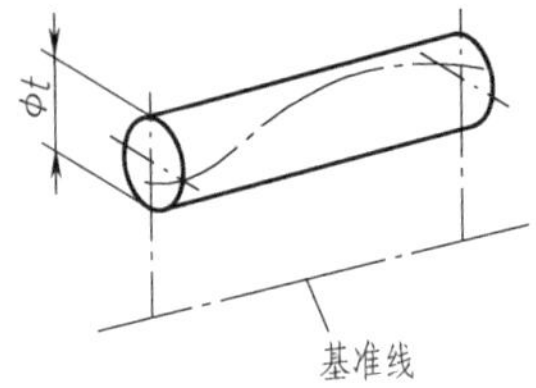	被测轴线必须位于直径为公差值 0.03 且平行于基准轴线的圆柱面内 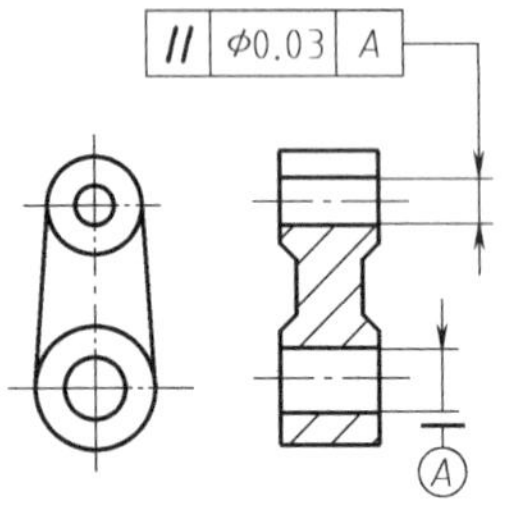
	2. 线对面平行度公差	
	公差带是距离为公差值 t 且平行于基准平面的两平行平面之间的区域 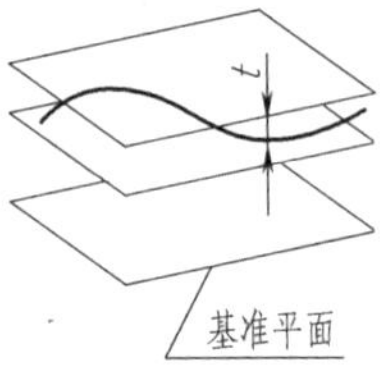	被测轴线必须位于距离为公差值 0.01 且平行于基准表面 B（基准平面）的两平行平面之间 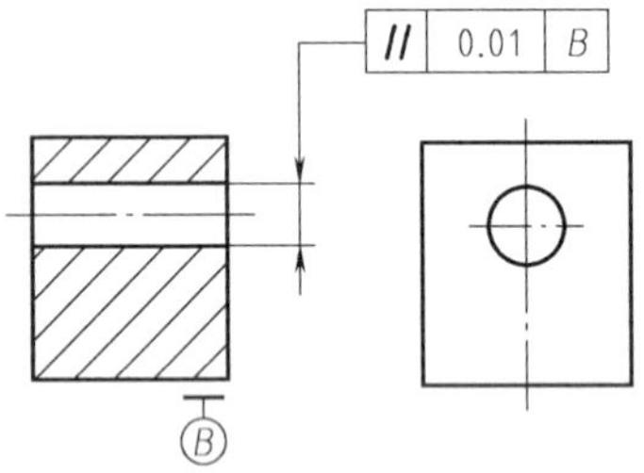
	3. 面对线平行度公差	
	公差带是距离为公差值 t 且平行于基准线的两平行平面之间的区域 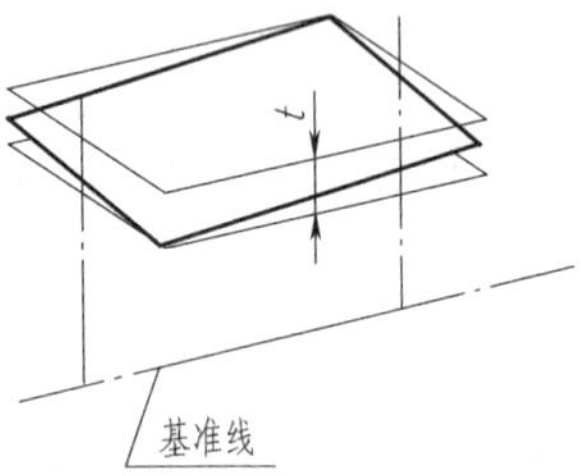	被测表面必须位于距离为公差值 0.1 且平行于基准线 C（基准轴线）的两平行平面之间 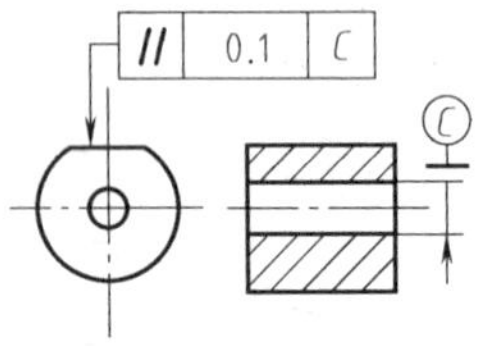
	4. 面对面平行度公差	
	公差带是距离为公差值 t 且平行于基准面的两平行平面之间的区域 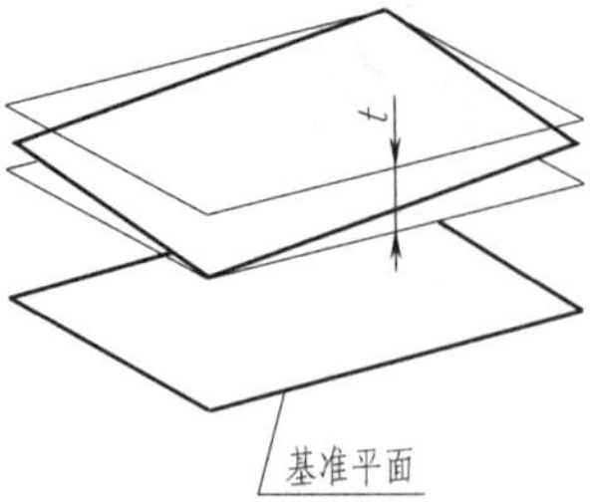	被测表面必须位于距离为公差值 0.01 且平行于基准表面 D（基准平面）的两平行平面之间 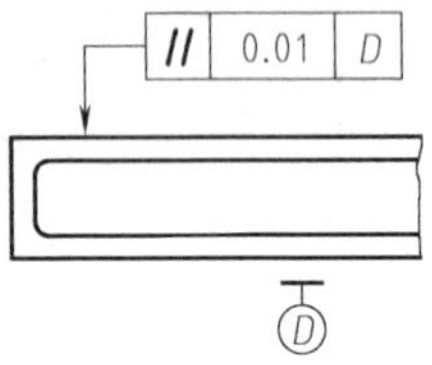

（续）

名称及符号	公差带定义	标注和解释
垂直度公差 ⊥	1. 线对线垂直度公差	
	公差带是距离为公差值 t 且垂直于基准线的两平行平面之间的区域 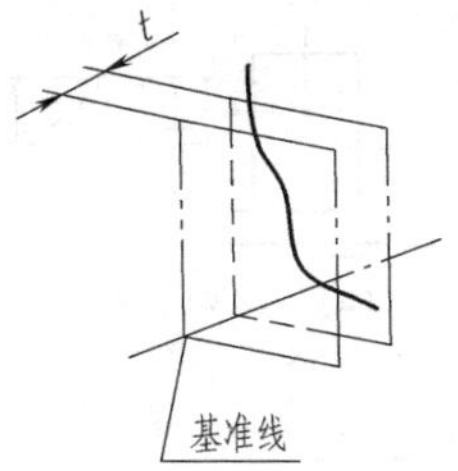	被测轴线必须位于距离为公差值 0.06 且垂直于基准线 A（基准轴线）的两平行平面之间 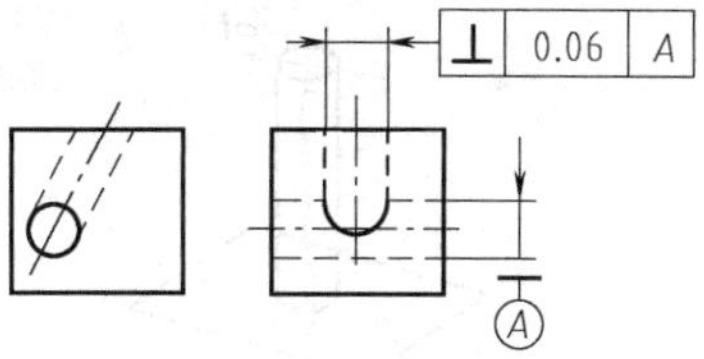
	2. 线对面垂直度公差	
	在给定方向上，公差带是距离为公差值 t 且垂直于基准面的两平行平面之间的区域 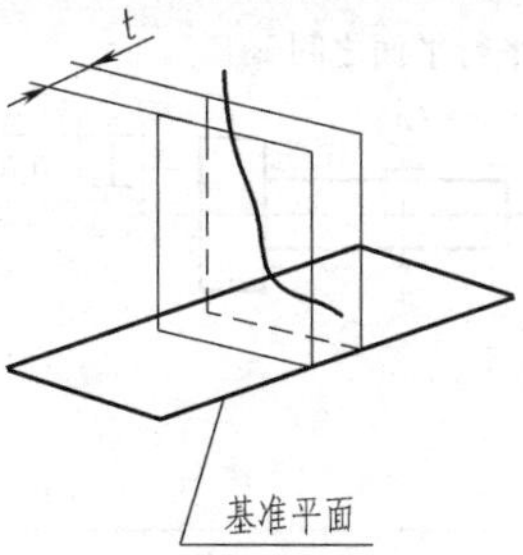	在给定方向上被测轴线必须位于距离为公差值 0.1 且垂直于基准表面 A 的两平行平面之间 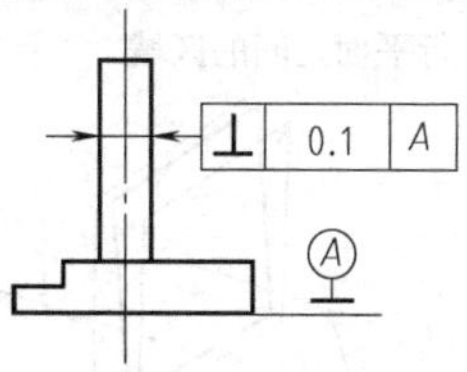
	公差带是互相垂直的距离分别为 t_1 和 t_2 且垂直于基准面的两对平行平面之间的区域 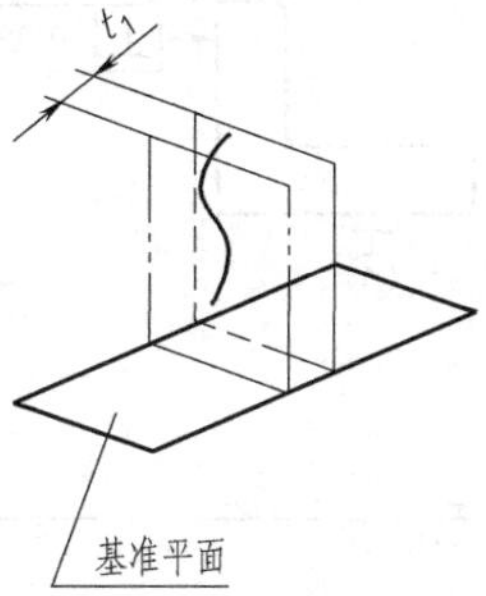 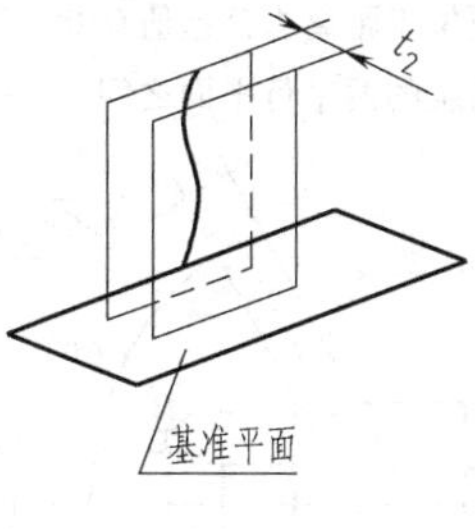	被测轴线必须位于距离分别为公差值 0.2 和 0.1 的互相垂直且垂直于基准平面的两对平行平面之间 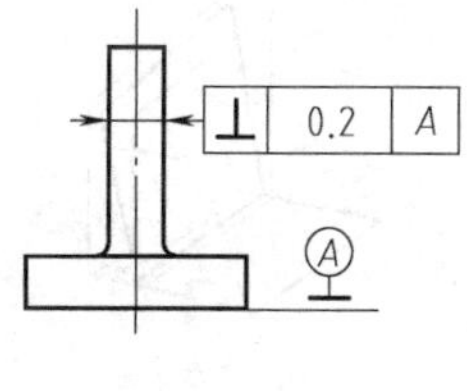 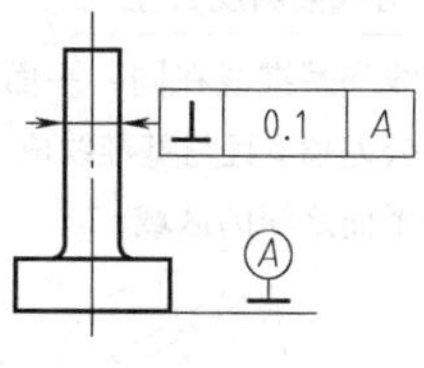

<table>
<tr><th>名称及符号</th><th>公差带定义</th><th>标注和解释</th></tr>
<tr><td rowspan="6">垂直度公差
⊥</td><td colspan="2">2. 线对面垂直度公差</td></tr>
<tr><td>如公差值前加注 ϕ，则公差带是直径为公差值 t 且垂直于基准面的圆柱面内的区域
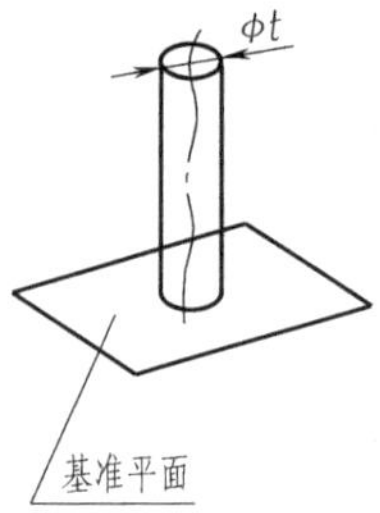
</td><td>被测轴线必须位于直径为公差值 ϕ0.01 且垂直于基准面 A（基准平面）的圆柱面内
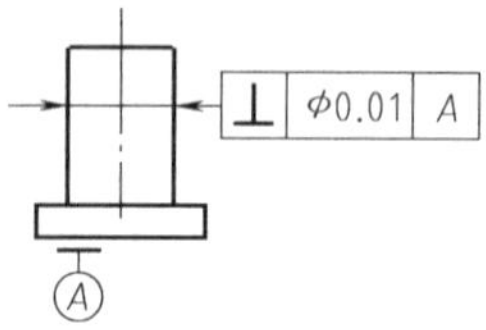
</td></tr>
<tr><td colspan="2">3. 面对线垂直度公差</td></tr>
<tr><td>公差带是距离为公差值 t 且垂直于基准线的两平行平面之间的区域
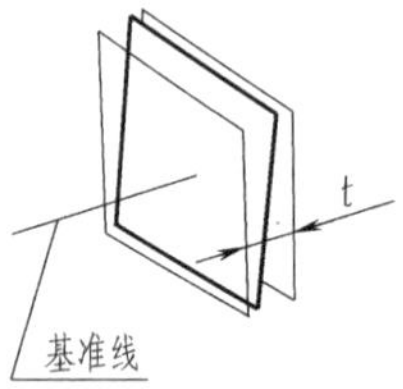
</td><td>被测面必须位于距离为公差值 0.08 且垂直于基准线 A（基准轴线）的两平行平面之间
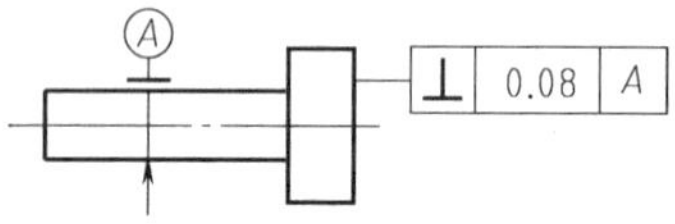
</td></tr>
<tr><td colspan="2">4. 面对面垂直度公差</td></tr>
<tr><td>公差带是距离为公差值 t 且垂直于基准面的两平行平面之间的区域
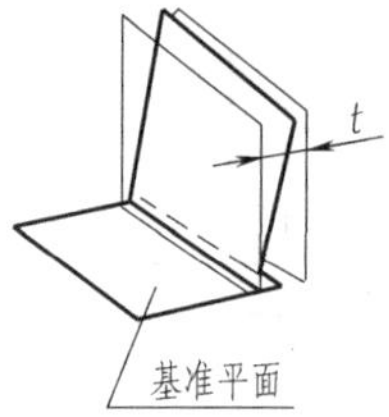
</td><td>被测面必须位于距离为公差值 0.08 且垂直于基准平面 A 的两平行平面之间
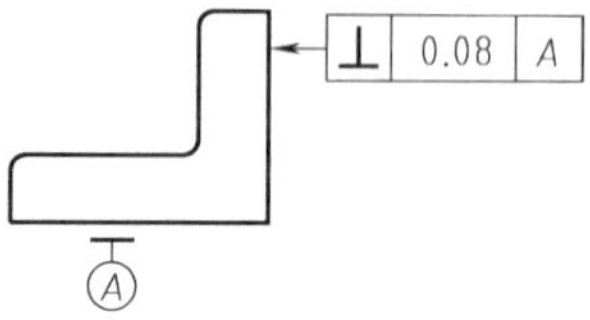
</td></tr>
<tr><td rowspan="2">倾斜度公差
∠</td><td colspan="2">1. 线对线倾斜度公差</td></tr>
<tr><td>被测线和基准线在同一平面内：公差带是距离为公差值 t 且与基准线成一给定角度的两平行平面之间的区域
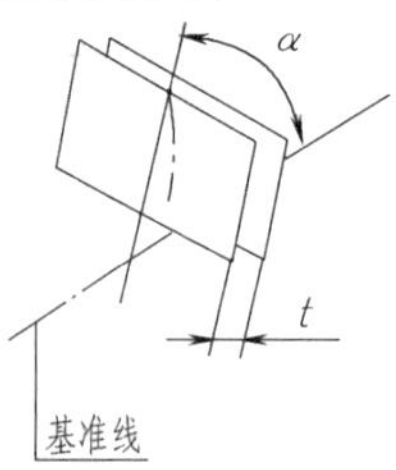
</td><td>被测轴线必须位于距离为公差值 0.08 且与 A-B 公共基准线成一理论正确角度的两平行平面之间
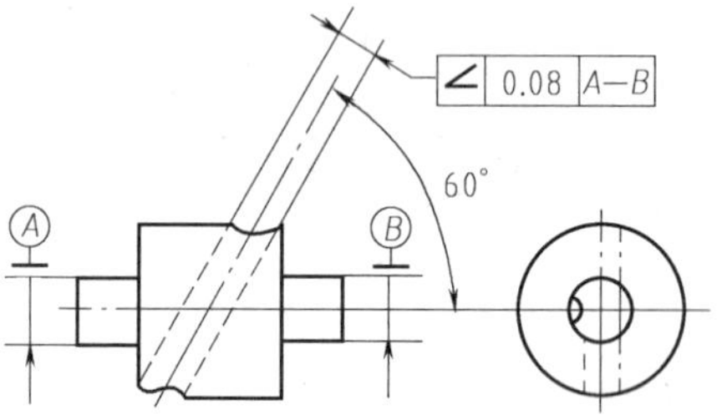
</td></tr>
</table>

（续）

<table>
<tr><th>名称及符号</th><th>公差带定义</th><th>标注和解释</th></tr>
<tr><td rowspan="6">倾斜度公差
∠</td><td colspan="2">1. 线对线倾斜度公差</td></tr>
<tr><td>被测线与基准线不在同一平面内：公差带是距离为公差值 t 且与基准成一给定角度的两平行平面之间的区域。如被测线与基准不在同一平面内，则被测线应投影到包含基准轴线并平行于被测轴线的平面上，公差带是相对于投影到该平面的线而言
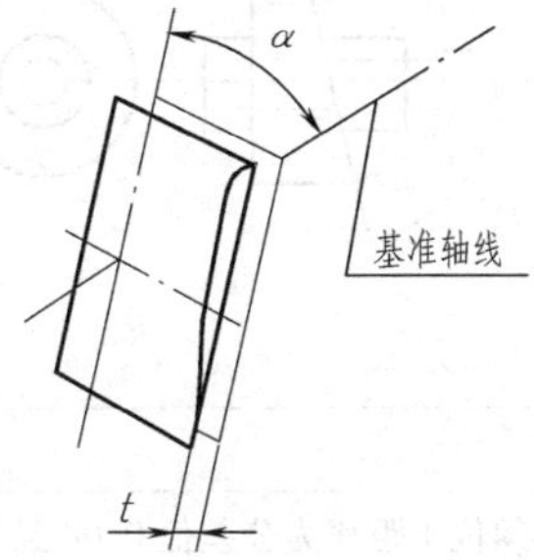</td><td>被测轴线投影到包含基准轴线的平面上，它必须位于距离为公差值 0.08 并与 A-B 公共基准线成理论正确角度 60°的两平行平面之间
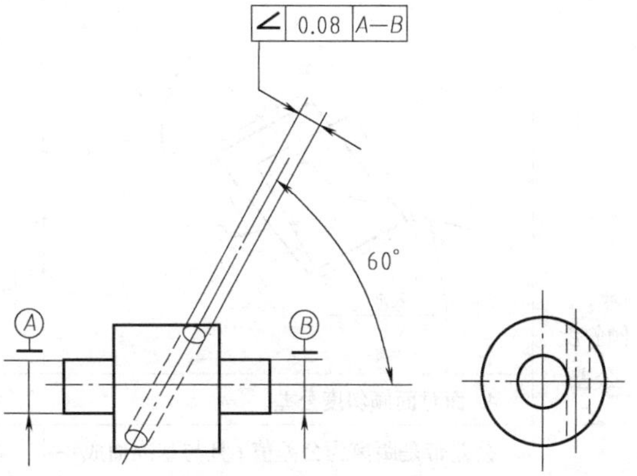</td></tr>
<tr><td colspan="2">2. 线对面倾斜度公差</td></tr>
<tr><td>公差带是距离为公差值 t 且与基准成一给定角度的两平行平面之间的区域
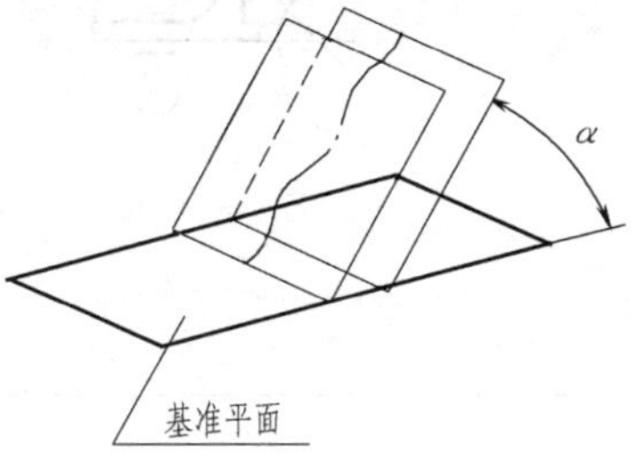</td><td>被测轴线必须位于距离为公差值 0.08 且与基准面 A（基准平面）成理论正确角度 60°的两平行平面之间
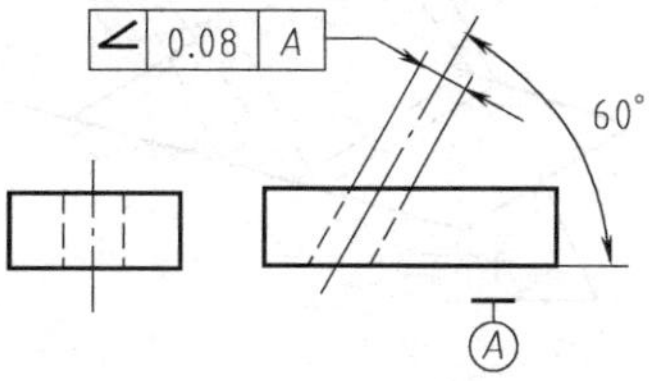</td></tr>
<tr><td>如在公差值前加注 ϕ，则公差带是直径为公差值 t 的圆柱面内的区域，该圆柱面的轴线应与基准平面呈一给定的角度并平行于另一基准平面
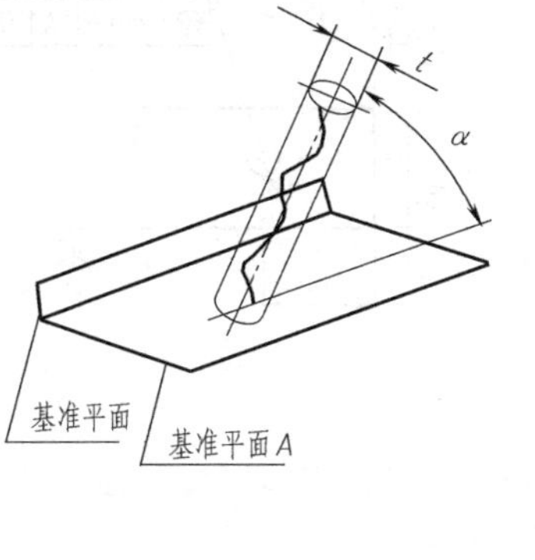</td><td>被测轴线必须位于直径为公差值 $\phi 0.1$ 的圆柱面公差带内，该公差带的轴线应与基准表面 A（基准平面）呈理论正确角度 60°并平行于基准平面 B
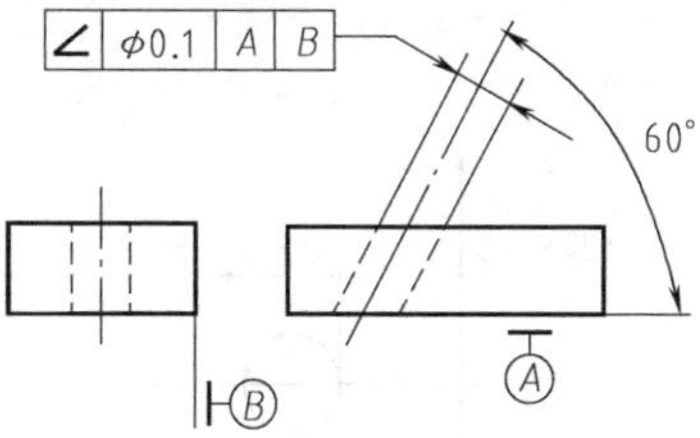</td></tr>
</table>

（续）

名称及符号	公差带定义	标注和解释
倾斜度公差 ∠	3. 面对线倾斜度公差	
	公差带是距离为公差值 t 且与基准线成一给定角度的两平行平面之间的区域 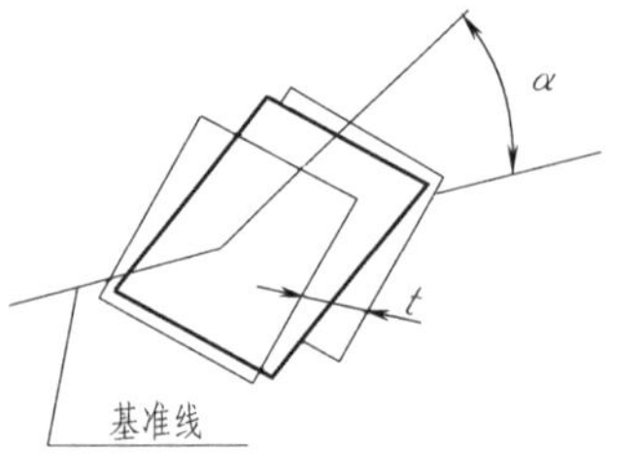	被测表面必须位于距离为公差值 0.1 且与基准线 A（基准轴线）成理论正确角度 75°的两平行平面之间 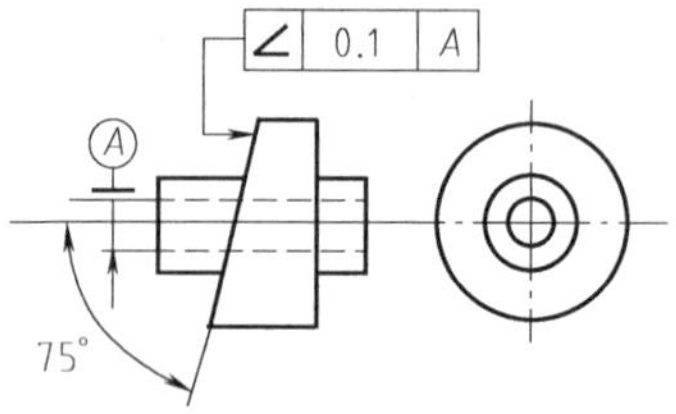
	4. 面对面倾斜度公差	
	公差带是距离为公差值 t 且与基准面成一给定角度的两平行平面之间的区域 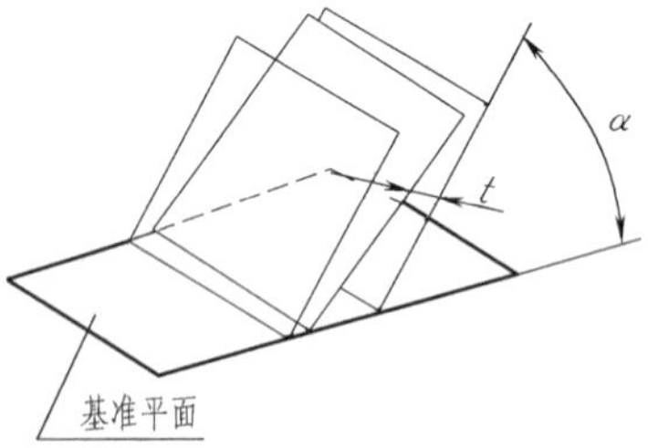	被测表面必须位于距离为公差值 0.08 且与基准面 A（基准平面）成理论正确角度 40°的两平行平面之间 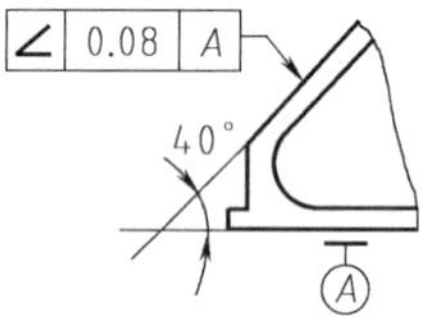
位置度公差 ⊕	1. 点的位置度公差	
	如公差值前加注 ϕ，公差带是直径为公差值 t 的圆内的区域。圆公差带的中心点的位置由相对于基准 A 和 B 的理论正确尺寸确定 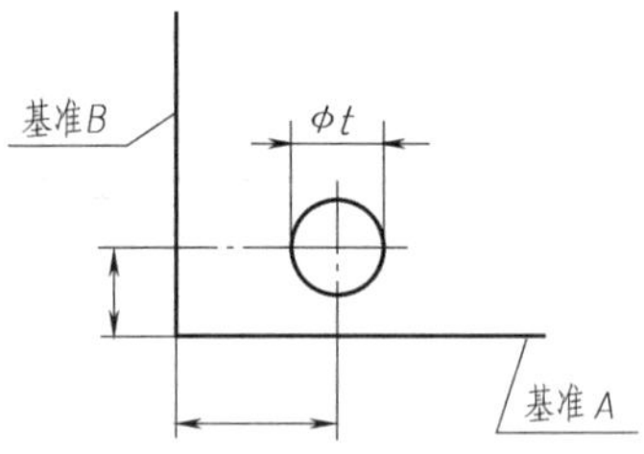	两个中心线的交点必须位于直径为公差值 0.3 的圆内，该圆的圆心位于由相对基准 A 和 B（基准直线）的理论正确尺寸所确定的点的理想位置上 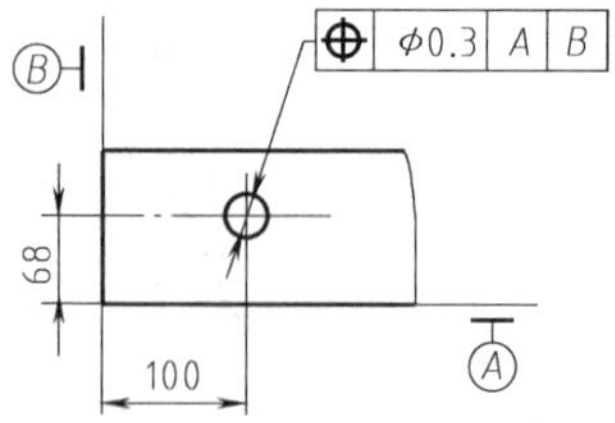

（续）

名称及符号	公差带定义	标注和解释
位置度公差 ⌖	1. 点的位置度公差	
	如公差值前加注 $S\phi$，公差带是直径为公差值 t 的球内的区域。球公差带的中心点的位置由相对于基准 A、B 和 C 的理论正确尺寸确定 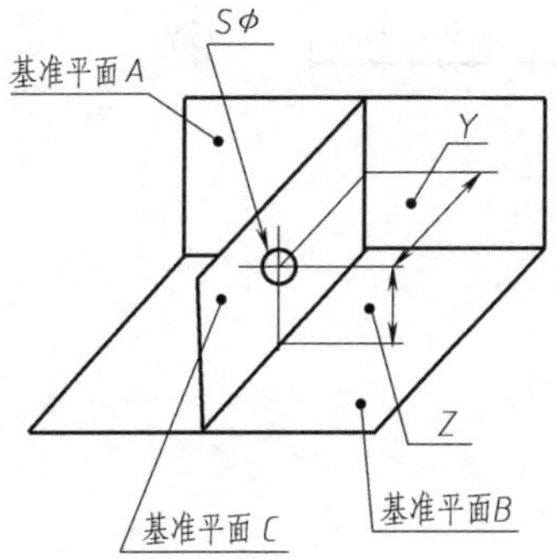 	被测球的球心必须位于直径为公差值 0.3 的球内，该球的球心位于由相对基准 A、B、C 的理论正确尺寸所确定的理想位置上 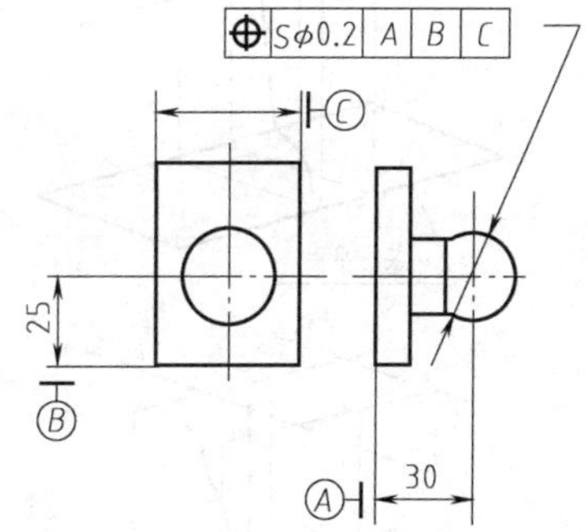
	2. 线位置度公差	
	公差带是距离为公差值 t 且以线的理想位置为中心线对称配置的两平行直线之间的区域。中心线的位置由相对于基准 A 的理论正确尺寸确定，此位置度公差仅给定一个方向 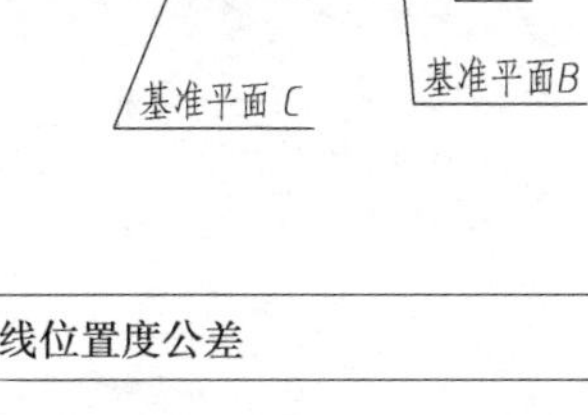 	每根刻线的中心线必须位于距离为公差值 0.05 且由相对于基准 A 的理论正确尺寸所确定的理想位置对称的诸两平行直线之间 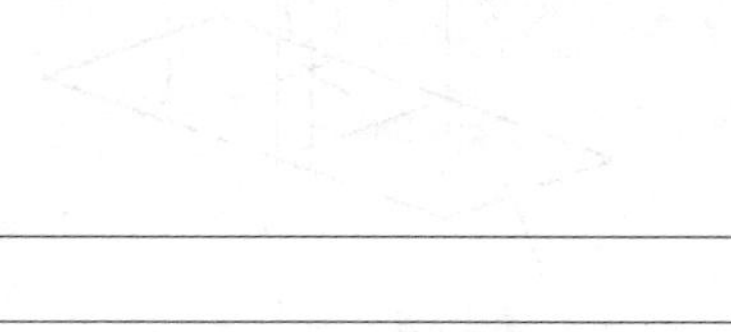

<table>
<tr><th>名称及符号</th><th>公差带定义</th><th>标注和解释</th></tr>
<tr><td rowspan="3">位置度公差
⊕</td><td colspan="2">2. 线位置度公差</td></tr>
<tr><td>

公差带是两对互相垂直的距离为 t_1 和 t_2 且以轴线的理想位置为中心对称配置的两平行平面之间的区域。轴线的理想位置是由相对于三基面体系的理论正确尺寸确定的，此位置度公差相对于基准给定互相垂直的两个方向

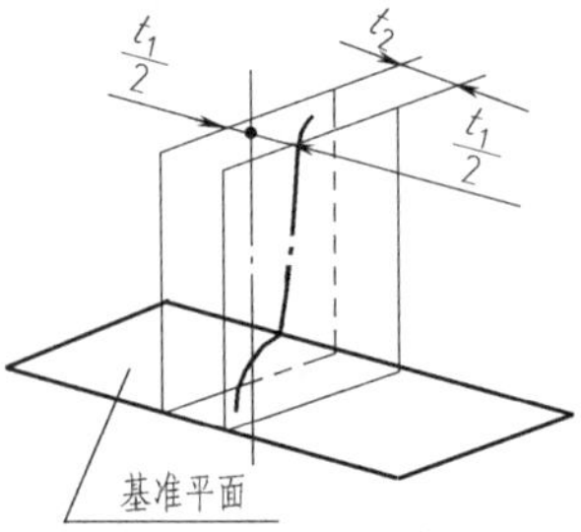

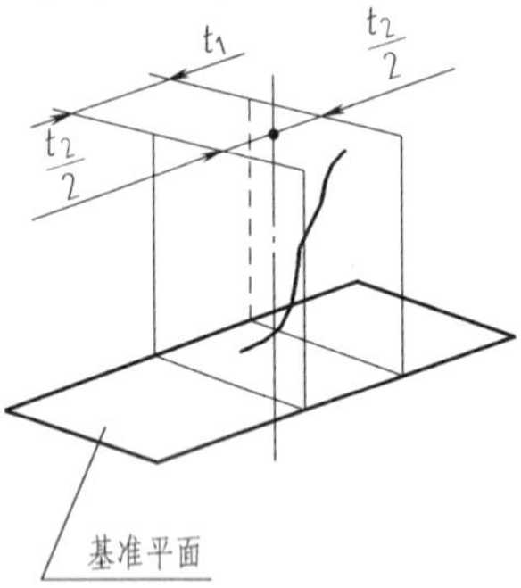

</td><td>

各个被测孔的轴线必须分别位于两对互相垂直的距离为公差值0.05和0.2，由相对于 C、A、B 基准表面（基准平面）理论正确尺寸所确定的理想位置对称配置的两平行平面之间

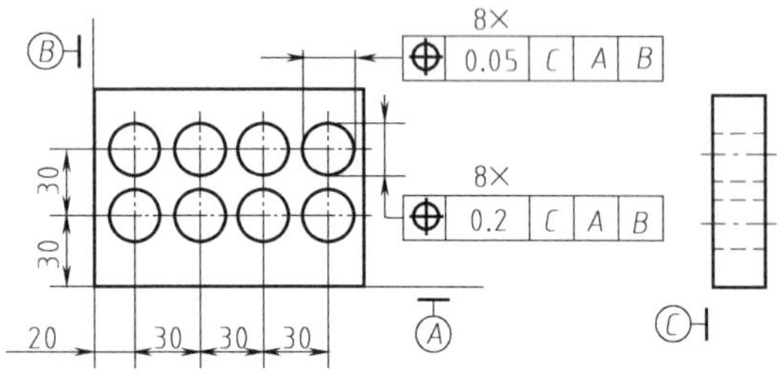

</td></tr>
<tr><td>

如在公差值前加注 ϕ，则公差带是直径为 t 的圆柱面内的区域。公差带的轴线的位置由相对于三基面体系的理论正确尺寸确定

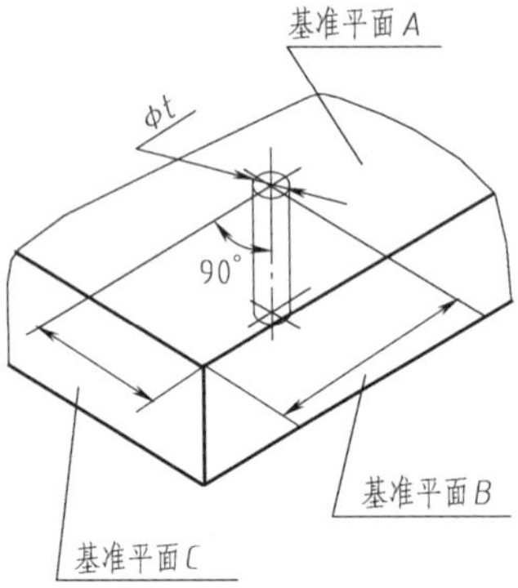

</td><td>

被测轴线必须位于直径为公差值 ϕ0.08 且以相对于 C、A、B 基准表面（基准平面）的理论正确尺寸所确定的理想位置为轴线的圆柱面内

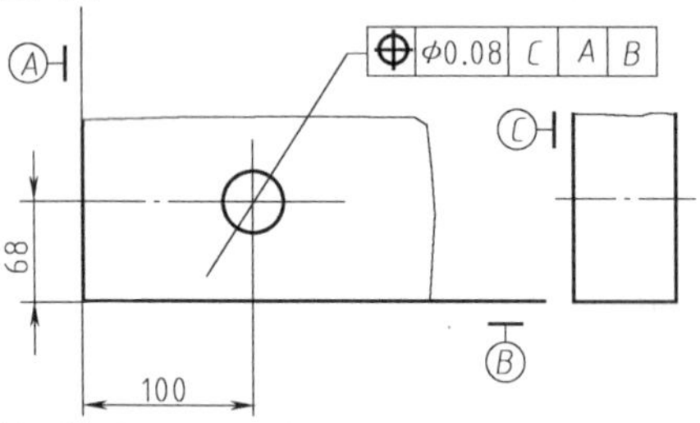

每个被测轴线必须位于直径为公差值 ϕ0.1，由以相对于 C、A、B 基准表面（基准平面）的理论正确尺寸所确定的理想位置为轴线的圆柱面内

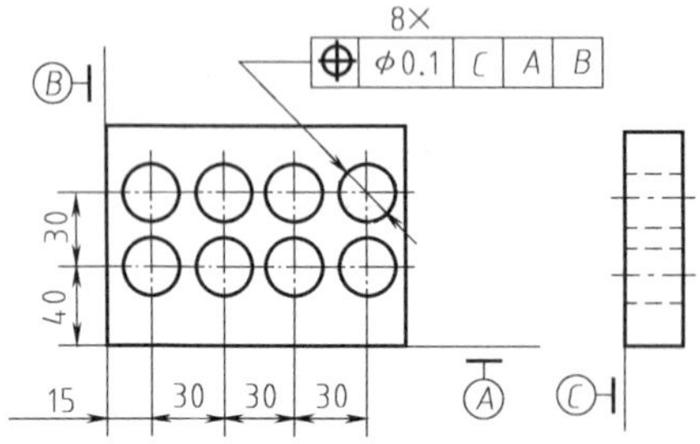

</td></tr>
</table>

（续）

<table>
<tr><th>名称及符号</th><th>公差带定义</th><th>标注和解释</th></tr>
<tr><td rowspan="2">位置度
公差
⊕</td><td colspan="2">3. 平面或中心平面的位置度公差</td></tr>
<tr><td>公差带是距离为公差值 t 且以面的理想位置为中心对称配置的两平行平面之间的区域。面的理想位置是由相对于三基面体系的理论正确尺寸确定的
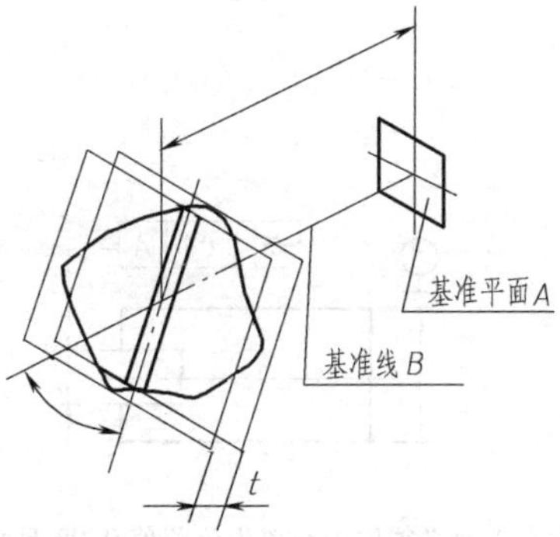
</td><td>被测表面必须位于距离为公差值0.05，由以相对于基准线 B（基准轴线）和基准表面 A（基准平面）的理论正确尺寸所确定的理想位置对称配置的两平行平面之间
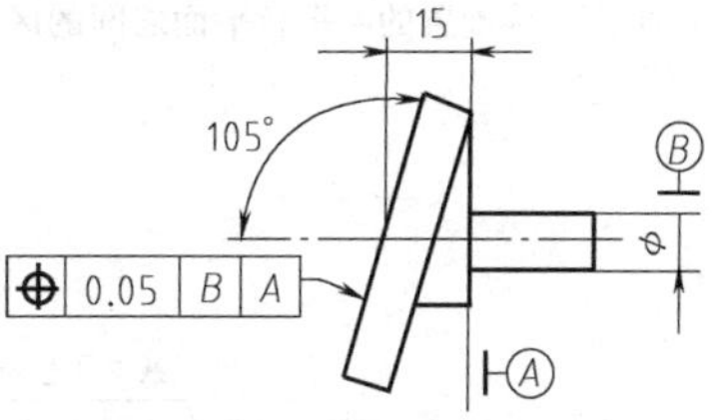
</td></tr>
<tr><td rowspan="4">同轴度
公差
◎</td><td colspan="2">1. 点的同心度公差</td></tr>
<tr><td>公差带是直径为公差值 ϕt 且与基准圆心同心的圆内的区域
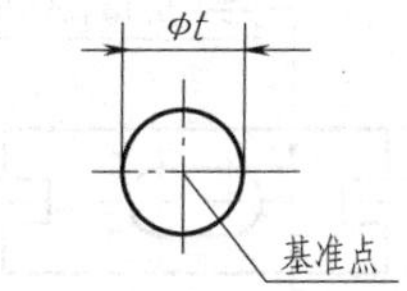
</td><td>外圆的圆心必须位于直径为公差值 ϕ0.01 且与基准圆心同心的圆内
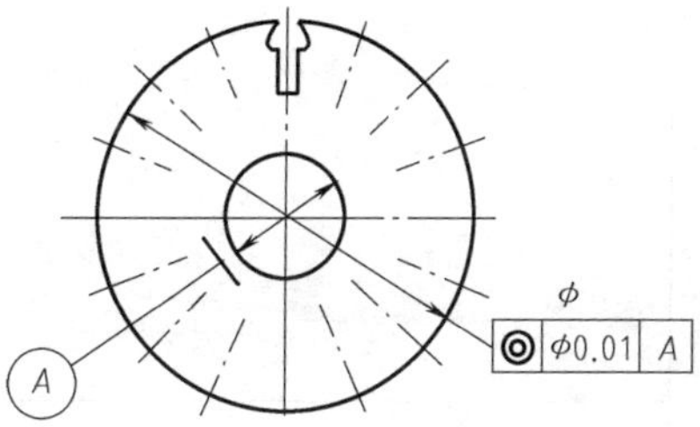
</td></tr>
<tr><td colspan="2">2. 轴线的同轴度公差</td></tr>
<tr><td>公差带是直径为公差值 ϕt 的圆柱面内的区域，该圆柱面的轴线与基准轴线同轴
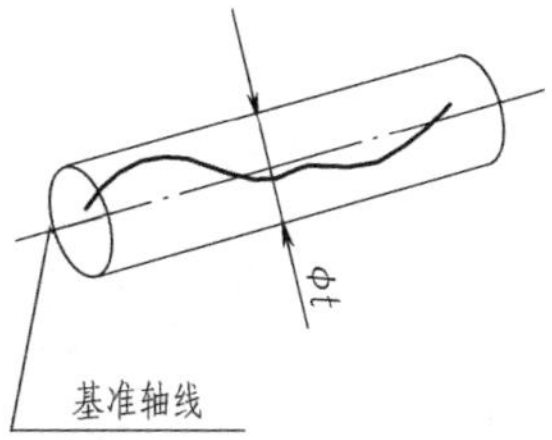
</td><td>大圆柱面的轴线必须位于直径为公差值 ϕ0.08 且与公共基准线 A-B（公共基准轴线）同轴的圆柱面内
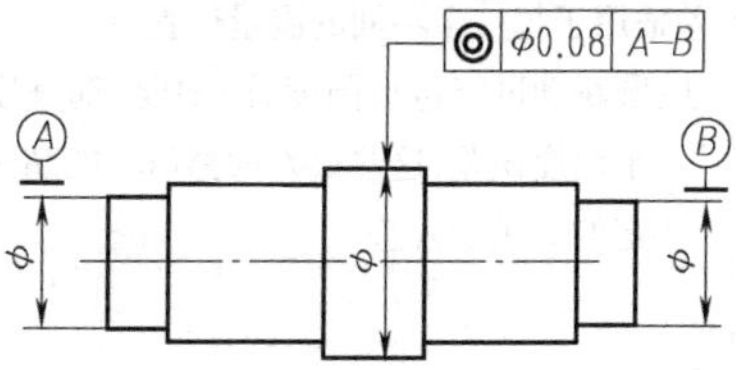
</td></tr>
</table>

（续）

名称及符号	公差带定义	标注和解释
	1. 中心平面的对称度公差	
对称度公差 ⌯	公差带是距离为公差值 t 且相对基准的中心平面对称配置的两平行平面之间的区域 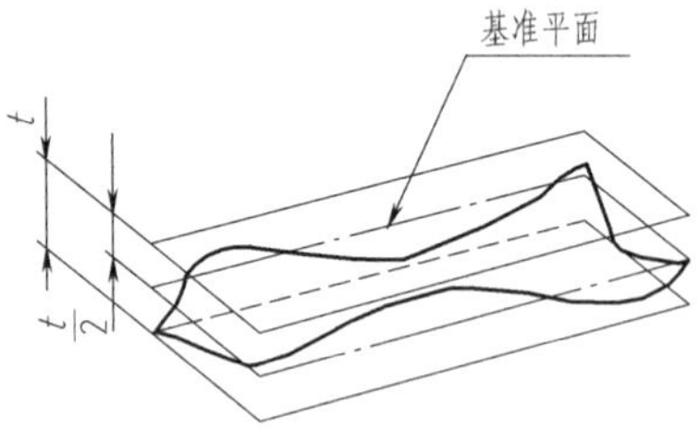	被测中心平面必须位于距离为公差值 0.08 且相对于基准中心平面 A 对称配置的两平行平面之间 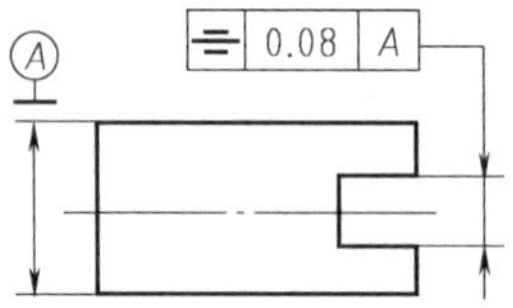 被测中心平面必须位于距离为公差值 0.08 且相对于公共基准中心平面 A-B 对称配置的两平行平面之间 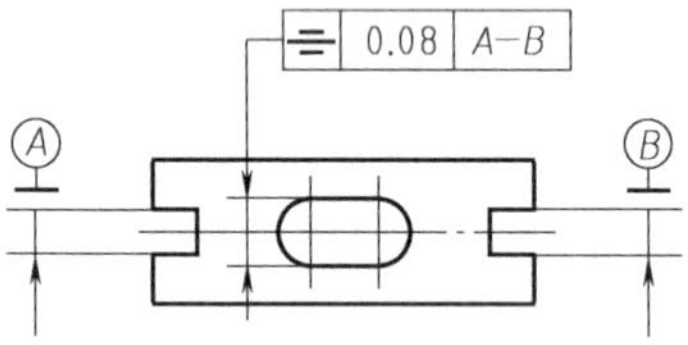
圆跳动公差 ↗	圆跳动公差是被测要素某一固定参考点围绕基准轴线旋转一周时（零件和测量仪器间无轴向位移）允许的最大变动量 t，圆跳动公差适用于每一个不同的测量位置 注：圆跳动可能包括圆度、同轴度、垂直度或平面度误差，这些误差的总值不能超过给定的圆跳动公差	

（续）

<table>
<tr><th>名称及符号</th><th>公差带定义</th><th>标注和解释</th></tr>
<tr><td rowspan="2">圆跳动公差
↗</td><td colspan="2">1. 径向圆跳动公差</td></tr>
<tr><td>公差带是在垂直于基准轴线的任一测量平面内、半径差为公差值 t 且圆心在基准轴线上的两同心圆之间的区域
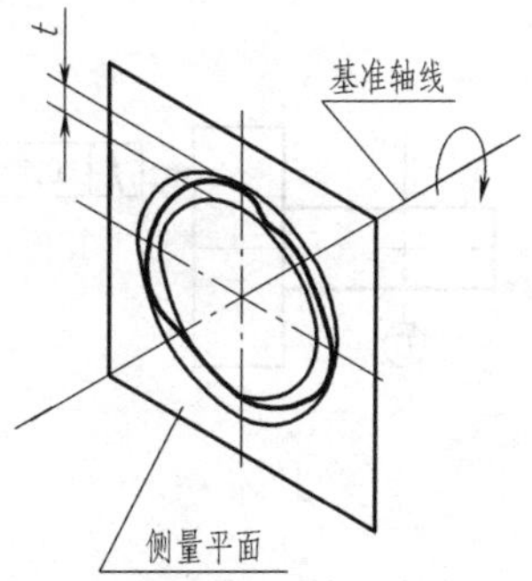
跳动通常是围绕轴线旋转一整周，也可对部分圆周进行限制</td><td>当被测要素围绕基准线 A（基准轴线）并同时受基准表面 B（基准平面）的约束旋转一周时，在任一测量平面内的径向圆跳动量均不得大于0.1
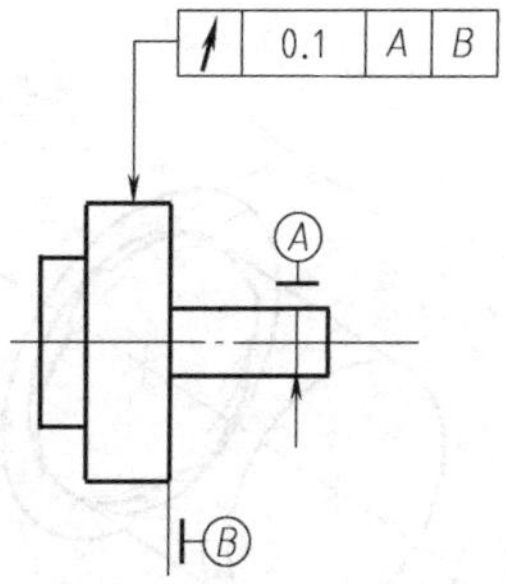
被测要素绕基准线 A（基准轴线）旋转一个给定的部分圆周时，在任一测量平面内的径向圆跳动量均不得大于0.2
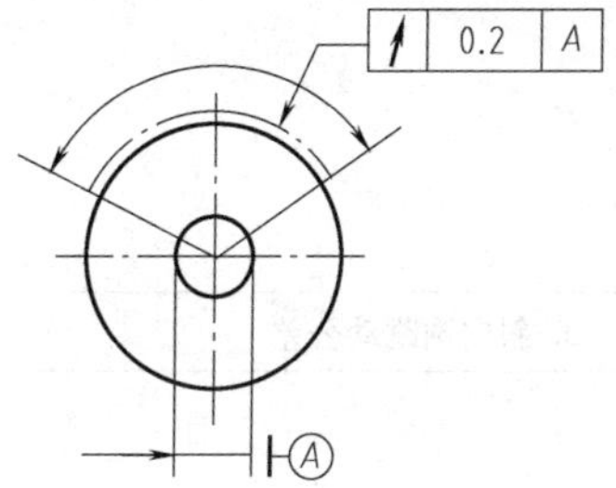
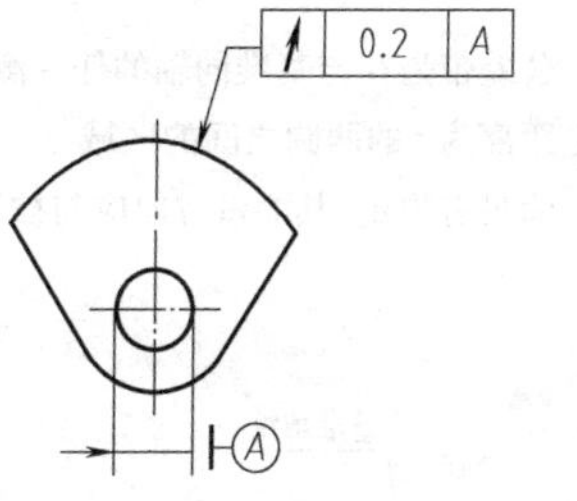
当被测要素围绕公共基准线 A-B（公共基准轴线）旋转一周时，在任一测量平面内的径向圆跳动量均不得大于0.1
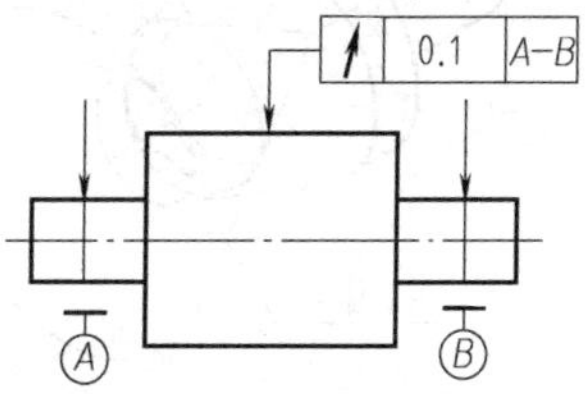</td></tr>
</table>

（续）

名称及符号	公差带定义	标注和解释
	2. 端面圆跳动公差	
圆跳动公差 ↗	公差带是在与基准同轴的任一半径位置的测量圆柱面上距离为 t 的两圆之间的区域 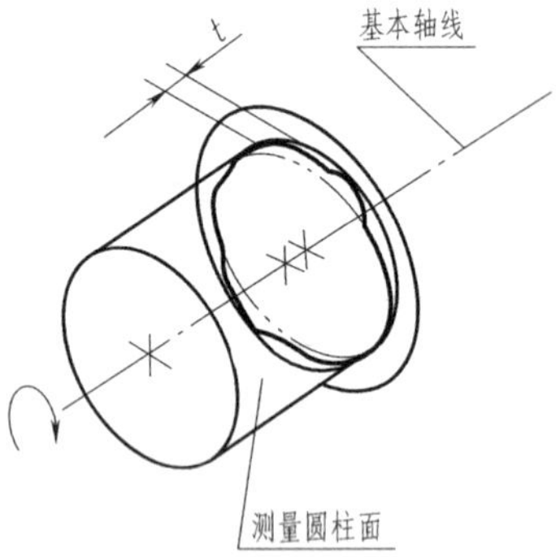	被测面围绕基准线 D（基准轴线）旋转一周时，在任一测量圆柱面内轴向的跳动量均不得大于0.1 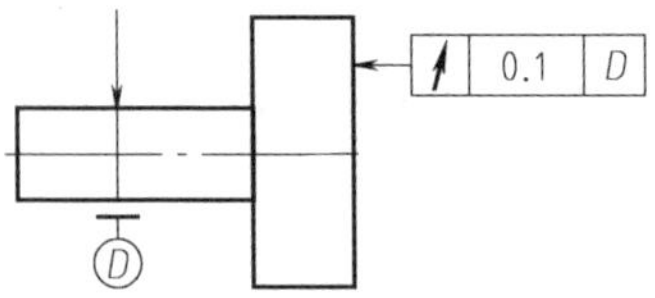
	3. 斜向圆跳动公差	
	公差带是在与基准同轴的任一测量圆锥面上距离为 t 的两圆之间的区域 除另有规定，其测量方向应与被测面垂直 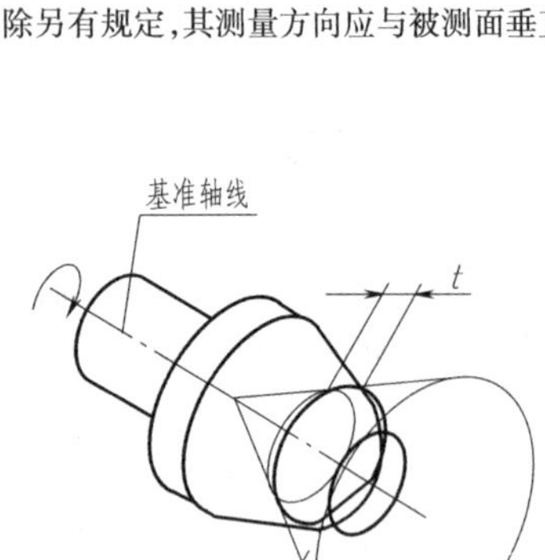	被测面绕基准线 C（基准轴线）旋转一周时，在任一测量圆锥面上的跳动量均不得大于0.1 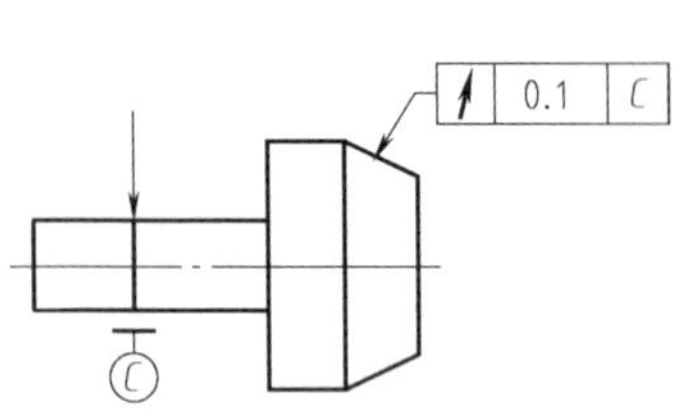

（续）

名称及符号	公差带定义	标注和解释
	3. 斜向圆跳动公差	
	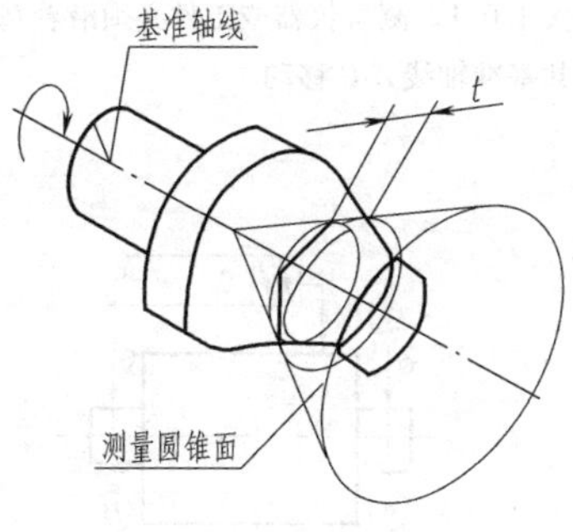	被测曲面绕基准线 C（基准轴线）旋转一周时，在任一测量圆锥面上的跳动量均不得大于 0.1 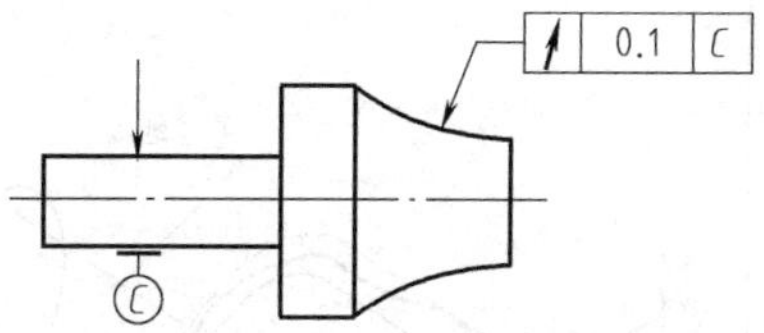
圆跳动公差 ↗	4. 斜向（给定角度的）圆跳动公差	
	公差带是在与基准同轴的任一给定角度的测量圆锥面上，距离为公差值 t 的两圆之间的区域 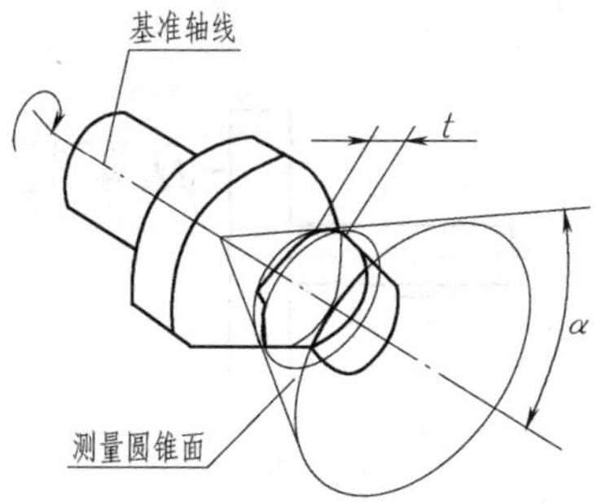	被测面绕基准线 A（基准轴线）旋转一周时，在给定角度为 60°的任一测量圆锥面上的跳动量均不得大于 0.1 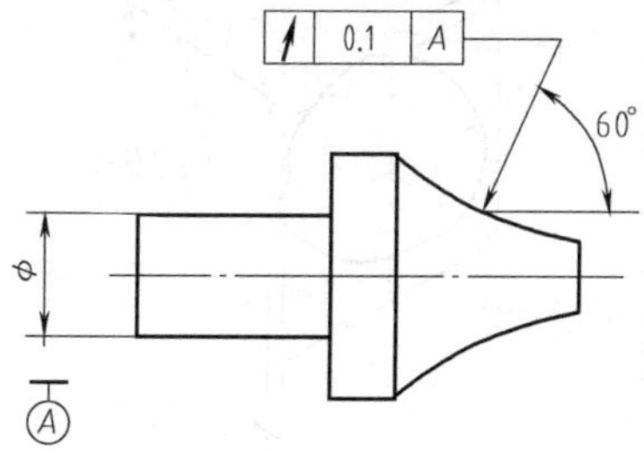

（续）

名称及符号	公差带定义	标注和解释
全跳动公差 $\not\,\not\!\!\!\sqcup$	1. 径向全跳动公差	
	公差带是半径差为公差值 t 且与基准同轴的两圆柱面之间的区域 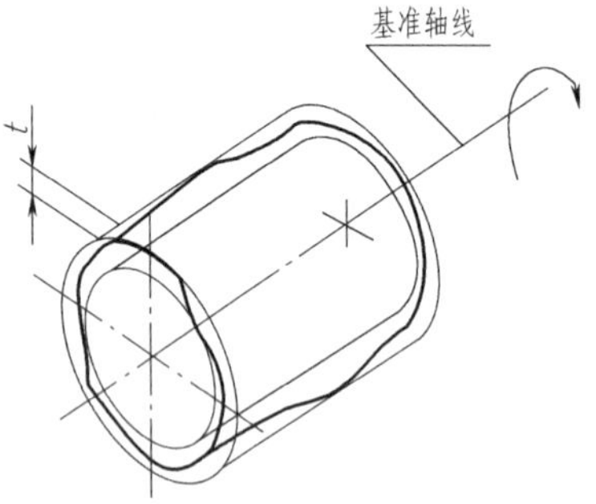	被测要素围绕公共基准线 *A-B* 作若干次旋转，并在测量仪器与工件间同时作轴向的相对移动时，被测要素上各点间的示值差均不得大于0.1。测量仪器或工件必须沿着基准轴线方向并相对于公共基准轴线 *A-B* 移动 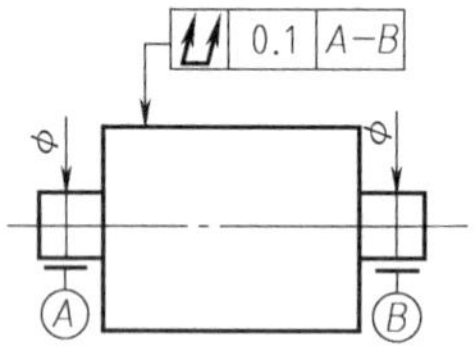
	2. 端面全跳动公差	
	公差带是距离为公差值 t 且与基准垂直的两平行平面之间的区域 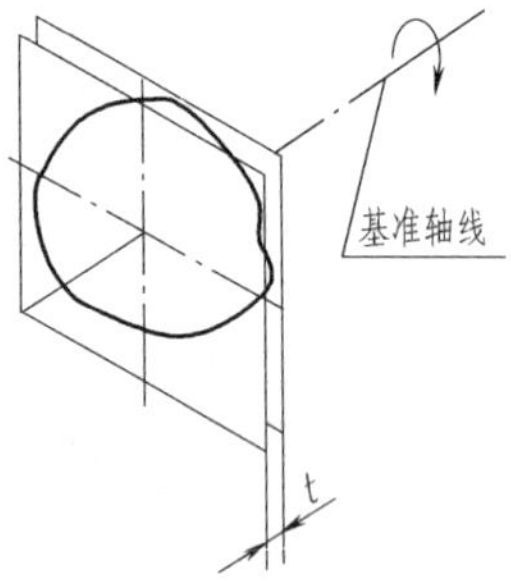	被测要素围绕基准轴线 *D* 作若干次旋转，并在测量仪器与工件间作径向相对移动时，在被测要素上各点间的示值差均不得大于0.1。测量仪器或工件必须沿着轮廓具有理想正确形状的线和相对于基准轴线 *D* 的正确方向移动 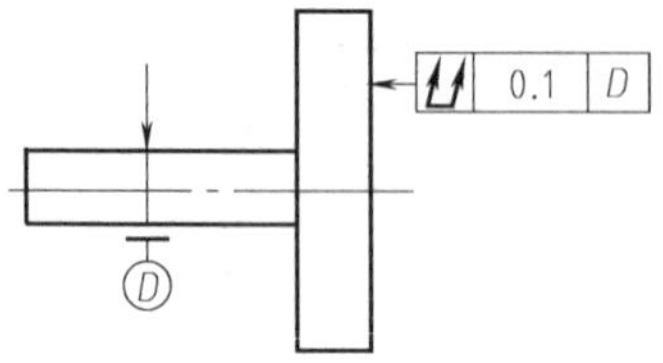

五、形位公差的标注

1. 形位公差框格形式

形位公差在图样上用框格的形式标注。公差框格应水平或垂直绘制，其线型为细实线。框格内容包括特征符号、公差值及相关符号、基准字母及相关符号。形位公差代号框格说明见表 7-6。

表 7-6　形位公差的代号

形 位 公 差	基 准 符 号
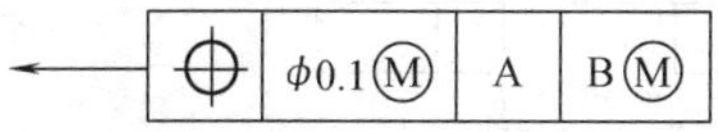 	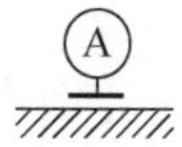
公差框格分成两格或多格，框格内从左到右填写以下内容： 第一格为形位公差项目符号 第二格为形位公差数值和有关符号 第三格和以后各格为基准字母和有关符号 公差框格应尽量水平绘制，允许垂直绘制，其线型为细实线	基准符号由基准字母、圆圈、连线和粗短线组成 基准字母用大写的拉丁字母表示（不用 E、I、J、M、O、P、L、R、F） 无论基准符号在图样中的方向如何，圆圈内的字母都应水平书写

2. 框格引线标注方法

特征符号、公差值及相关符号可由国家相关标准表查出。基准字母由大写英文字母 A、B、C 等（E、I、J、M 等不可用）表示。单一基准由一个字母表示；基准体系由二或三个字母表示，分别为第Ⅰ基准、第Ⅱ基准和第Ⅲ基准。

形位公差标注如图 7-13 所示。

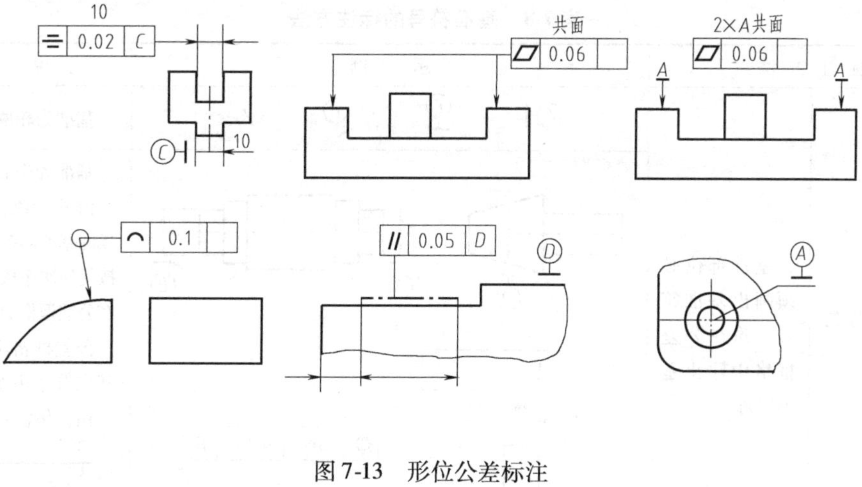

图 7-13　形位公差标注

详细的框格指引线标注方法见表 7-7。

表 7-7　公差框格指引线的标注方法

标 注 方 法		示　　例	说　　明
指引线结构，指引线与框格的连接	指引线由指示箭头和指引线构成，自框格的左端或右端引出	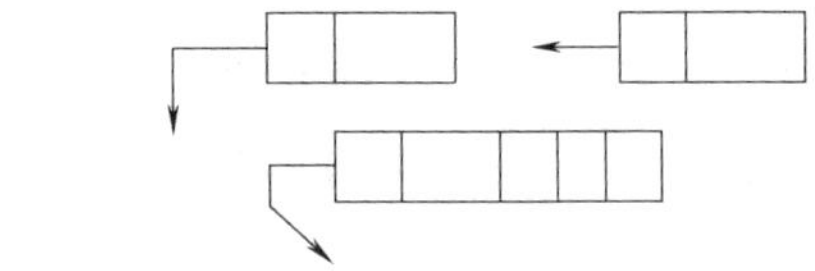 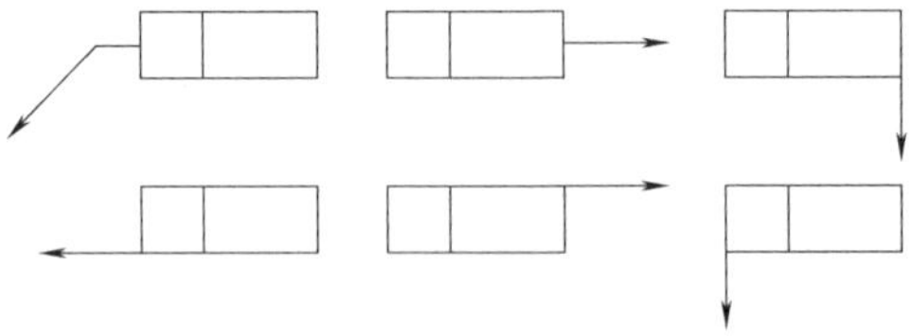	指引线可以曲折，但不得多于两次 为简便起见，允许自框格的侧边直接引出
指示箭头所指的方向	指示箭头应指向公差带的宽度或直径方向	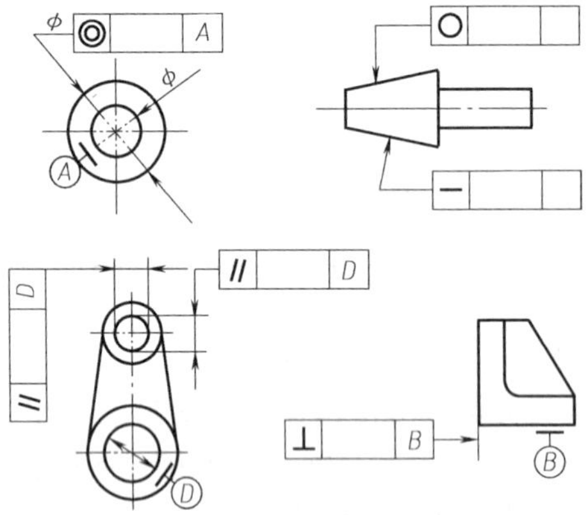	对于圆形公差带，指示箭头的方向是公差带直径的方向

3. 基准符号标注方法

基准符号的标注方法见表 7-8。

表 7-8　基准符号的标注方法

标 注 方 法		示　　例	说　　明
基准符号的标注	基准部位必须画出基准符号，并在公差框格中注出基准字母		基准为轮廓要素
		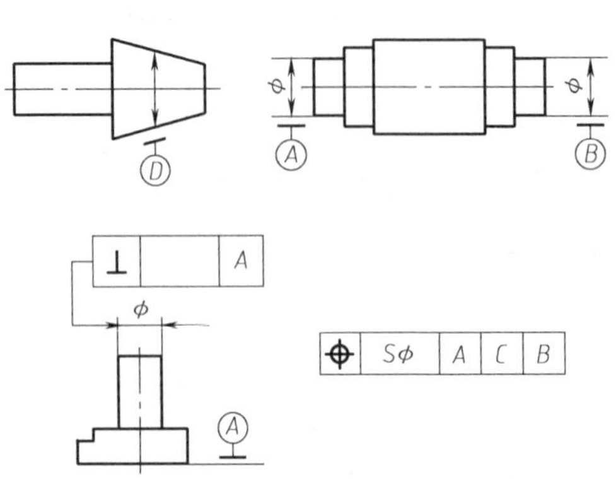	基准为中心要素： 由两个或三个要素组成的基准体系，基准字母按优先次序从左至右填写在公差框格的各格中 公差框格不能直接与基准符号相连 错误标注： 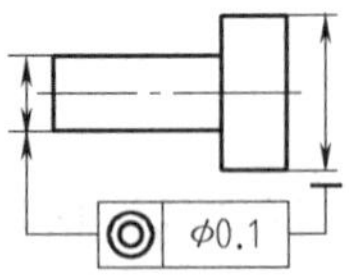

4. 被测要素的标注方法

被测要素的标注方法，见表7-9。

表7-9　被测要素的标注方法

被测要素	标注方法	示　　例	说　　明
轮廓要素	当被测要素为轮廓线或表面时，指引线的箭头应指在该要素的轮廓线或其引出线上，并应明显地与尺寸线错开	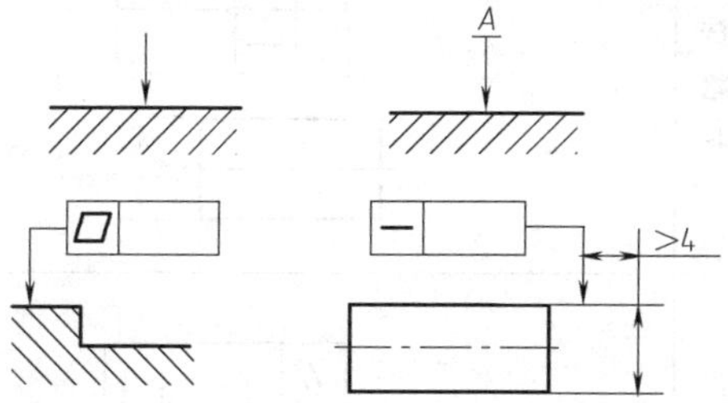	对于轮廓要素，该指引线的箭头不得与尺寸线对齐，应与尺寸线至少错开4mm
实际要素	当被测要素为实际表面时，指引线的箭头可置于带点的参考线上，该点指在实际表面上	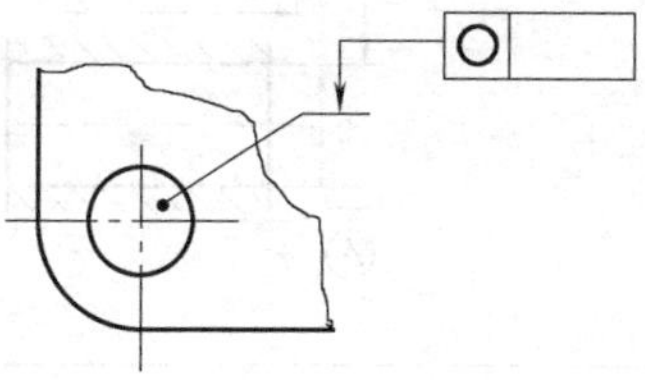	不可漏标圆点
中心要素	当被测要素为轴线、球心或中心平面时，指引线的箭头应与该要素的尺寸线对齐，即带箭头的指引线应与尺寸线的延长线重合	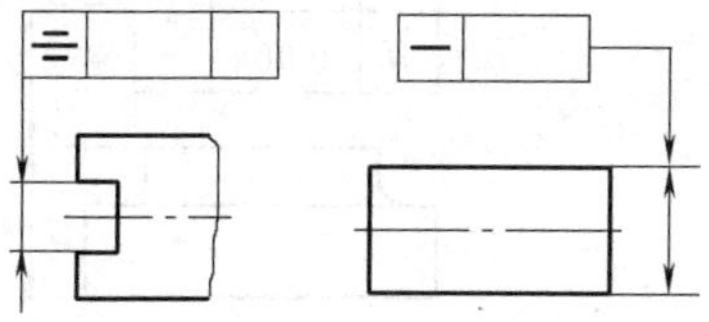	当箭头与尺寸线的箭头重叠时，可代替尺寸线的箭头 若中心要素尺寸线于图样中其他处出现过，则指示箭头可与该要素的空白尺寸线对齐
圆锥体轴线	当被测要素为圆锥体的轴线时，指引线的箭头应与圆锥体的直径尺寸线（大端或小端）对齐	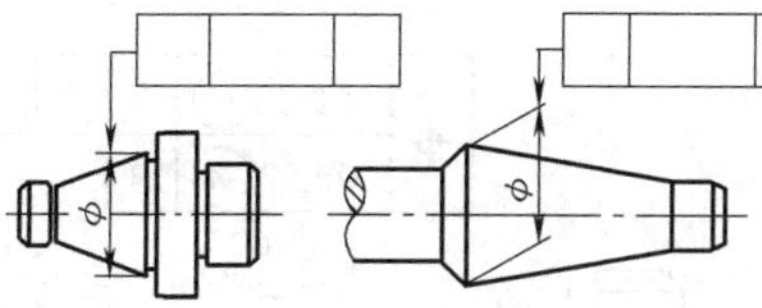	错误标注： 指引线的箭头不能直接指向轴线 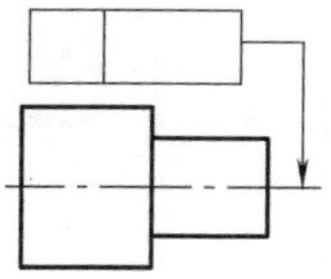
	如直径尺寸不能明显地区别圆锥体和圆柱体时，则应在圆锥体内画出空白的尺寸线，并将指引线的箭头与该空白尺寸线对齐	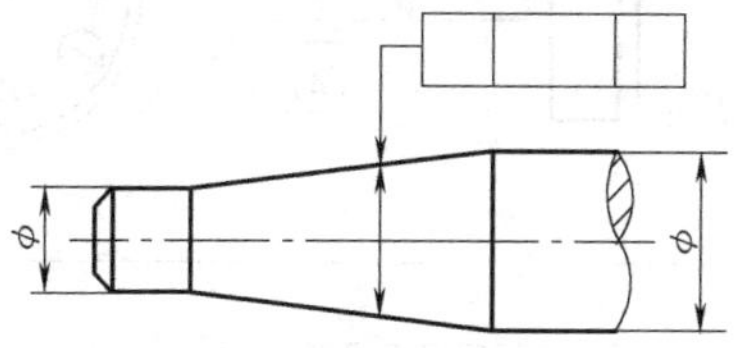	
	如圆锥体采用角度尺寸标注，则指引线的箭头应对着该角度尺寸线画出，且箭头后的指引线与被测轴线垂直	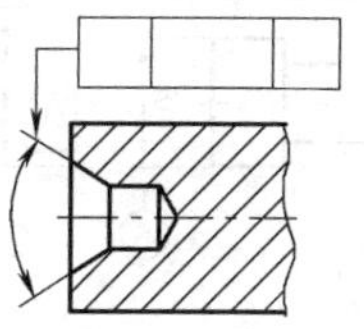	错误标注 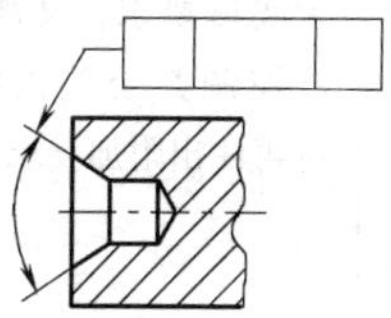

被测要素的简化标注，见表7-10。

表7-10　被测要素的简化注法

<table>
<tr><th colspan="2">标 注 方 法</th><th>示　　例</th><th>说　　明</th></tr>
<tr><td colspan="2">当同一个被测要素有多项形位公差要求，其标注方法又一致时，可以将这些框格绘制在一起，并引用一根指引线</td><td>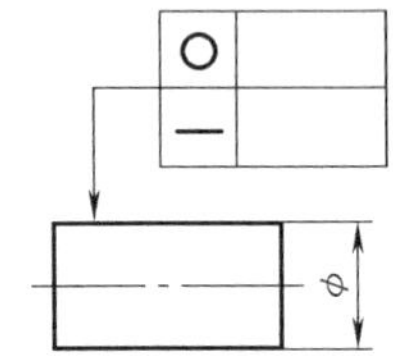</td><td>各形位公差必须对同一个要素或标注方法相同的被测要素提出要求
各形位公差的标注方法要一致</td></tr>
<tr><td rowspan="4">三种控制方法</td><td>分项控制，如标注圆柱度公差在检测方面有困难时，可分别用横剖面和轴向剖面的公差项目分项控制</td><td>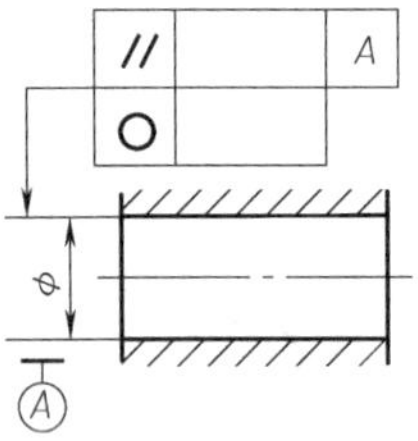
</td><td></td></tr>
<tr><td rowspan="2">联合控制，如在位置度公差中对形状或定向公差提出进一步要求</td><td>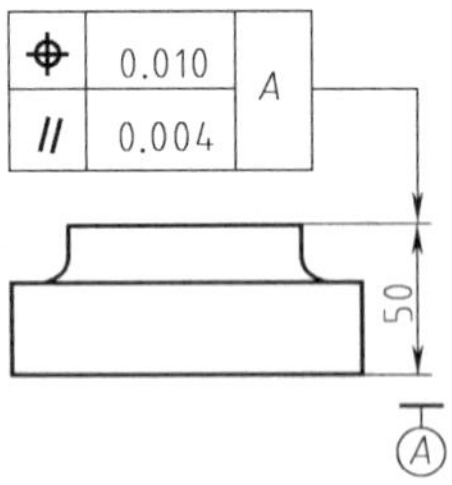
</td><td>作进一步控制的公差框格一般应放在框格的下方</td></tr>
<tr><td>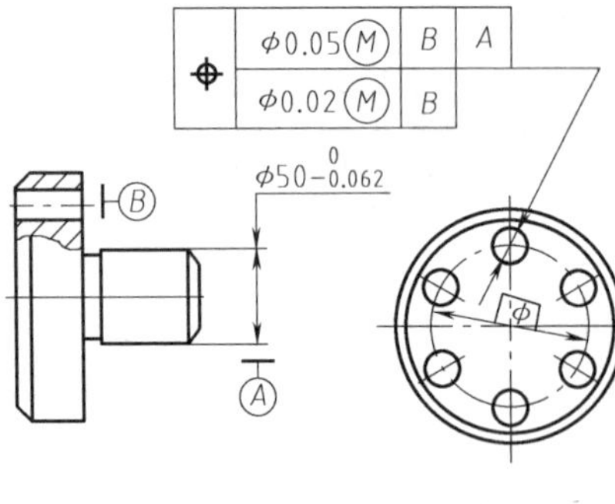
</td><td>对于复合位置度公差，应将孔组相对于基准体系位置度要求的公差框格画在上方，对孔组内各孔之间位置度要求的公差框格画在下方</td></tr>
<tr><td>附加控制，如采用最大实体要求，又需进一步控制其公差极限时，可再注出附加要求</td><td>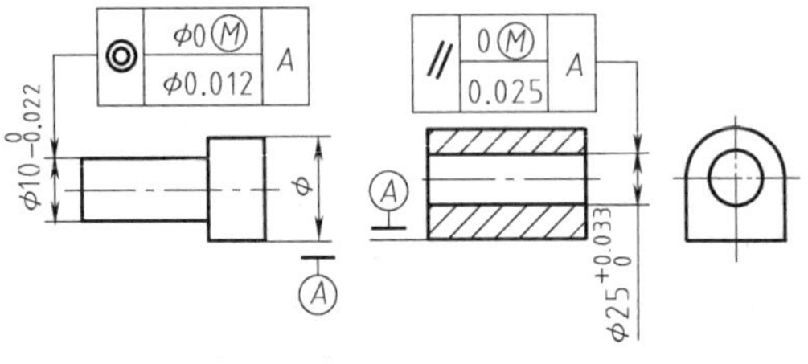
</td><td>附加控制的公差值应注在下方</td></tr>
</table>

（续）

<table>
<tr><th>标注方法</th><th>示　例</th><th>说　明</th></tr>
<tr>
<td>当多个被测要素有相同的形位公差（单项或多项）要求时，可以在从框格引出的指引线上绘制多个指示箭头，并分别与被测要素相连</td>
<td>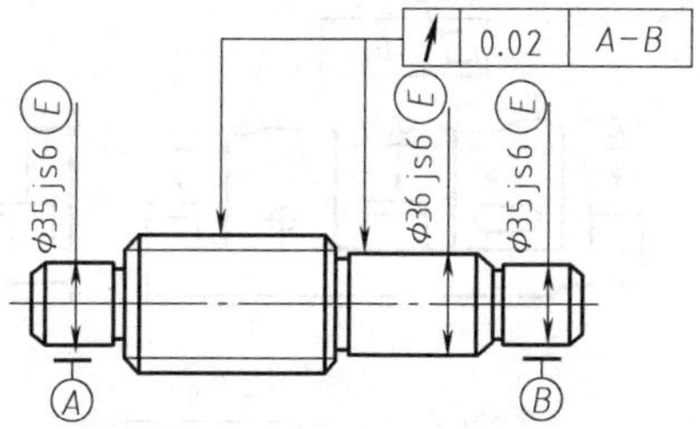

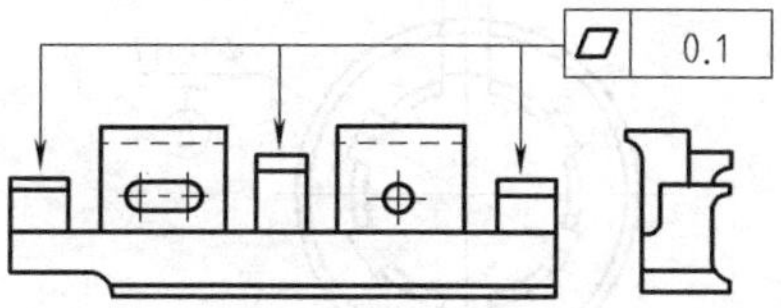
</td>
<td>错误标注：
1）指引线箭头不能自框格的两端同时引出：
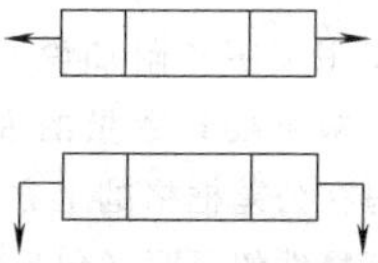
2）不能在一根引线上画出多个同方向的箭头，如下图：
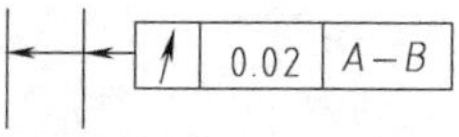
</td>
</tr>
<tr>
<td>用同一公差带控制几个被测要素时，应在公差框格上注明“共面”或“共线”</td>
<td>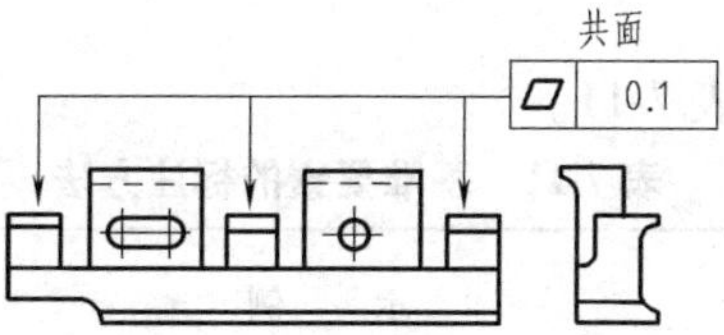
</td>
<td></td>
</tr>
<tr>
<td>当多个被测要素有相同的多项形位公差要求时，可以把多个框格联合在一起，自其一端引出多个指引线箭头</td>
<td>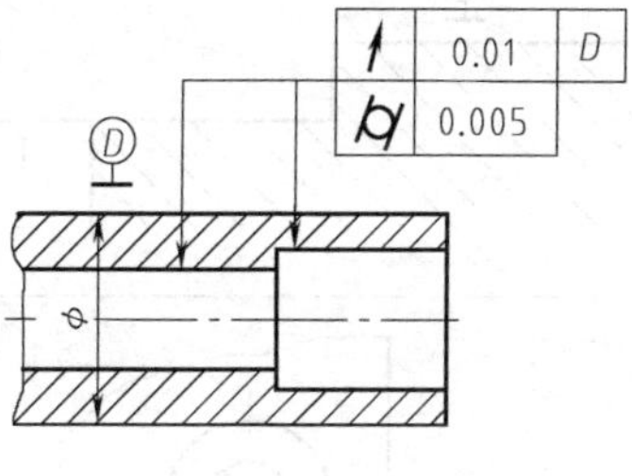
</td>
<td></td>
</tr>
<tr>
<td>为了说明公差框格中所标注的形位公差的其他附加要求，或为了简化标注方法，可以在公差框格的周围（一般是上方或下方）附加文字说明</td>
<td>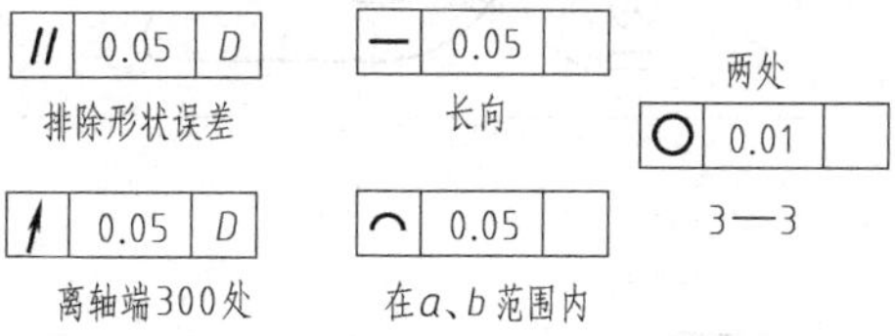

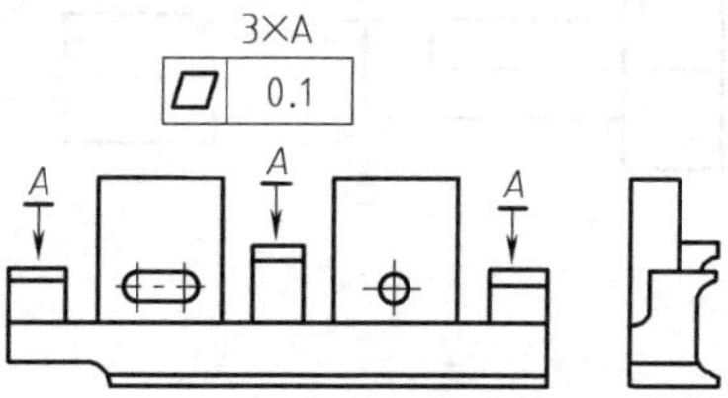
</td>
<td>当一个以上要素作为被测要素时，如3个要素，应在框格上方标明“3×A”或“3×A共面”等</td>
</tr>
</table>

（续）

标注方法	示　　例	说　　明
在用文字作附加说明时，属于被测要素数量的说明，应写在公差框格的上方；属于解释性的说明（包括对测量方法的要求等）应写在公差框格的下方	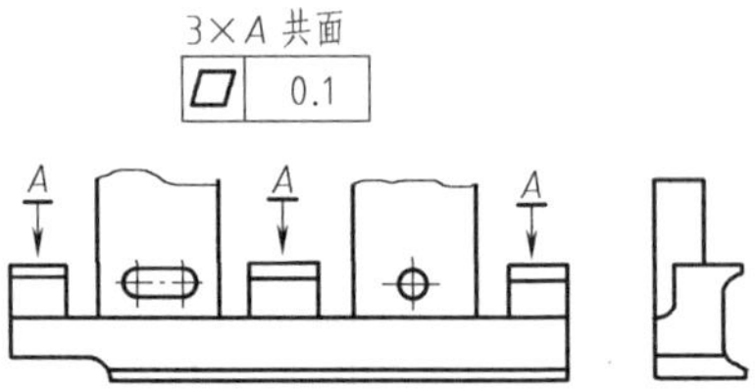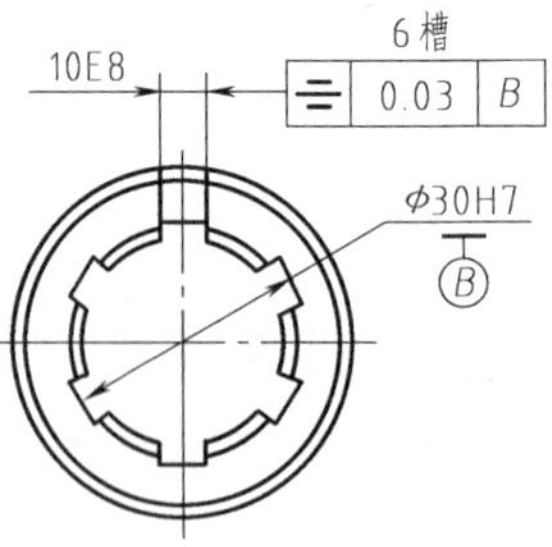	当一个以上要素作为被测要素时，如6个要素，应在框格上方标明“6×”或“6槽”等

基准要素的标注方法，见表7-11。

表7-11　基准要素的标注方法

基准要素	标注方法	示　　例	说　　明
轮廓要素基准	当基准要素为轮廓线或表面时，基准符号应置于该要素轮廓线或其引出线标注，并应明显地与尺寸线错开	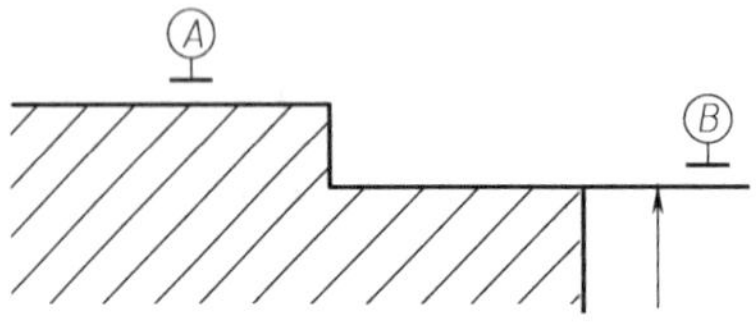	对于轮廓要素，基准应与尺寸线至少错开4mm
实际表面基准	基准符号可置于用圆点指向实际表面的参考线上	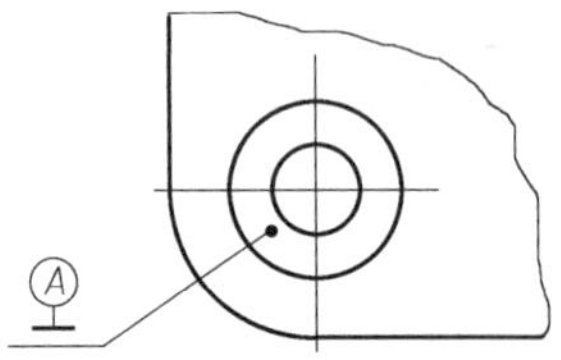	不可漏标圆点
中心要素基准	当基准要素是轴线或中心平面或由带尺寸要素确定的点时，基准符号的连线应与该要素的尺寸线对齐	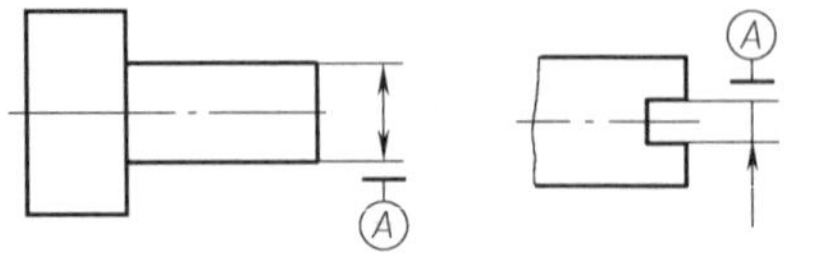	当基准符号与尺寸线的箭头重叠时，可代替尺寸线的箭头 错误标注： 基准符号不能直接标注在中心线上 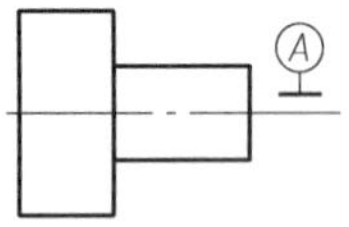

（续）

基准要素	标注方法	示　例	说　明
单一基准要素	应在公差框格的第三格内填写与基准字母相同的字母	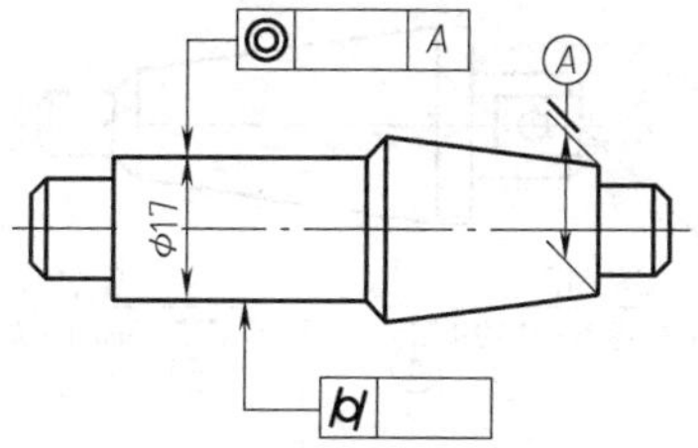	
公共基准要素	由两个要素组成的公共基准，在公差框格的第三格内填写与基准字母相同的两个字母，字母之间用短横线隔开	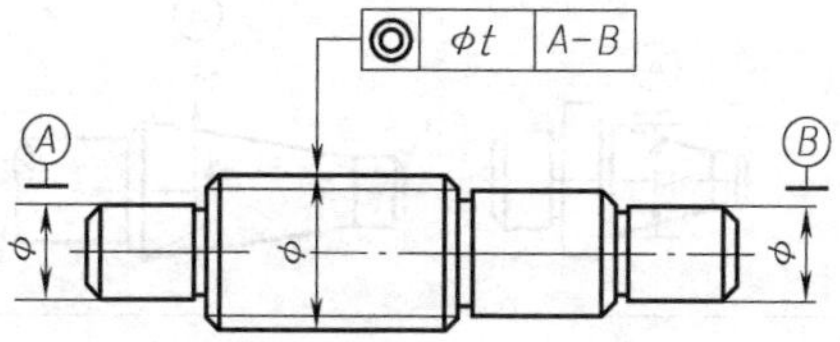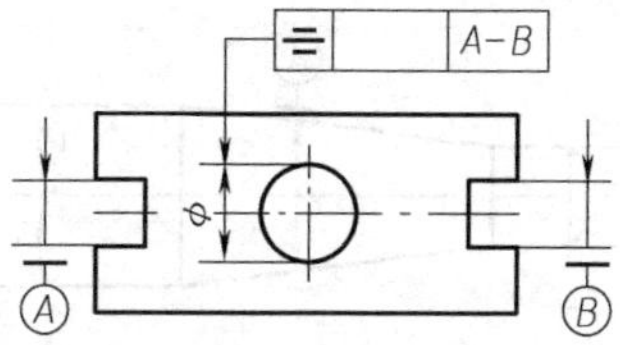	凡由两个或两个以上的要素构成一独立基准符号，都称为公共基准，例如公共轴线、公共平面、公共对称平面等 公共基准无论由多少要素组合而成，都只能理解为一个基准
多个基准组合	当基准采用三基准体系中两个或三个基准平面时，应在公差框格中自第三格开始，按基准的优先次序在从左到右的每格内顺序填写相应的基准字母	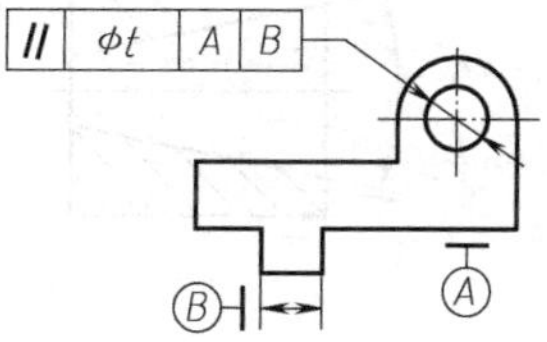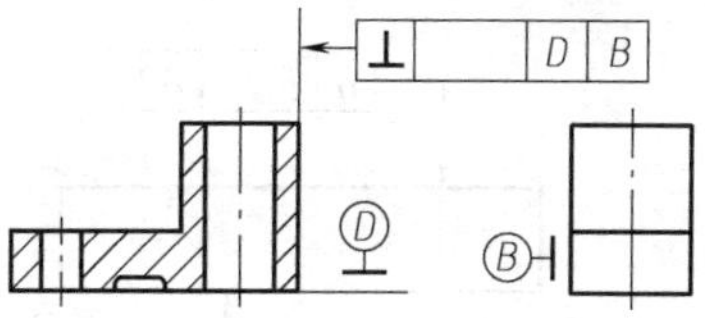	图中的基准平面都是三基准体系中的相应基准平面，有一定先后顺序关系，不能颠倒 1）第一基准，即最大或最主要的表面（定位时应有三点接触） 2）第二基准，即次大或次要的表面（定位时应有两点接触） 3）第三基准，即定位时应有一点接触 顺序的区分取决于所在框格的位置次序，与英文字母的次序无关
中心孔基准	当基准要素为中心孔时，基准符号可标注在中心孔引出线的下方	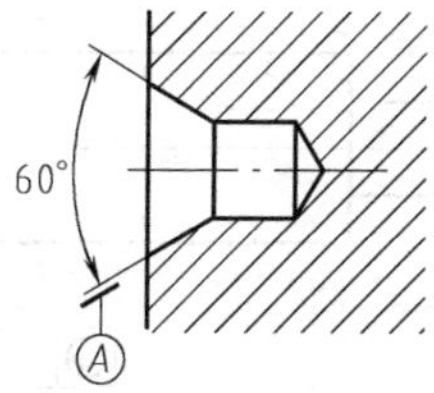	当中心孔用局部放大图直接绘出时，则基准符号标注在角度尺寸线上

（续）

基准要素	标注方法	示例	说明
圆锥体轴线基准	当基准要素为圆锥体轴线时，基准符号的连线应与圆锥体的大端（或小端）直径尺寸线对齐	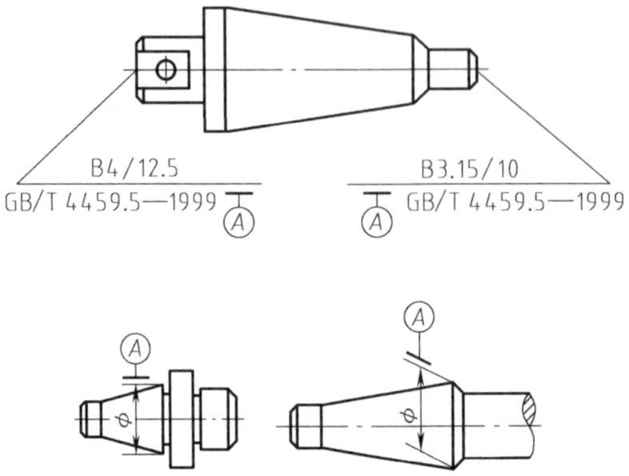	中心孔用代号标注时，则基准符号与中心孔代号一起标注 基准符号的连线必须与基准要素垂直 错误标注： 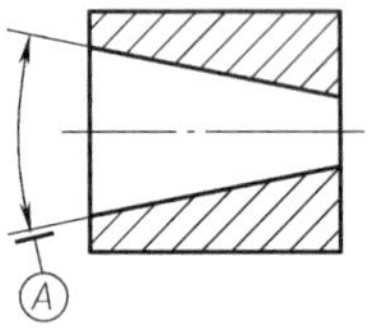
圆锥体轴线基准	如直径尺寸不能明显地区别圆锥体和圆柱体时，则在圆锥体内画出空白尺寸线，并将基准符号与该空白尺寸线对齐	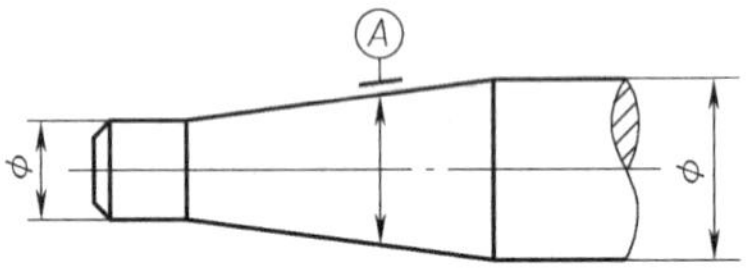	
	如圆锥体采用角度尺寸标注，则基准符号应对着该角度尺寸线画出，连线与锥孔轴线垂直	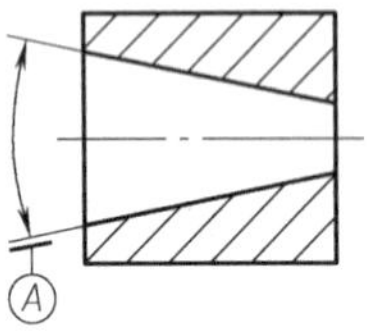	
任选基准的标注	将原来的基准符号的粗短线改为箭头即可	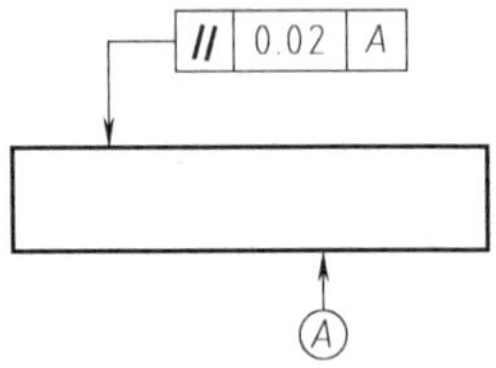 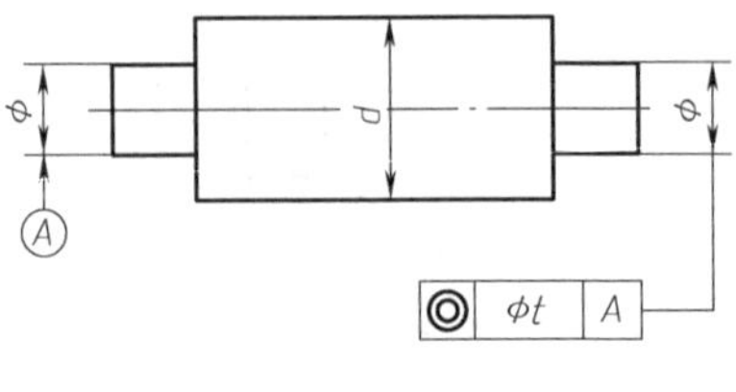	某些零件因结构性能要求，两面形状相同，无法区分（如量块、方箱表面、连杆端面、水泵体的两端面等），此时，不应指定哪一个要素为基准，而应要求无论选哪个要素为基准，检测另一个要素都能符合设计要求，即采用任选基准 采用任选基准的实际要求比指定基准更加严格，检测更麻烦

（续）

基准要素	标注方法	示例	说明
局部基准的标注	如要求要素的某一部分作为基准，用粗点画线表示该局部基准，并加注尺寸	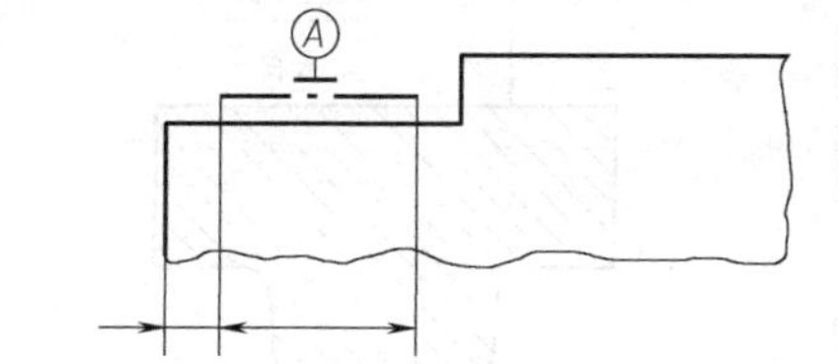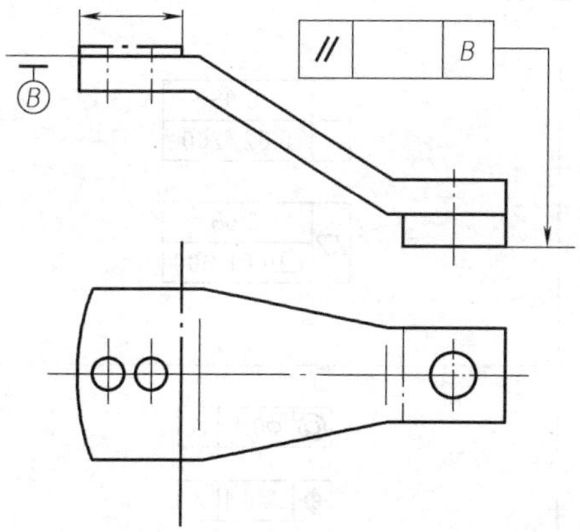	为了能确切反映基准实际情况，以要素的某一局部范围作基准

公差数值和有关符号的标注方法，见表 7-12。

表 7-12　公差数值和有关符号的标注方法

	标注方法	示例	说明
公差数值	如果图样上所标注的形位公差无附加说明，则被测范围为箭头所指的整个轮廓要素或中心要素	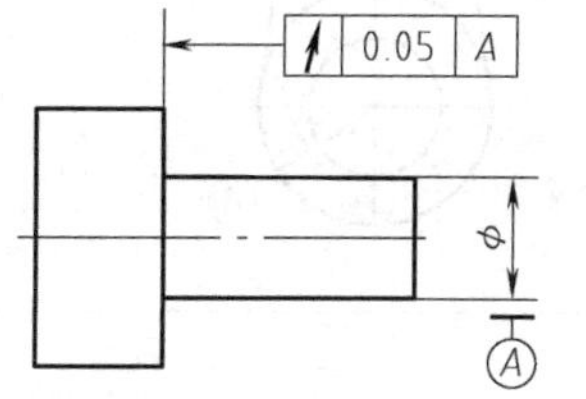	在公差框格内的公差值都是指公差带的宽度或直径，如果不加说明，是指被测表面的全部范围
	公差框格仅控制被测要素的某给定位置时，可在框格下方附加文字说明	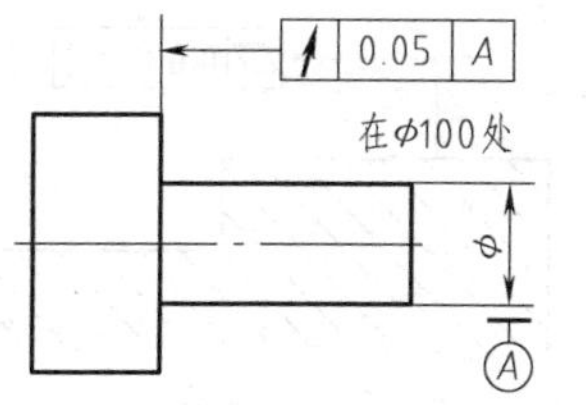	如果公差框格仅控制被测要素的某一部分或某一给定位置上的误差，则必须直接标注出其位置或用文字附加说明
	如需给出被测要素任一范围（面积）的公差值时，标注方法如示例所示	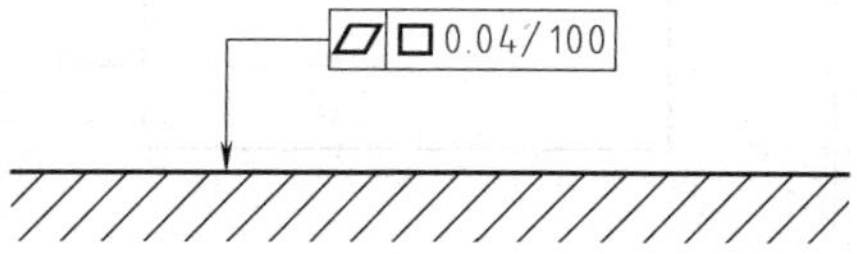	指定任意范围或任意长度。示例表示在整个表面内任意 100mm × 100mm 的面积内，平面度误差不得大于 0.04mm

(续)

标注方法		示例	说明
公差数值	如需给出被测要素任一范围（或长度）的公差值时，标注方法如示例所示	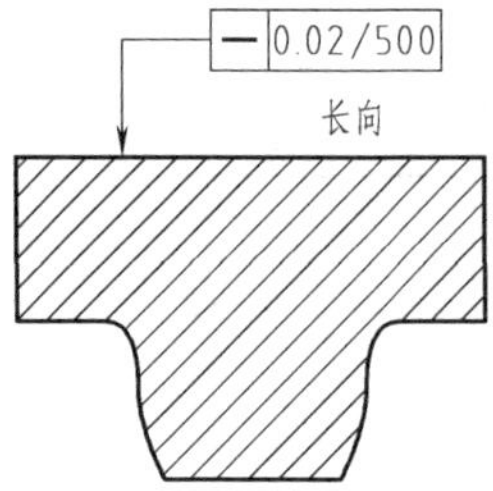	在整个被测表面长向上，任意500mm的长度内，直线度误差不得大于0.02mm
	如对同一要素的公差值在全部被测要素内的任一部分有进一步的限制时，该限制部分（长度或面积）的公差值要求应放在公差值的后面，用斜线相隔	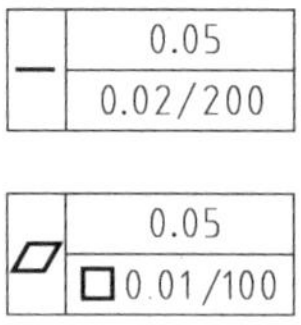	分子表示整个要素（或全长）的公差值，分母表示限制部分（长度或面积）的公差数值。这种限制要求可以直接放在表示全部被测要素公差要求的框格下面
公差带形状和附加要求的符号	当给定的公差带为圆或圆柱时，应在公差值前加注符号“ϕ” 当给定的公差带为球时，应在公差值前加注符号“$S\phi$”	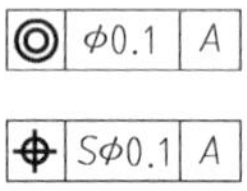	公差值仅表示公差带的宽度或直径，公差带的形状也是形位公差的重要内容
		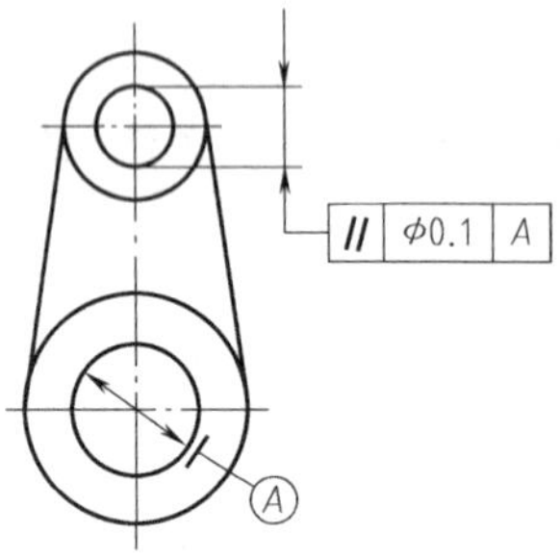	公差值前加“ϕ”，其被测轴线必须位于直径为公差值0.1mm，且平行于基准轴线A的圆柱面内
	在公差带内进一步限定被测要素的形状时，应在相应的公差值后面加注有关符号，如“-”、“+”、“>”和“<”	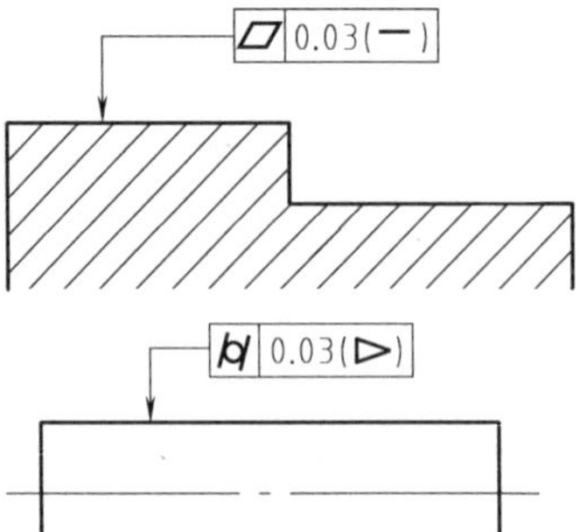	只允许实际要素在公差带范围内产生单向误差 1）图示符号“-”表示实际要素只允许在公差带范围内产生单向凹下 2）图示符号“+”表示实际要素只允许在公差带范围内产生单向凸起 3）图示符号“>”表示实际要素在公差带范围内只允许按符号的小端方向逐渐减小 4）图示符号“<”则允许向右逐渐增大

（续）

标注方法		示　例	说　明
理论正确尺寸	理论正确尺寸应围以框格、零件实际尺寸仅由公差框格中的位置度、轮廓度或倾斜度公差来限定	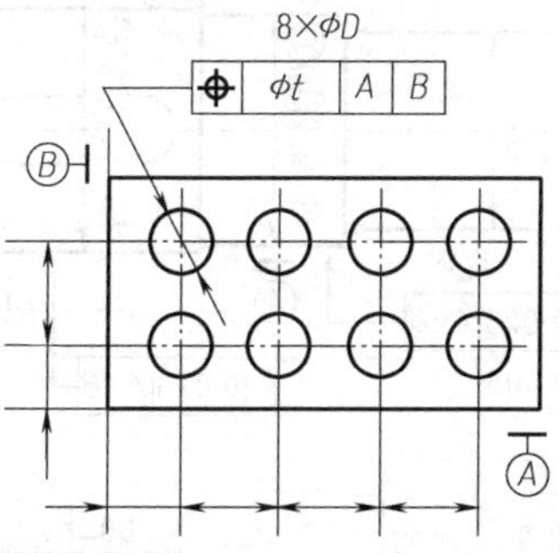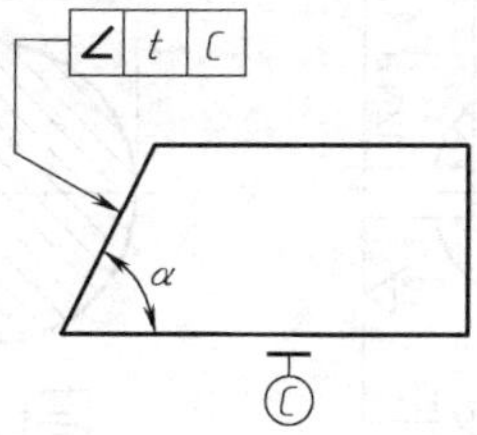	被测要素的理想位置由不带公差的理论正确尺寸确定 倾斜度的倾斜角度由理论正确角度确定

5. 综合标注示例

曲轴零件形位公差标注如图 7-14 所示。

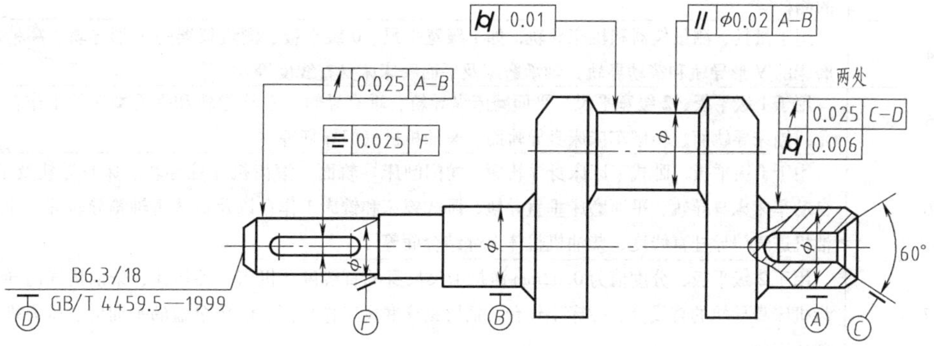

图 7-14　曲轴零件形位公差标注

阶梯轴的表面粗糙度、形位公差标注，如图 7-15 所示。

6. 形位公差等级的应用场合

直线度、平面度公差等级应用场合见表 7-13。

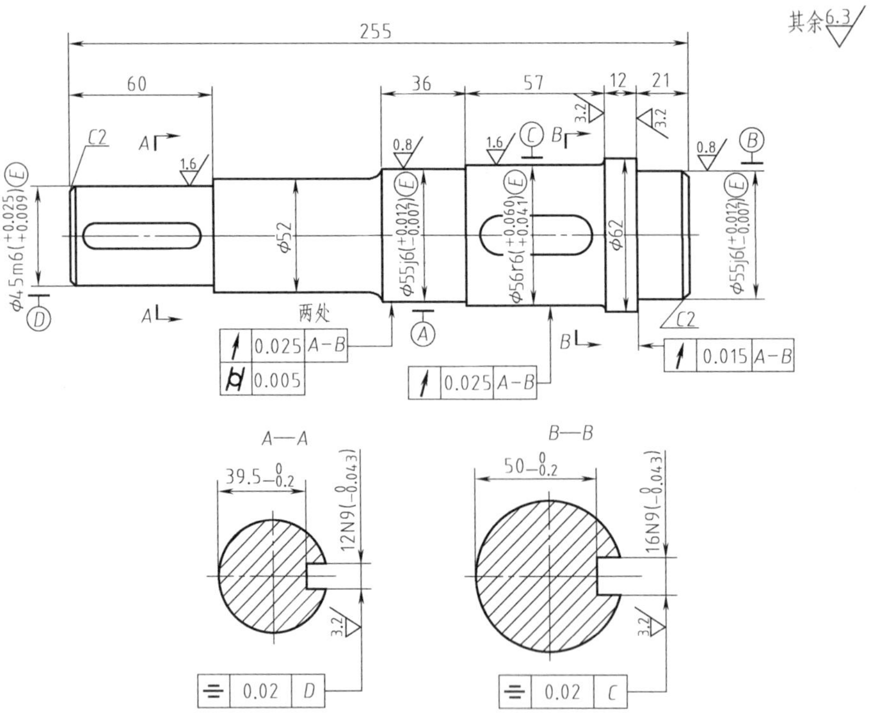

图 7-15　阶梯轴的表面粗糙度、形位公差标注

表 7-13　直线度、平面度公差等级应用场合

公差等级	应用场合
1、2	用于精密量具、测量仪器以及精度要求较高的精密机械零件，如 0 级样板、平尺、0 级宽平尺、工具显微镜等精密测量仪器的导轨面、喷油嘴针阀体端面平面度、液压泵柱塞套端面的平面度等
3	用于 0 级及 1 级宽平尺工作面、1 级样板平尺的工作面、测量仪器圆弧导轨的直线度、测量仪器的测杆等
4	用于量具、测量仪器和机床导轨，如 1 级宽平尺、0 级平板、测量仪器的 V 形导轨、高精度平面磨床的 V 形导轨和滚动导轨、轴承磨床及平面磨床床身直线度等
5	用于 1 级平板、2 级宽平尺、平面磨床纵导轨、垂直导轨、立柱导轨和平面磨床的工作台、液压龙门刨床导轨面、转塔车床床身导轨面、柴油机进气门导杆等
6	用于 1 级平板、卧式车床床身导轨面、龙门刨床导轨面、滚齿机立柱导轨、床身导轨及工作台、自动车床床身导轨、平面磨床垂直导轨、卧式镗床和铣床工作台以及机床主轴箱导轨等工作面、柴油机进气门导杆直线度、柴油机机体上部结合面等
7	用于 2 级平板、分度值为 0.02mm 游标卡尺尺身的直线度、机床主轴箱体、柴油机气门导杆、滚齿机床身导轨的直线度、镗床工作台、摇臂钻床底座工作台面、液压泵盖的平面度、压力机导轨及滑块工作面
8	用于 2 级平板、车床溜板箱体、机床主轴箱体、机床传动箱体、自动车床底座的直线度、气缸盖结合面、气缸座、内燃机连杆分离面的平面度、减速机壳体的结合面
9	用于 3 级平板、机床溜板箱、立式钻床工作台、螺纹磨床的交换齿轮架、金相显微镜的载物台、柴油机气缸体连杆的分离面、缸盖的结合面、阀片的平面度、空气压缩机气缸体、柴油机缸孔环面的平面度以及辅助机构及手动机械的支承面
10	用于 3 级平板、自动车床床身底面的平面度、车床交换齿轮架的平面度、柴油机气缸体、摩托车的曲轴箱体、汽车变速箱的壳体与汽车发动机缸盖结合面、阀片的平面度以及液压管件和法兰的连接面等
11、12	用于易变形的薄片零件，如离合器的摩擦片、汽车发动机缸盖的结合面等

圆度、圆柱度公差等级应用场合见表7-14。

表7-14　圆度、圆柱度公差等级应用场合

公差等级	应用场合
1	高精度量仪主轴、高精度机床主轴、滚动轴承滚珠和滚柱面等
2	精密量仪主轴、外套、阀套，高压油泵柱塞及套、纺锭轴承，高速柴油机进、排气门，精密机床主轴轴颈，针阀圆柱表面，喷油泵柱塞及柱塞套
3	工具显微镜套管外圆，高精度外圆磨床轴承，磨床砂轮主轴套筒，喷油嘴针、阀体、高精度微型轴承内外圈
4	较精密机床主轴，精密机床主轴箱孔，高压阀门活塞、活塞销、阀体孔，工具显微镜顶针，高压液压泵柱塞，较高精度滚动轴承配合轴，铣削动力头箱体孔等
5	一般量仪主轴、测杆外圆、陀螺仪轴颈，一般机床主轴，较精密机床主轴及主轴箱孔，柴油机、汽油机活塞、活塞销孔，铣削动力头轴承箱座孔，高压空气压缩机十字头销、活塞，较低精度滚动轴承配合轴等
6	仪表端盖外圆，一般机床主轴及箱体孔，中等压力下液压装置工作面（包括泵、压缩机的活塞和气缸），汽车发动机凸轮轴，纺机锭子，通用减速器轴颈，高速船用发动机曲轴，拖拉机曲轴主轴颈
7	大功率低速柴油机曲轴、活塞、活塞销、连杆、气缸，高速柴油机箱体孔，千斤顶或压力液压缸活塞，液压传动系统的分配机构，机车传动轴，水泵及一般减速器轴颈
8	低速发动机、减速器、大功率曲柄轴轴颈，气压机连杆盖、体，拖拉机气缸体、活塞，炼胶机冷铸轴辊，印刷机传墨辊，内燃机曲轴、柴油机机体孔、凸轮轴、拖拉机、小型船用柴油机气缸套
9	空气压缩机缸体，液压传动筒，通用机械杠杆与拉杆用套筒销子，拖拉机活塞环、套筒孔
10	印染机导布辊、绞车、吊车、起重机滑动轴承轴颈等

平行度、垂直度公差等级应用场合见表7-15。

表7-15　平行度、垂直度公差等级应用场合

公差等级	面对面平行度应用举例	面对线、线对线平行度应用举例	垂直度应用举例
1	高精度机床，高精度测量仪器以及量具等主要基准面和工作面		高精度机床、高精度测量仪器以及量具等主要基准面和工作面
2、3	精密机床，精密测量仪器、量具以及夹具的基准面和工作面	精密机床上重要箱体主轴孔对基准面及对其他孔的要求	精密机床导轨，普通机床重要导轨，机床主轴轴向定位面，精密机床主轴肩端面，滚动轴承座孔端面，齿轮测量仪的心轴，光学分度头心轴端面，精密刀具、量具工作面和基准面
4、5	卧式车床，测量仪器、量具的基准面和工作面，高精度轴承座孔、端盖、挡圈的端面	机床主轴孔对基准面要求，重要轴承孔对基准面要求，床头箱体重要孔间要求，齿轮泵的端面等	普通机床导轨、精密机床重要零件、机床重要支承面、普通机床主轴偏摆、测量仪器、刀、量具、液压传动轴瓦端面、刀量具工作面和基准面

（续）

公差等级	面对面平行度应用举例	面对线、线对线平行度应用举例	垂直度应用举例
6、7、8	一般机床零件的工作面和基准面，一般刀具、量具、夹具	机床一般轴承孔对基准面要求，主轴箱一般孔间要求，主轴花键对定心直径要求，刀具、量具、模具	普通精度机床主要基准面和工作面，回转工作台端面，一般导轨、主轴箱体孔、刀架、砂轮架及工作台回转中心，一般轴肩对其轴线
9、10	低精度零件，重型机械滚动轴承端盖	柴油机和煤气发动机的曲轴孔、轴颈等	花键轴轴肩端面，传动带运输机法兰盘等端面、轴线，手动卷扬机及传动装置中轴承端面，减速器壳体平面等
11、12	零件的非工作面，绞车、运输机上用的减速器壳体平面		农业机械齿轮端面等

同轴度、对称度、径向圆跳动公差等级应用场合见表7-16。

表7-16　同轴度、对称度、径向圆跳动公差等级应用场合

公 差 等级	应 用 场 合
5、6、7	应用范围较广的公差等级。用于形位精度要求较高、尺寸公差等级为IT8及高于IT8的零件。5级常用于机床轴颈，计量仪器的测量杆，汽轮机主轴，柱塞液压泵转子，高精度滚动轴承外圈，一般精度滚动轴承内圈，回转工作台端面跳动。7级用于内燃机曲轴、凸轮轴、齿轮轴、水泵轴、汽车后轮输出轴，电动机转子，P0级精度滚动轴承内圈，印刷机传墨辊的轴颈，键槽
8、9	常用于形位精度要求一般，尺寸公差等级IT9～IT11的零件。8级用于拖拉机发动机分配轴轴颈，与9级精度以下齿轮相配的轴，水泵叶轮，离心泵体，棉花精梳机前后滚子，键槽等。9级用于内燃机气缸套配合面，自行车中轴

第四节　公 差 原 则

在机械零件精度设计中，一些几何要素不仅有尺寸公差要求，还有形状和位置公差要求。为了满足某些配合性质、装配性以及最低强度等要求，对于这些要素提出了尺寸公差与形位公差之间的关系问题。公差原则就是处理尺寸公差与形位公差之间关系的原则。

一、公差原则类型

国家标准GB/T 4249—1996《公差原则》规定了形位公差与尺寸公差之间的关系。

1. 公差原则分类

公差原则按形位公差是否与尺寸公差发生关系，分为独立原则和相关要求。形位公差与尺寸公差之间无关系的为独立原则，有关系的为相关要求。

相关要求则按应用的要素和使用要求的不同又分为包容要求、最大实体要求、最小实体要求和可逆要求。

2. 有关术语定义和符号

公差原则涉及到有关术语定义、符号及其实体极限等概念。从应用标准的角度简略表述国家标准 GB/T 16671—1996《形状和位置公差最大实体要求、最小实体要求和可逆要求》中的有关内容。

(1) 实体状态及实体尺寸　实体状态分为最大实体状态（MMC）和最小实体状态（LMC）。

最大实体状态是实际要素在给定长度上处处位于尺寸极限之内并具有实体最大时的状态，也就是允许材料拥有量最多时的状态。

最小实体状态是实际要素在给定长度上处处位于尺寸极限之内并具有实体最小时的状态，也就是允许材料拥有量最少时的状态。

实体尺寸分为最大实体尺寸（MMS）和最小实体尺寸（LMS）。

最大实体尺寸是实际要素在最大实体状态下的极限尺寸。对于轴，最大实体尺寸就是轴的最大极限尺寸；对于孔，最大实体尺寸就是孔的最小极限尺寸。

最小实体尺寸是实际要素在最小实体状态下的极限尺寸。对于轴，最小实体尺寸就是轴的最小极限尺寸；对于孔，最小实体尺寸就是孔的最大极限尺寸。

(2) 实体实效状态和实体实效尺寸　实体实效状态分为最大实体实效状态（MMVC）和最小实体实效状态（LMVC）。

最大实体实效状态是在给定长度上，实际要素处于最大实体状态且其中心要素的形状或位置误差等于给出公差值时的综合极限状态。

最小实体实效状态是在给定的长度上，实际要素处于最小实体状态且其中心要素的形状或位置误差等于给出公差值时的综合极限状态。

实体实效尺寸分为最大实体实效尺寸（MMVS）和最小实体实效尺寸（LMVS）。

(3) 边界　由设计给定的具有理想形状的极限包容面。边界的尺寸为极限包容面的直径或距离。

边界有最大实体边界、最大实体实效边界和最小实体实效边界。

(4) 最大实体边界　对于被测要素为轴时，其最大实体边界是尺寸为最大实体尺寸，形状为理想的内圆柱面；对于被测要素为孔时，其最大实体边界是尺寸为最大实体尺寸，形状为理想的外圆柱面。

(5) 最大实体实效边界和最小实体实效边界　最大实体实效边界是尺寸为最大实体实效尺寸的边界。

最小实体实效边界是尺寸为最小实体实效尺寸的边界。

二、独立原则（IP）

1. 图样标注

当被测要素的尺寸公差和形位公差采用独立原则时，图样上不做任何附加标记，即无 E、M、L 和 R 符号，如图 7-16a 所示。

独立原则应用于单一要素，如图 7-16a 所示的标注，直径尺寸 ϕ30mm 为注出尺寸公差的尺寸；该轴的轴线直线度公差为 $\phi0.12$mm，为注出的形状公差；长度 50mm 为未注尺寸公差的尺寸；未注出的形位公差有两端面的平面度公差、轴的圆柱度公差和圆度公差、在轴向截面上轴的素线直线度公差、端面相对轴线的垂直度公差等。

独立原则应用于关联要素如图 7-16b 所示。

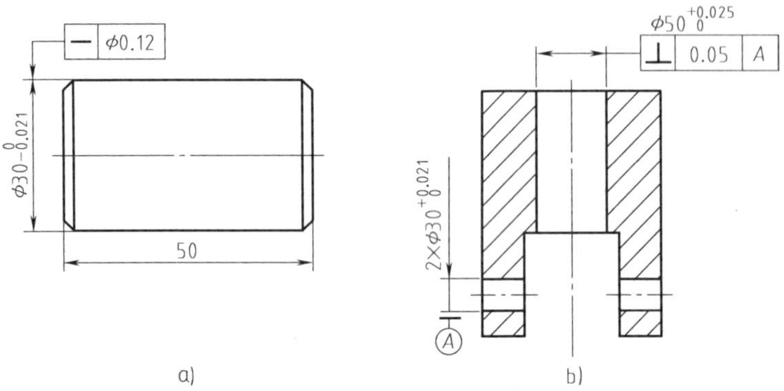

图 7-16　独立原则的标注示例

a）独立原则应用于单一要素　b）独立原则应用于关联要素的标注

2. 被测要素的合格条件

（1）独立原则应用单一要素的合格条件　当被测要素应用独立原则时，被测要素的合格条件是，被测要素的实际尺寸应在其两个极限尺寸之间；被测要素的形位误差应小于或等于形位公差。

（2）独立原则应用关联要素的合格条件　如图 7-16b 所示，被测孔的合格条件是，$\phi50$mm 孔径的实际尺寸应在 50.000 ~ 50.025mm 之间；该孔的轴线应垂直于 $2\times\phi30$mm 公共轴线，其误差值不大于 0.05mm。

3. 被测要素的检测方法和计量器具

当被测要素应用独立原则时，采用的检测方法，是用通用计量器具测量被测要素的实际尺寸和形位误差。

以独立原则应用于单一要素为例，如图 7-16a 所示，可用立式光学比较仪测量轴各部位直径的实际尺寸，再用计量器具测量该轴的轴线直线度误差。

4. 应用场合

独立原则主要应用的场合：一是一般用于非配合的零件；二是应用于零件的形状公差或位置公差要求较高，而对尺寸公差要求又相对较低的场合。

例如，传统印刷机械的滚筒，其尺寸公差要求不高，但对滚筒的圆柱度公差要求较高，以保证滚筒相对滚碾过程中，圆柱素线紧密贴合，使印刷清晰，因此，按独立原则给出注出形状公差，而其尺寸公差则按未注公差处理。又如，台钻工作台面的平面度公差、工作台面对其底面的平行度公差以及它们之间的尺寸公差采用独立原则。

三、包容要求（ER）

包容要求是指被测实际要素处处位于具有理想形状的包容面内的一种公差要求。该理想形状的尺寸为最大实体尺寸。当被测要素偏离了最大实体状态时，可将尺寸公差的一部分或全部补偿给形状公差。因此，它属于相关要求，表明尺寸公差与形状公差有关系。值得注意的是，包容要求仅用于单一要素，如圆柱或两平行表面。

1. 图样标注

在被测要素的尺寸公差后加注符号 E，如图 7-17 所示。图 7-17a、b 为轴应用包容要求，图 7-17c 为孔应用包容要求。

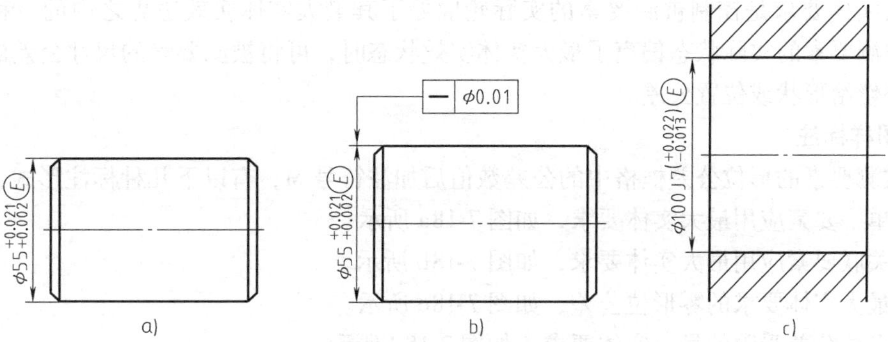

图 7-17　包容要求的标注示例
a)、b）轴应用包容要求　c）孔应用包容要求

2. 被测实际轮廓遵守的理想边界

包容要求遵守的理想边界是最大实体边界。最大实体边界是由最大实体尺寸（MMS）构成的，具有理想形状的边界。例如，被测要素是轴或孔（圆柱面)，则其最大实体边界是直径为最大实体尺寸，形状是理想的内或外圆柱面。

3. 合格条件

被测要素应用包容要求的合格条件，是被测实际轮廓应处处不得超越最大实体边界，其局部实际尺寸不得超出最小实体尺寸。

4. 尺寸公差与形状公差的关系

尺寸公差与形状公差的关系是指在包容要求中，当被测要素的实体状态偏离了最大实体状态时，尺寸公差中的一部分或全部可以补偿给形状公差的一种关系。

5. 计量器具和检测方法

根据被测要素应用包容要求的合格条件，设计和选用计量器具以及检测方法。

1）计量器具。用光滑极限量规检验被测要素。光滑极限量规是一种无刻度的定值量具，它有塞规和卡规两种。塞规检验孔，卡规检验轴。光滑极限量规用于检验的工作量规有通规和止规。通规体现最大实体边界（其中卡规的通规体现最大实体尺寸)，而止规体现最小实体尺寸。

2）检测方法。当孔应用包容要求时，用塞规的通规检验被测孔的实际轮廓。通规通过，表明被测孔的实际轮廓未超越最大实体边界；用塞规的止规检验被测孔的实际尺寸，止规不通过，表明被测孔的局部实际尺寸未超过最小实体尺寸。因此，被检的孔合格。

6. 应用场合

包容要求用于机械零件中配合性质要求较高的配合部位，例如，齿轮孔和轴、回转轴颈和滚动轴承内圈内径以及减速器箱体孔与轴承外圈外径等配合部位。

当相互配合的轴、孔应用包容要求时，合格的轴与合格的孔一一结合，其产生的实际间隙或过盈满足配合性质的要求，即实际间隙或过盈均在两个极限间隙或过盈之间。

四、最大实体要求（MMR）

最大实体要求是控制被测要素的实际轮廓处于其最大实体实效边界之内的一种公差要求。当被测要素的实际状态偏离了最大实体实效状态时，可将被测要素的尺寸公差的一部分或全部补偿给形状或位置公差。

1. 图样标注

在被测要素的形位公差框格中的公差数值后加注符号 M，有以下几种标注形式：

1）单一要素应用最大实体要求，如图 7-18a 所示。

2）关联要素应用最大实体要求，如图 7-18b 所示。

3）最大实体要求的零形位公差，如图 7-18c 所示。

4）形位公差受限的最大实体要求，如图 7-18d 所示。

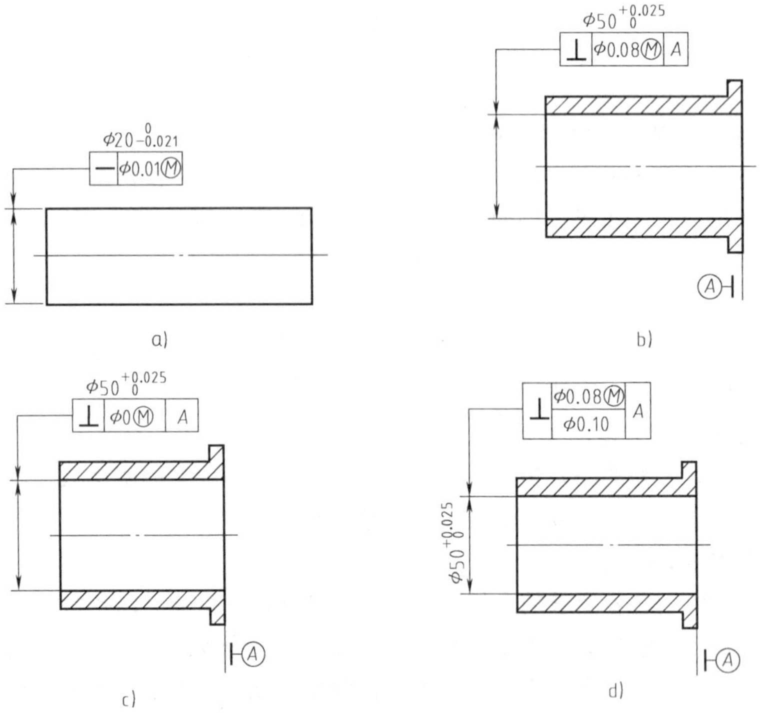

图 7-18　最大实体要求的标注示例

a）单一要素　b）关联要素　c）零形位公差　d）形位公差受限

2. 被测实际轮廓遵守的理想边界

最大实体要求遵守的理想边界是最大实体实效边界。最大实体实效边界是指尺寸为最大实体实效尺寸，形状为理想的边界。

最大实体实效尺寸（MMVS）为

$$MMVS = MMS \pm t$$

3. 合格条件

应用最大实体要求的合格条件是被测实际轮廓应处处不得超越最大实体实效边界，其局部实际尺寸不得超出最大、最小极限尺寸。

4. 应用场合

最大实体要求通常用于对机械零件配合性质要求不高，但要求顺利装配，即保证零件可装配性的场合。例如，减速器输入轴和输出轴的两轴轴端端盖的螺栓孔部位，这些孔轴线的位置度公差可应用最大实体要求，这样能保证四个联接螺栓顺利装配，如图 7-19 和图 7-20 所示。

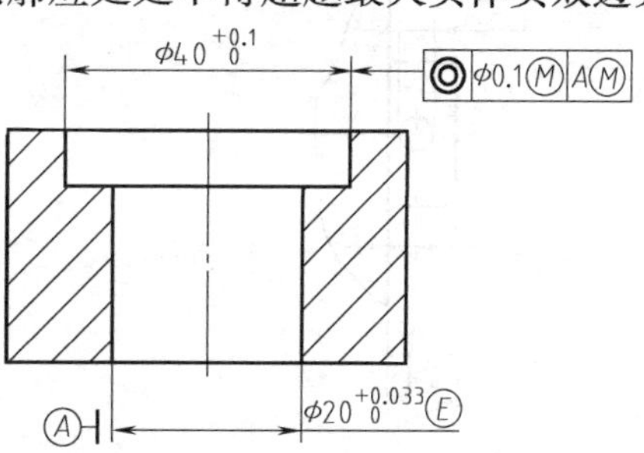

图 7-19　被测要素和基准要素均应用最大实体要求

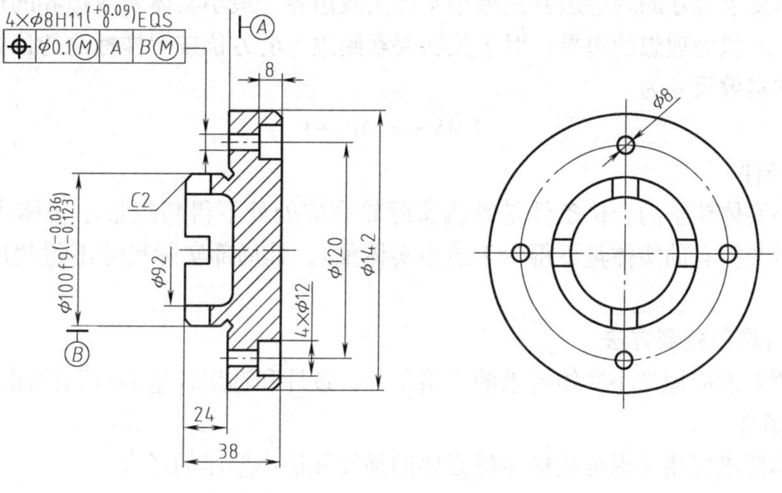

图 7-20　端盖零件图应用示意

五、最小实体要求（LMR）

最小实体要求是控制被测要素的实际轮廓处于其最小实体实效边界之内的公差要求。当被测要素实际状态偏离了最小实体状态时，可将被测要素的尺寸公差的一部分或全部补偿给形位公差。

1. 图样标注

在被测要素的形位公差框格中的公差数值后加注符号 L，有下列三种标注形式。

1）关联要素应用最小实体要求，如图 7-21 所示。

2）被测要素、基准要素均应用最小实体要求，且基准要素本身应用独立原则，如图 7-22 所示。

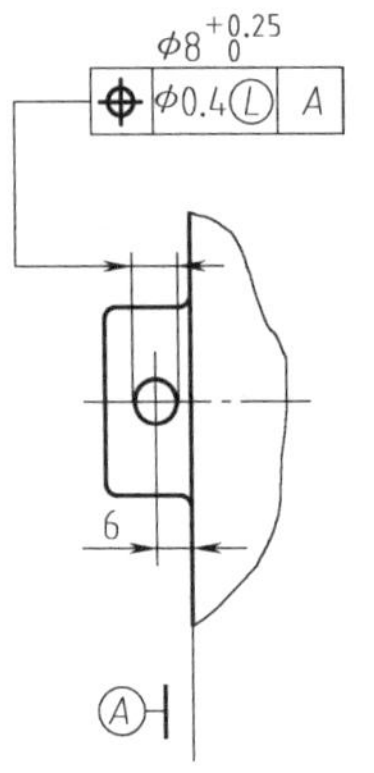

图 7-21　关联要素应用最小实体要求

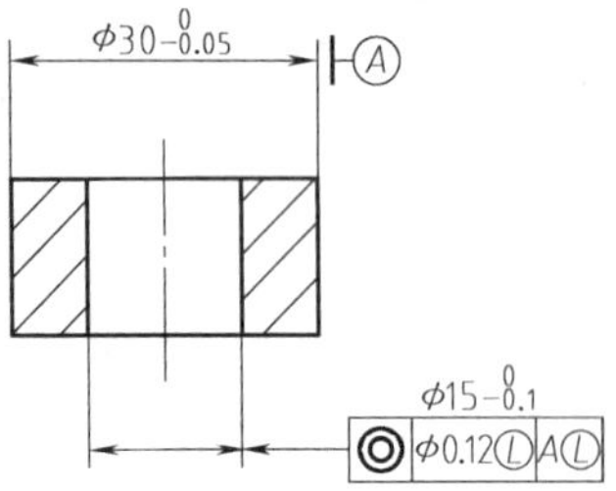

图 7-22　被测、基准要素均应用最小实体要求（基准要素本身应用独立原则）

2. 被测实际轮廓遵守的理想边界

最小实体要求遵守的理想边界是最小实体实效边界。最小实体实效边界的尺寸是最小实体实效尺寸，形状为理想的边界，对于关联要素则边界的方位按图样标注的位置关系。

最小实体实效尺寸为

$$LMVS = LMS \pm t$$

3. 合格条件

应用最小实体要求的合格条件是被测实际轮廓应处处不得超越最小实体实效边界（即被测实际要素所拥有的实体量不得少于最小实体量），其局部实际尺寸不得超出最大、最小极限尺寸。

4. 计量器具和检测方法

根据被测要素应用最小实体要求的合格条件，设计和选用计量器具和检测方法。

5. 应用场合

最小实体要求常用于保证机械零件必要的强度和最小壁厚的场合。

六、可逆要求（RR）

1. 图样标注

在被测要素的形位公差框格中的公差数值后加注 M、L 和 R 符号，以下列出两种标注形式。

1）被测要素同时应用最大实体要求和可逆要求，如图 7-23a 所示。

2）被测要素同时应用最小实体要求和可逆要求，如图 7-23b 所示。

2. 被测实际轮廓遵守的理想边界

当被测要素同时应用最大实体要求和可逆要求时，被测要素遵守的边界仍是最大实体实效边界，与被测要素只应用最大实体要求时所遵守的边界相同。

同理，当被测要素同时应用最小实体要求和可逆要求时，被测要素遵守的理想边界是最小实体实效边界。

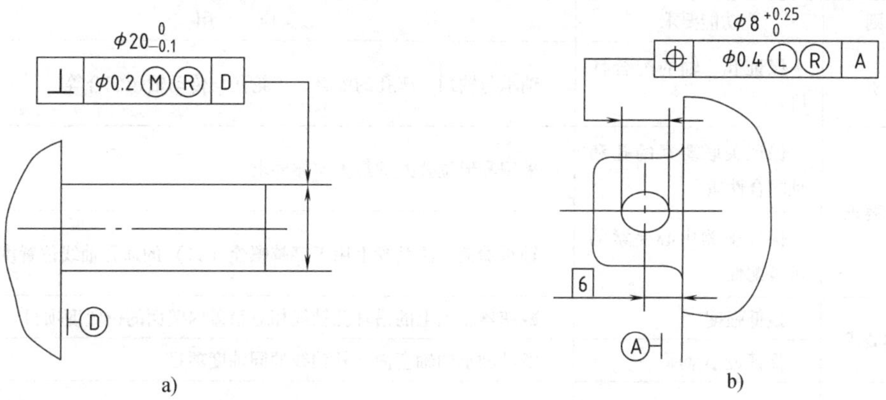

图 7-23　可逆要求的标注示例

a）应用最大实体和可逆要求　b）应用最小实体和可逆要求

3. 尺寸公差与形状公差的关系

最大（小）实体要求应用于被测要素，其尺寸公差与形位公差的关系反映了当被测要素的实体状态偏离了最大（小）实体状态时，可将尺寸公差的一部分或全部补偿给形状公差的关系。

可逆要求与最大（小）实体要求同时应用时，不仅具有上述的尺寸公差补偿给形位公差的关系，还具有当被测轴线或中心面的形位误差值小于给出的形位公差值时，允许相应的尺寸公差增大。

综上所述，公差原则是解决生产第一线中尺寸公差与形位公差之间关系的常用规则。公差原则中独立原则和相关要求及应用见表 7-17。

表 7-17　独立原则和相关要求及应用

公差原则	功能要求	应　用
独立原则	尺寸精度与形位精度需要分别满足要求	减速器、齿轮传动箱体各孔的尺寸精度与各孔轴线的平行度，连杆、活塞销孔的尺寸精度与圆柱度 台钻的工作台工作面到底面的尺寸精度要求低，工作台的工作面的平面度及其对底面的平行度精度要求较高
	尺寸精度与形位精度要求差别较大	滚筒类零件尺寸精度要求很低，形状精度要求较高 平板形状精度要求高，而尺寸精度无要求 冲模架的下模座尺寸精度无要求，平行度要求较高 通油孔的尺寸精度有一定要求，形状精度无要求
	尺寸精度与形位精度无联系	滚子链条的套筒或滚子内、外圆柱轴线的同轴度与尺寸精度，传动箱体孔的尺寸精度与孔轴线间的位置精度或发动机连杆上的孔的尺寸精度与孔之间的位置精度
	保证运动精度	机床导轨的形状精度有严格的要求，尺寸精度为次要的要求
	保证密封性	汽缸套的形状精度有严格的要求，尺寸精度为次要的要求
	未注尺寸公差、未注形位公差	退刀槽、倒角、圆角等非功能要素

（续）

公差原则	功能要求	应　　用
包容要求	保证孔、轴的配合性质	轴承与轴颈、座孔的配合，齿轮孔与传动轴颈配合等
最大实体要求	保证关联要素的孔和轴配合性质	采用零形位公差的最大实体要求
	保证被测中心要素的可装配性	轴承端盖、法兰盘上用于穿越螺栓（钉）的通孔轴线位置度项目
最小实体要求	最低强度	减速器箱盖上的吊耳孔轴线相对箱盖内壁面的位置度项目
	保证最小壁厚	滑动轴承的轴套内、外轴线的同轴度项目
可逆要求	保证零件的实际轮廓不超越最大实体实效边界，且允许超越尺寸公差的范围	

附　　录

附录 A　课程设计说明书封面

数控加工课程设计说明书

设计题目 ____________________

成绩 ____________

班级 ____________

学号 ____________

姓名 ____________

指导教师 ____________

设计日期　　年　　月　　日至　　年　　月　　日

附录 B　课程设计说明书目录

目　　录

附录C 课程设计任务书

课程设计任务书

工件图：

设计要求：

附录D　数控车工国家职业标准

1. 职 业 概 况

1.1　职业名称

数控车工。

1.2　职业定义

从事编制数控加工程序并操作数控车床进行零件车削加工的人员。

1.3　职业等级

本职业共设四个等级，分别为：中级（国家职业资格四级）、高级（国家职业资格三级）、技师（国家职业资格二级）、高级技师（国家职业资格一级）。

1.4　职业环境

室内、常温。

1.5　职业能力特征

具有较强的计算能力和空间感，形体知觉及色觉正常，手指、手臂灵活，动作协调。

1.6　基本文化程度

高中毕业（或同等学历）。

1.7　培训要求

1.7.1　培训期限

全日制职业学校教育，根据其培养目标和教学计划确定。晋级培训期限：中级不少于400标准学时；高级不少于300标准学时；技师不少于200标准学时；高级技师不少于200标准学时。

1.7.2　培训教师

培训中、高级人员的教师应取得本职业技师及以上职业资格证书或相关专业中级及以上专业技术职称任职资格；培训技师的教师应取得本职业高级技师职业资格证书或相关专业高级专业技术职称任职资格；培训高级技师的教师应取得本职业高级技师职业资格证书2年以上或取得相关专业高级专业技术职称任职资格2年以上。

1.7.3　培训场地设备

满足教学要求的标准教室、计算机机房及配套的软件、数控车床及必要的刀具、夹具、量具和辅助设备等。

1.8　鉴定要求

1.8.1　适用对象

从事或准备从事本职业的人员。

1.8.2　申报条件

（1）中级（具备以下条件之一者）

1）经本职业中级正规培训达规定标准学时数，并取得结业证书。

2）连续从事本职业工作5年以上。

3）取得经劳动保障行政部门审核认定的，以中级技能为培养目标的中等以上职业学校本职业（或相关专业）毕业证书。

4）取得相关职业中级《职业资格证书》后，连续从事本职业 2 年以上。

（2）高级（具备以下条件之一者）

1）取得本职业中级职业资格证书后，连续从事本职业工作 2 年以上，经本职业高级正规培训，达到规定标准学时数，并取得结业证书。

2）取得本职业中级职业资格证书后，连续从事本职业工作 4 年以上。

3）取得劳动保障行政部门审核认定的，以高级技能为培养目标的职业学校本职业（或相关专业）毕业证书。

4）大专以上本专业或相关专业毕业生，经本职业高级正规培训，达到规定标准学时数，并取得结业证书。

（3）技师（具备以下条件之一者）

1）取得本职业高级职业资格证书后，连续从事本职业工作 4 年以上，经本职业技师正规培训达规定标准学时数，并取得结业证书。

2）取得本职业高级职业资格证书的职业学校本职业（专业）毕业生，连续从事本职业工作 2 年以上，经本职业技师正规培训达规定标准学时数，并取得结业证书。

3）取得本职业高级职业资格证书的本科（含本科）以上本专业或相关专业的毕业生，连续从事本职业工作 2 年以上，经本职业技师正规培训达规定标准学时数，并取得结业证书。

（4）高级技师

取得本职业技师职业资格证书后，连续从事本职业工作 4 年以上，经本职业高级技师正规培训达规定标准学时数，并取得结业证书。

1.8.3 鉴定方式

分为理论知识考试和技能操作考核。理论知识考试采用闭卷方式，技能操作（含软件应用）考核采用现场实际操作和计算机软件操作方式。理论知识考试和技能操作（含软件应用）考核均实行百分制，成绩皆达 60 分及以上者为合格。技师和高级技师还需进行综合评审。

1.8.4 考评人员与考生配比

理论知识考试考评人员与考生配比为 1:15，每个标准教室不少于 2 名相应级别的考评员；技能操作（含软件应用）考核考评员与考生配比为 1:2，且不少于 3 名相应级别的考评员；综合评审委员不少于 5 人。

1.8.5 鉴定时间

理论知识考试为 120 分钟，技能操作考核中实操时间为：中级、高级不少于 240 分钟，技师和高级技师不少于 300 分钟，技能操作考核中软件应用考试时间为不超过 120 分钟，技师和高级技师的综合评审时间不少于 45 分钟。

1.8.6 鉴定场所设备

理论知识考试在标准教室里进行，软件应用考试在计算机机房进行，技能操作考核在配备必要的数控车床及必要的刀具、夹具、量具和辅助设备的场所进行。

2. 基 本 要 求

2.1 职业道德

2.1.1 职业道德基本知识

2.1.2 职业守则

1）遵守国家法律、法规和有关规定。

2）具有高度的责任心、爱岗敬业、团结合作。

3）严格执行相关标准、工作程序与规范、工艺文件和安全操作规程。

4）学习新知识新技能、勇于开拓和创新。

5）爱护设备、系统及工具、夹具、量具。

6）着装整洁，符合规定；保持工作环境清洁有序，文明生产。

2.2 基础知识

2.2.1 基础理论知识

1）机械制图。

2）工程材料及金属热处理知识。

3）机电控制知识。

4）计算机基础知识。

5）专业英语基础。

2.2.2 机械加工基础知识

1）机械原理。

2）常用设备知识（分类、用途、基本结构及维护保养方法）。

3）常用金属切削刀具知识。

4）典型零件加工工艺。

5）设备润滑和切削液的使用方法。

6）工具、夹具、量具的使用与维护知识。

7）普通卧式车床、钳工基本操作知识。

2.2.3 安全文明生产与环境保护知识

1）安全操作与劳动保护知识。

2）文明生产知识。

3）环境保护知识。

2.2.4 质量管理知识

1）企业的质量方针。

2）岗位质量要求。

3）岗位质量保证措施与责任。

2.2.5 相关法律、法规知识

1）劳动法的相关知识。

2）环境保护法的相关知识。

3）知识产权保护法的相关知识。

3. 工 作 要 求

本标准对中级、高级、技师和高级技师的技能要求依次递进，高级别涵盖低级别的要求。

3.1 中级

职业功能	工作内容	技 能 要 求	相 关 知 识
一、加工准备	读图与绘图	1. 能读懂中等复杂程度（如曲轴）的零件图 2. 能绘制简单的轴、盘类零件图 3. 能读懂进给机构、主轴系统的装配图	1. 复杂零件的表达方法 2. 简单零件图的画法 3. 零件三视图、局部视图和剖视图的画法 4. 装配图的画法
	制订加工工艺	1. 能读懂复杂零件的数控车床加工工艺文件 2. 能编制简单（轴、盘）零件的数控加工工艺文件	数控车床加工工艺文件的制定
	零件定位与装夹	1. 能使用通用卡具（如三爪自定心卡盘、四爪单动卡盘）进行零件装夹与定位	1. 数控车床常用夹具的使用方法 2. 零件定位、装夹的原理和方法
	刀具准备	1. 能够根据数控加工工艺文件选择、安装和调整数控车床常用刀具 2. 能够刃磨常用车削刀具	1. 金属切削与刀具磨损知识 2. 数控车床常用刀具的种类、结构和特点 3. 数控车床、零件材料、加工精度和工作效率对刀具的要求
二、数控编程	手工编程	1. 能编制由直线、圆弧组成的二维轮廓数控加工程序 2. 能编制螺纹加工程序 3. 能够运用固定循环、子程序进行零件的加工程序编制	1. 数控编程知识 2. 直线插补和圆弧插补的原理 3. 坐标点的计算方法
	计算机辅助编程	1. 能够使用计算机绘图设计软件绘制简单（轴、盘、套）零件图 2. 能够利用计算机绘图软件计算节点	计算机绘图软件（二维）的使用方法
三、数控车床操作	操作面板	1. 能够按照操作规程起动及停止机床 2. 能使用操作面板上的常用功能键（如回零、手动、MDI、修调等）	1. 熟悉数控车床操作说明书 2. 数控车床操作面板的使用方法

（续）

职业功能	工作内容	技能要求	相关知识
三、数控车床操作	程序输入与编辑	1. 能够通过各种途径（如 DNC、网络等）输入加工程序 2. 能够通过操作面板编辑加工程序	1. 数控加工程序的输入方法 2. 数控加工程序的编辑方法 3. 网络知识
	对刀	1. 能进行对刀并确定相关坐标系 2. 能设置刀具参数	1. 对刀的方法 2. 坐标系的知识 3. 刀具偏置补偿、半径补偿与刀具参数的输入方法
	程序调试与运行	能够对程序进行校验、单步执行、空运行并完成零件试切	程序调试的方法
四、零件加工	轮廓加工	1. 能进行轴、套类零件加工，并达到以下要求： 1）尺寸公差等级：IT6 2）形位公差等级：IT8 3）表面粗糙度：$R_a1.6\mu m$ 2. 能进行盘类、支架类零件加工，并达到以下要求： 1）轴径公差等级：IT6 2）孔径公差等级：IT7 3）形位公差等级：IT8 4）表面粗糙度：$R_a1.6\mu m$	1. 内外径的车削加工方法、测量方法 2. 形位公差的测量方法 3. 表面粗糙度的测量方法
	螺纹加工	能进行单线等节距的普通三角螺纹、锥螺纹的加工，并达到以下要求： 1）尺寸公差等级：IT6～IT7 2）形位公差等级：IT8 3）表面粗糙度：$R_a1.6\mu m$	1. 常用螺纹的车削加工方法 2. 螺纹加工中的参数计算
	槽类加工	能进行内径槽、外径槽和端面槽的加工，并达到以下要求： 1）尺寸公差等级：IT8 2）形位公差等级：IT8 3）表面粗糙度：$R_a3.2\mu m$	内、外径槽和端槽的加工方法
	孔加工	能进行孔加工，并达到以下要求： 1）尺寸公差等级：IT7 2）形位公差等级：IT8 3）表面粗糙度：$R_a3.2\mu m$	孔的加工方法
	零件精度检验	能够进行零件的长度、内外径、螺纹、角度精度检验	1. 通用量具的使用方法 2. 零件精度检验及测量方法

（续）

职业功能	工作内容	技能要求	相关知识
五、数控车床维护与精度检验	数控车床日常维护	能够根据说明书完成数控车床的定期及不定期维护保养，包括机械、电、气、液压、数控系统检查和日常保养等	1. 数控车床说明书 2. 数控车床日常保养方法 3. 数控车床操作规程 4. 数控系统（进口与国产数控系统）使用说明书
	数控车床故障诊断	1. 能读懂数控系统的报警信息 2. 能发现数控车床的一般故障	1. 数控系统的报警信息 2. 机床的故障诊断方法
	机床精度检查	能够检查数控车床的常规几何精度	数控车床常规几何精度的检查方法

3.2 高级

职业功能	工作内容	技能要求	相关知识
一、加工准备	读图与绘图	1. 能够读懂中等复杂程度（如刀架）的装配图 2. 能够根据装配图拆画零件图 3. 能够测绘零件	1. 根据装配图拆画零件图的方法 2. 零件的测绘方法
	制订加工工艺	能编制复杂零件的数控车床加工工艺文件	复杂零件数控加工工艺文件的制订
	零件定位与装夹	1. 能选择和使用数控车床组合夹具和专用夹具 2. 能分析并计算车床夹具的定位误差 3. 能够设计与自制装夹辅具（如心轴、轴套、定位件等）	1. 数控车床组合夹具和专用夹具的使用、调整方法 2. 专用夹具的使用方法 3. 夹具定位误差的分析与计算方法
	刀具准备	1. 能够选择各种刀具及刀具附件 2. 能够根据难加工材料的特点，选择刀具的材料、结构和几何参数 3. 能够刃磨特殊车削刀具	1. 专用刀具的种类、用途、特点和刃磨方法 2. 切削难加工材料时的刀具材料和几何参数的确定方法
二、数控编程	手工编程	能运用变量编程编制含有公式曲线的零件数控加工程序	1. 固定循环和子程序的编程方法 2. 变量编程的规则和方法
	计算机辅助编程	能用计算机绘图软件绘制装配图	计算机绘图软件的使用方法
	数控加工仿真	能利用数控加工仿真软件实施加工过程仿真以及加工代码检查、干涉检查、工时估算	数控加工仿真软件的使用方法

（续）

职业功能	工作内容	技能要求	相关知识
三、零件加工	轮廓加工	能进行细长、薄壁零件加工，并达到以下要求： 1）轴径公差等级：IT6 2）孔径公差等级：IT7 3）形位公差等级：IT8 4）表面粗糙度：R_a1.6μm	细长、薄壁零件加工的特点及装卡、车削方法
	螺纹加工	1. 能进行单线和多线等节距的梯形螺纹、锥螺纹加工，并达到以下要求： 1）尺寸公差等级：IT6 2）形位公差等级：IT8 3）表面粗糙度：R_a1.6μm 2. 能进行变节距螺纹的加工，并达到以下要求： 1）尺寸公差等级：IT6 2）形位公差等级：IT7 3）表面粗糙度：R_a1.6μm	1. 梯形螺纹、锥螺纹加工中的参数计算 2. 变节距螺纹的车削加工方法
	孔加工	能进行深孔加工，并达到以下要求： 1）尺寸公差等级：IT6 2）形位公差等级：IT8 3）表面粗糙度：R_a1.6μm	深孔的加工方法
	配合件加工	能按装配图上的技术要求对套件进行零件加工和组装，配合公差达到IT7级	套件的加工方法
	零件精度检验	1. 能够在加工过程中使用百（千）分表等进行在线测量，并进行加工技术参数的调整 2. 能够进行多线螺纹的检验 3. 能进行加工误差分析	1. 百（千）分表的使用方法 2. 多线螺纹的精度检验方法 3. 误差分析的方法
四、数控车床维护与精度检验	数控车床日常维护	1. 能判断数控车床的一般机械故障 2. 能完成数控车床的定期维护保养	1. 数控车床机械故障和排除方法 2. 数控车床液压原理和常用液压元件
	机床精度检验	1. 能够进行机床几何精度检验 2. 能够进行机床切削精度检验	1. 机床几何精度检验内容及方法 2. 机床切削精度检验内容及方法

3.3 技师

职业功能	工作内容	技能要求	相关知识
一、加工准备	读图与绘图	1. 能绘制工装装配图 2. 能读懂常用数控车床的机械结构图及装配图	1. 工装装配图的画法 2. 常用数控车床的机械原理图及装配图的画法
	制订加工工艺	1. 能编制高难度、高精密、特殊材料零件的数控加工多工种工艺文件 2. 能对零件的数控加工工艺进行合理性分析，并提出改进建议 3. 能推广应用新知识、新技术、新工艺、新材料	1. 零件的多工种工艺分析方法 2. 数控加工工艺方案合理性的分析方法及改进措施 3. 特殊材料的加工方法 4. 新知识、新技术、新工艺、新材料
	零件定位与装夹	能设计与制作零件的专用夹具	专用夹具的设计与制造方法
	刀具准备	1. 能够依据切削条件和刀具条件估算刀具的使用寿命 2. 根据刀具寿命计算并设置相关参数 3. 能推广应用新刀具	1. 切削刀具的选用原则 2. 延长刀具寿命的方法 3. 刀具新材料、新技术 4. 刀具使用寿命的参数设定方法
二、数控编程	手工编程	能够编制车削中心、车铣中心的三轴及三轴以上（含旋转轴）的加工程序	编制车削中心、车铣中心加工程序的方法
	计算机辅助编程	1. 能用计算机辅助设计/制造软件进行车削零件的造型和生成加工轨迹 2. 能够根据不同的数控系统进行后置处理并生成加工代码	1. 三维造型和编辑 2. 计算机辅助设计/制造软件（三维）的使用方法
	数控加工仿真	能够利用数控加工仿真软件分析和优化数控加工工艺	数控加工仿真软件的使用方法
三、零件加工	轮廓加工	1. 能编制数控加工程序车削多拐曲轴达到以下要求： 1）直径公差等级：IT6 2）表面粗糙度：$R_a1.6\mu m$ 2. 能编制数控加工程序对适合在车削中心加工的带有车削、铣削等工序的复杂零件进行加工	1. 多拐曲轴车削加工的基本知识 2. 车削加工中心加工复杂零件的车削方法
	配合件加工	能进行两件（含两件）以上具有多处尺寸链配合的零件加工与配合	多尺寸链配合的零件加工方法
	零件精度检验	能根据测量结果对加工误差进行分析并提出改进措施	精密零件的精度检验方法 检具设计知识

（续）

职业功能	工作内容	技能要求	相关知识
四、数控车床维护与精度检验	数控车床维护	1. 能够分析和排除液压和机械故障 2. 能借助字典阅读数控设备的主要外文信息	1. 数控车床常见故障诊断及排除方法 2. 数控车床专业外文知识
	机床精度检验	能够进行机床定位精度、重复定位精度的检验	机床定位精度检验、重复定位精度检验的内容及方法
五、培训与管理	操作指导	能指导本职业中级、高级进行实际操作	操作指导书的编制方法
	理论培训	1. 能对本职业中级、高级和技师进行理论培训 2. 能系统地讲授各种切削刀具的特点和使用方法	1. 培训教材的编写方法 2. 切削刀具的特点和使用方法
	质量管理	能在本职工作中认真贯彻各项质量标准	相关质量标准
	生产管理	能协助部门领导进行生产计划、调度及人员的管理	生产管理基本知识
	技术改造与创新	能够进行加工工艺、夹具、刀具的改进	数控加工工艺综合知识

3.4 高级技师

职业功能	工作内容	技能要求	相关知识
一、工艺分析与设计	读图与绘图	1. 能绘制复杂工装装配图 2. 能读懂常用数控车床的电气、液压原理图	1. 复杂工装设计方法 2. 常用数控车床电气、液压原理图的画法
	制订加工工艺	1. 能对高难度、高精密零件的数控加工工艺方案进行优化并实施 2. 能编制多轴车削中心的数控加工工艺文件 3. 能够对零件加工工艺提出改进建议	1. 复杂、精密零件加工工艺的系统知识 2. 车削中心、车铣中心加工工艺文件编制方法
	零件定位与装夹	能对现有的数控车床夹具进行误差分析并提出改进建议	误差分析方法
	刀具准备	能根据零件要求设计刀具，并提出制造方法	刀具的设计与制造知识
二、零件加工	异形零件加工	能解决高难度（如十字座类、连杆类、叉架类等异形零件）零件车削加工的技术问题、并制定工艺措施	高难度零件的加工方法
	零件精度检验	能够制定高难度零件加工过程中的精度检验方案	在机械加工全过程中影响质量的因素及提高质量的措施

（续）

职业功能	工作内容	技能要求	相关知识
三、数控车床维护与精度检验	数控车床维护	1. 能借助字典看懂数控设备的主要外文技术资料 2. 能够针对机床运行现状合理调整数控系统相关参数 3. 能根据数控系统报警信息判断数控车床故障	1. 数控车床专业外文知识 2. 数控系统报警信息
	机床精度检验	能够进行机床定位精度、重复定位精度的检验	机床定位精度和重复定位精度的检验方法
	数控设备网络化	能够借助网络设备和软件系统实现数控设备的网络化管理	数控设备网络接口及相关技术
四、培训与管理	操作指导	能指导本职业中级、高级和技师进行实际操作	操作理论教学指导书的编写方法
	理论培训	能对本职业中级、高级和技师进行理论培训	教学计划与大纲的编制方法
	质量管理	能应用全面质量管理知识，实现操作过程的质量分析与控制	质量分析与控制方法
	技术改造与创新	能够组织实施技术改造和创新，并撰写相应的论文	科技论文撰写方法

4. 比　重　表

4.1　理论知识

项　目		中级(%)	高级(%)	技师(%)	高级技师(%)
基本要求	职业道德	5	5	5	5
	基础知识	20	20	15	15
相关知识	加工准备	15	15	30	—
	数控编程	20	20	10	—
	数控车床操作	5	5	5	—
	零件加工	30	30	20	15
	数控车床维护与精度检验	5	5	10	10
	培训与管理	—	—	10	15
	工艺分析与设计	—	—	—	40
合　计		100	100	100	100

4.2　技能操作

项　目		中级(%)	高级(%)	技师(%)	高级技师(%)
机能要求	加工准备	10	10	20	—
	数控编程	20	20	30	—
	数控车床操作	5	5	—	—
	零件加工	60	60	40	45
	数控车床维护与精度检验	5	5	5	10
	培训与管理	—	—	5	10
	工艺分析与设计	—	—	—	35
合　计		100	100	100	100

附录E　数控铣工国家职业标准

1. 职 业 概 况

1.1　职业名称

数控铣工。

1.2　职业定义

从事编制数控加工程序并操作数控铣床进行零件铣削加工的人员。

1.3　职业等级

本职业共设四个等级，分别为：中级（国家职业资格四级）、高级（国家职业资格三级）、技师（国家职业资格二级）、高级技师（国家职业资格一级）。

1.4　职业环境

室内、常温。

1.5　职业能力特征

具有较强的计算能力和空间感，形体知觉及色觉正常，手指、手臂灵活，动作协调。

1.6　基本文化程度

高中毕业（或同等学历）。

1.7　培训要求

1.7.1　培训期限

全日制职业学校教育，根据其培养目标和教学计划确定。晋级培训期限：中级不少于400标准学时；高级不少于300标准学时；技师不少于300标准学时；高级技师不少于300标准学时。

1.7.2　培训教师

培训中、高级人员的教师应取得本职业技师及以上职业资格证书或相关专业中级及以上专业技术职称任职资格；培训技师的教师应取得本职业高级技师职业资格证书或相关专业高级专业技术职称任职资格；培训高级技师的教师应取得本职业高级技师职业资格证书2年以上或取得相关专业高级专业技术职称任职资格2年以上。

1.7.3　培训场地设备

满足教学要求的标准教室、计算机机房及配套的软件、数控铣床及必要的刀具、夹具、量具和辅助设备等。

1.8　鉴定要求

1.8.1　适用对象

从事或准备从事本职业的人员。

1.8.2　申报条件

（1）中级（具备以下条件之一者）

1）经本职业中级正规培训达规定标准学时数，并取得结业证书。

2）连续从事本职业工作5年以上。

3）取得经劳动保障行政部门审核认定的，以中级技能为培养目标的中等以上职业学校本职业（或相关专业）毕业证书。

4）取得相关职业中级《职业资格证书》后，连续从事本职业2年以上。

（2）高级（具备以下条件之一者）

1）取得本职业中级职业资格证书后，连续从事本职业工作2年以上，经本职业高级正规培训，达到规定标准学时数，并取得结业证书。

2）取得本职业中级职业资格证书后，连续从事本职业工作4年以上。

3）取得劳动保障行政部门审核认定的，以高级技能为培养目标的职业学校本职业（或相关专业）毕业证书。

4）大专以上本专业或相关专业毕业生，经本职业高级正规培训，达到规定标准学时数，并取得结业证书。

（3）技师（具备以下条件之一者）

1）取得本职业高级职业资格证书后，连续从事本职业工作4年以上，经本职业技师正规培训达规定标准学时数，并取得结业证书。

2）取得本职业高级职业资格证书的职业学校本职业（专业）毕业生，连续从事本职业工作2年以上，经本职业技师正规培训达规定标准学时数，并取得结业证书。

3）取得本职业高级职业资格证书的本科（含本科）以上本专业或相关专业的毕业生，连续从事本职业工作2年以上，经本职业技师正规培训达规定标准学时数，并取得结业证书。

（4）高级技师

取得本职业技师职业资格证书后，连续从事本职业工作4年以上，经本职业高级技师正规培训达规定标准学时数，并取得结业证书。

1.8.3　鉴定方式

分为理论知识考试和技能操作考核。理论知识考试采用闭卷方式，技能操作（含软件应用）考核采用现场实际操作和计算机软件操作方式。理论知识考试和技能操作（含软件应用）考核均实行百分制，成绩皆达60分及以上者为合格。技师和高级技师还需进行综合评审。

1.8.4　考评人员与考生配比

理论知识考试考评人员与考生配比为1∶15，每个标准教室不少于2名相应级别的考评员；技能操作（含软件应用）考核考评员与考生配比为1∶2，且不少于3名相应级别的考评员；综合评审委员不少于5人。

1.8.5　鉴定时间

理论知识考试为120分钟，技能操作考核中实操时间为：中级、高级不少于240分钟，技师和高级技师不少于300分钟，技能操作考核中软件应用考试时间为不超过120分钟，技师和高级技师的综合评审时间不少于45分钟。

1.8.6　鉴定场所设备

理论知识考试在标准教室里进行，软件应用考试在计算机机房进行，技能操作考核在配备必要的数控铣床及必要的刀具、夹具、量具和辅助设备的场所进行。

2. 基 本 要 求

2.1 职业道德

2.1.1 职业道德基本知识

2.1.2 职业守则

1）遵守国家法律、法规和有关规定。

2）具有高度的责任心、爱岗敬业、团结合作。

3）严格执行相关标准、工作程序与规范、工艺文件和安全操作规程。

4）学习新知识新技能、勇于开拓和创新。

5）爱护设备、系统及工具、夹具、量具。

6）着装整洁，符合规定；保持工作环境清洁有序，文明生产。

2.2 基础知识

2.2.1 基础理论知识

1）机械制图。

2）工程材料及金属热处理知识。

3）机电控制知识。

4）计算机基础知识。

5）专业英语基础。

2.2.2 机械加工基础知识

1）机械原理。

2）常用设备知识（分类、用途、基本结构及维护保养方法）。

3）常用金属切削刀具知识。

4）典型零件加工工艺。

5）设备润滑和切削液的使用方法。

6）工具、夹具、量具的使用与维护知识。

7）铣工、镗工基本操作知识。

2.2.3 安全文明生产与环境保护知识

1）安全操作与劳动保护知识。

2）文明生产知识。

3）环境保护知识。

2.2.4 质量管理知识

1）企业的质量方针。

2）岗位质量要求。

3）岗位质量保证措施与责任。

2.2.5 相关法律、法规知识

1）劳动法的相关知识。

2）环境保护法的相关知识。

3）知识产权保护法的相关知识。

3. 工 作 要 求

本标准对中级、高级、技师和高级技师的技能要求依次递进，高级别涵盖低级别的要求。

3.1 中级

职业功能	工作内容	技能要求	相关知识
一、加工准备	读图与绘图	1. 能读懂中等复杂程度(如凸轮、壳体、板状、支架)的零件图 2. 能绘制有沟槽、台阶、斜面、曲面的简单零件图 3. 能读懂分度头尾架、弹簧夹头套筒、可转位铣刀结构等简单机构装配图	1. 复杂零件的表达方法 2. 简单零件图的画法 3. 零件三视图、局部视图和剖视图的画法
	制订加工工艺	1. 能读懂复杂零件的铣削加工工艺文件 2. 能编制由直线、圆弧等构成的二维轮廓零件的铣削加工工艺文件	1. 数控加工工艺知识 2. 数控加工工艺文件的制订方法
	零件定位与装夹	1. 能使用铣削加工常用夹具(如压板、机用平口钳等)装夹零件 2. 能够选择定位基准，并找正零件	1. 常用夹具的使用方法 2. 定位与夹紧的原理和方法 3. 零件找正的方法
	刀具准备	1. 能够根据数控加工工艺文件选择、安装和调整数控铣床常用刀具 2. 能根据数控铣床特性、零件材料、加工精度、工作效率等选择刀具和刀具几何参数，并确定数控加工需要的切削参数和切削用量 3. 能够利用数控铣床的功能，借助通用量具或对刀仪测量刀具的半径及长度 4. 能选择、安装和使用刀柄 5. 能够刃磨常用刀具	1. 金属切削与刀具磨损知识 2. 数控铣床常用刀具的种类、结构、材料和特点 3. 数控铣床、零件材料、加工精度和工作效率对刀具的要求 4. 刀具长度补偿、半径补偿等刀具参数的设置知识 5. 刀柄的分类和使用方法 6. 刀具刃磨的方法
二、数控编程	手工编程	1. 能编制由直线、圆弧组成的二维轮廓数控加工程序 2. 能够运用固定循环、子程序进行零件的加工程序编制	1. 数控编程知识 2. 直线插补和圆弧插补的原理 3. 节点的计算方法
	计算机辅助编程	1. 能够使用 CAD/CAM 软件绘制简单零件图 2. 能够利用 CAD/CAM 软件完成简单平面轮廓的铣削程序	1. CAD/CAM 软件的使用方法 2. 平面轮廓的绘图与加工代码生成方法

（续）

职业功能	工作内容	技能要求	相关知识
三、数控铣床操作	操作面板	1. 能够按照操作规程起动及停止机床 2. 能使用操作面板上的常用功能键（如回零、手动、MDI、修调等）	1. 数控铣床操作说明书 2. 数控铣床操作面板的使用方法
	程序输入与编辑	1. 能够通过各种途径（如 DNC、网络）输入加工程序 2. 能够通过操作面板输入和编辑加工程序	1. 数控加工程序的输入方法 2. 数控加工程序的编辑方法
	对刀	1. 能进行对刀并确定相关坐标系 2. 能设置刀具参数	1. 对刀的方法 2. 坐标系的知识 3. 建立刀具参数表或文件的方法
	程序调试与运行	能够进行程序检验、单步执行、空运行并完成零件试切	程序调试的方法
	参数设置	能够通过操作面板输入有关参数	数控系统中相关参数的输入方法
四、零件加工	平面加工	能够运用数控加工程序进行平面、垂直面、斜面、阶梯面等的铣削加工，并达到如下要求： 1）尺寸公差等级达 IT7 2）形位公差等级达 IT8 3）表面粗糙度达 $R_a3.2\mu m$	1. 平面铣削的基本知识 2. 刀具端刃的切削特点
	轮廓加工	能够运用数控加工程序进行由直线、圆弧组成的平面轮廓铣削加工，并达到如下要求： 1）尺寸公差等级达 IT8 2）形位公差等级达 IT8 3）表面粗糙度达 $R_a3.2\mu m$	1. 平面轮廓铣削的基本知识 2. 刀具侧刃的切削特点
	曲面加工	能够运用数控加工程序进行圆锥面、圆柱面等简单曲面的铣削加工，并达到如下要求： 1）尺寸公差等级达 IT8 2）形位公差等级达 IT8 3）表面粗糙度达 $R_a3.2\mu m$	1. 曲面铣削的基本知识 2. 球头刀具的切削特点
	孔类加工	能够运用数控加工程序进行孔加工，并达到如下要求： 1）尺寸公差等级达 IT7 2）形位公差等级达 IT8 3）表面粗糙度达 $R_a3.2\mu m$	麻花钻、扩孔钻、丝锥、镗刀及铰刀的加工方法
	槽类加工	能够运用数控加工程序进行槽、键槽的加工，并达到如下要求： 1）尺寸公差等级达 IT8 2）形位公差等级达 IT8 3）表面粗糙度达 $R_a3.2\mu m$	槽、键槽的加工方法
	精度检验	能够使用常用量具进行零件的精度检验	1. 常用量具的使用方法 2. 零件精度检验及测量方法

(续)

职业功能	工作内容	技能要求	相关知识
五、维护与故障诊断	机床日常维护	能够根据说明书完成数控铣床的定期及不定期维护保养,包括机械、电、气、液压、数控系统检查和日常保养等	1. 数控铣床说明书 2. 数控铣床日常保养方法 3. 数控铣床操作规程 4. 数控系统(进口、国产数控系统)说明书
	机床故障诊断	1. 能读懂数控系统的报警信息 2. 能发现数控铣床的一般故障	1. 数控系统的报警信息 2. 机床的故障诊断方法
	机床精度检查	能进行机床水平的检查	1. 水平仪的使用方法 2. 机床垫铁的调整方法

3.2 高级

职业功能	工作内容	技能要求	相关知识
一、加工准备	读图与绘图	1. 能读懂装配图并拆画零件图 2. 能够测绘零件 3. 能够读懂数控铣床主轴系统、进给系统的机构装配图	1. 根据装配图拆画零件图的方法 2. 零件的测绘方法 3. 数控铣床主轴与进给系统基本构造知识
	制订加工工艺	能编制二维、简单三维曲面零件的铣削加工工艺文件	复杂零件数控加工工艺的制订
	零件定位与装夹	1. 能选择和使用组合夹具和专用夹具 2. 能选择和使用专用夹具装夹异型零件 3. 能分析并计算夹具的定位误差 4. 能够设计与自制装夹辅具(如轴套、定位件等)	1. 数控铣床组合夹具和专用夹具的使用、调整方法 2. 专用夹具的使用方法 3. 夹具定位误差的分析与计算方法 4. 装夹辅具的设计与制造方法
	刀具准备	1. 能够选用专用工具(刀具和其他) 2. 能够根据难加工材料的特点,选择刀具的材料、结构和几何参数	1. 专用刀具的种类、用途、特点和刃磨方法 2. 切削难加工材料时的刀具材料和几何参数的确定方法

（续）

职业功能	工作内容	技能要求	相关知识
二、数控编程	手工编程	1. 能够编制较复杂的二维轮廓铣削程序 2. 能够根据加工要求编制二次曲面的铣削程序 3. 能够运用固定循环、子程序进行零件的加工程序编制 4. 能够进行变量编程	1. 较复杂二维节点的计算方法 2. 二次曲面几何体外轮廓节点计算 3. 固定循环和子程序的编程方法 4. 变量编程的规则和方法
	计算机辅助编程	1. 能够利用CAD/CAM软件进行中等复杂程度的实体造型(含曲面造型) 2. 能够生成平面轮廓、平面区域、三维曲面、曲面轮廓、曲面区域、曲线的刀具轨迹 3. 能进行刀具参数的设定 4. 能进行加工参数的设置 5. 能确定刀具的切入切出位置与轨迹 6. 能够编辑刀具轨迹 7. 能够根据不同的数控系统生成G代码	1. 实体造型的方法 2. 曲面造型的方法 3. 刀具参数的设置方法 4. 刀具轨迹生成的方法 5. 各种材料切削用量的数据 6. 有关刀具切入切出的方法对加工质量影响的知识 7. 轨迹编辑的方法 8. 后置处理程序的设置和使用方法
	数控加工仿真	能利用数控加工仿真软件实施加工过程仿真、加工代码检查与干涉检查	数控加工仿真软件的使用方法
三、数控铣床操作	程序调试与运行	能够在机床中断加工后正确恢复加工	程序的中断与恢复加工的方法
	参数设置	能够依据零件特点设置相关参数进行加工	数控系统参数设置方法
四、零件加工	平面铣削	能够编制数控加工程序铣削平面、垂直面、斜面、阶梯面等,并达到如下要求: 1）尺寸公差等级达IT7 2）形位公差等级达IT8 3）表面粗糙度达R_a3.2μm	1. 平面铣削精度控制方法 2. 刀具端刃几何形状的选择方法
	轮廓加工	能够编制数控加工程序铣削较复杂的(如凸轮等)平面轮廓,并达到如下要求: 1）尺寸公差等级达IT8 2）形位公差等级达IT8 3）表面粗糙度达R_a3.2μm	1. 平面轮廓铣削的精度控制方法 2. 刀具侧刃几何形状的选择方法
	曲面加工	能够编制数控加工程序铣削二次曲面,并达到如下要求: 1）尺寸公差等级达IT8 2）形位公差等级达IT8 3）表面粗糙度达R_a3.2μm	1. 二次曲面的计算方法 2. 刀具影响曲面加工精度的因素以及控制方法
	孔系加工	能够编制数控加工程序对孔系进行切削加工,并达到如下要求: 1）尺寸公差等级达IT7 2）形位公差等级达IT8 3）表面粗糙度达R_a3.2μm	麻花钻、扩孔钻、丝锥、镗刀及铰刀的加工方法

（续）

职业功能	工作内容	技能要求	相关知识
四、零件加工	深槽加工	能够编制数控加工程序进行深槽、三维槽的加工，并达到如下要求： 1）尺寸公差等级达IT8 2）形位公差等级达IT8 3）表面粗糙度达 $R_a3.2\mu m$	深槽、三维槽的加工方法
	配合件加工	能够编制数控加工程序进行配合件加工，尺寸配合公差等级达IT8	1. 配合件的加工方法 2. 尺寸链换算的方法
	精度检验	1. 能够利用数控系统的功能使用百（千）分表测量零件的精度 2. 能对复杂、异形零件进行精度检验 3. 能够根据测量结果分析产生误差的原因 4. 能够通过修正刀具补偿值和修正程序来减少加工误差	1. 复杂、异形零件的精度检验方法 2. 产生加工误差的主要原因及其消除方法
五、维护与故障诊断	日常维护	能完成数控铣床的定期维护	数控铣床定期维护手册
	故障诊断	能排除数控铣床的常见机械故障	机床的常见机械故障诊断方法
	机床精度检验	能协助检验机床的各种出厂精度	机床精度的基本知识

3.3 技师

职业功能	工作内容	技能要求	相关知识
一、加工准备	读图与绘图	1. 能绘制工装装配图 2. 能读懂常用数控铣床的机械原理图及装配图	1. 工装装配图的画法 2. 常用数控铣床的机械原理图及装配图的画法
	制订加工工艺	1. 能编制高难度、精密、薄壁零件的数控加工工艺规程 2. 能对零件的多工种数控加工工艺进行合理性分析，并提出改进建议 3. 能够确定高速加工的工艺文件	1. 精密零件的工艺分析方法 2. 数控加工多工种工艺方案合理性的分析方法及改进措施 3. 高速加工的原理
	零件定位与装夹	1. 能设计与制作高精度箱体类，叶片、螺旋桨等复杂零件的专用夹具 2. 能对现有的数控铣床夹具进行误差分析并提出改进建议	1. 专用夹具的设计与制造方法 2. 数控铣床夹具的误差分析及消减方法
	刀具准备	1. 能够依据切削条件和刀具条件估算刀具的使用寿命，并设置相关参数 2. 能根据难加工材料合理选择刀具材料和切削参数 3. 能推广使用新知识、新技术、新工艺、新材料、新型刀具 4. 能进行刀具刀柄的优化使用，提高生产效率，降低成本 5. 能选择和使用适合高速切削的工具系统	1. 切削刀具的选用原则 2. 延长刀具寿命的方法 3. 刀具新材料、新技术知识 4. 刀具使用寿命的参数设定方法 5. 难切削材料的加工方法 6. 高速加工的工具系统知识

（续）

职业功能	工作内容	技能要求	相关知识
二、数控编程	手工编程	能够根据零件与加工要求编制具有指导性的变量编程程序	变量编程的概念及其编制方法
	计算机辅助编程	1. 能够利用计算机高级语言编制特殊曲线轮廓的铣削程序 2. 能够利用计算机 CAD/CAM 软件对复杂零件进行实体或曲线曲面造型 3. 能够编制复杂零件的三轴联动铣削程序	1. 计算机高级语言知识 2. CAD/CAM 软件的使用方法 3. 三轴联动的加工方法
	数控加工仿真	能够利用数控加工仿真软件分析和优化数控加工工艺	数控加工工艺的优化方法
三、数控铣床操作	程序调试与运行	能够操作立式、卧式以及高速铣床	立式、卧式以及高速铣床的操作方法
	参数设置	能够针对机床现状调整数控系统相关参数	数控系统参数的调整方法
四、零件加工	特殊材料加工	能够进行特殊材料零件的铣削加工，并达到如下要求： 1）尺寸公差等级达 IT8 2）形位公差等级达 IT8 3）表面粗糙度达 $R_a3.2\mu m$	特殊材料的材料学知识 特殊材料零件的铣削加工方法
	薄壁加工	能够进行带有薄壁的零件加工，并达到如下要求： 1）尺寸公差等级达 IT8 2）形位公差等级达 IT8 3）表面粗糙度达 $R_a3.2\mu m$	薄壁零件的铣削方法
	曲面加工	1. 能进行三轴联动曲面的加工，并达到如下要求： 1）尺寸公差等级达 IT8 2）形位公差等级达 IT8 3）表面粗糙度达 $R_a3.2\mu m$ 2. 能够使用四轴以上铣床与加工中心进行对叶片、螺旋桨等复杂零件进行多轴铣削加工，并达到如下要求： 1）尺寸公差等级达 IT8 2）形位公差等级达 IT8 3）表面粗糙度达 $R_a3.2\mu m$	三轴联动曲面的加工方法 四轴以上铣床/加工中心的使用方法
	易变形件加工	能进行易变形零件的加工，并达到如下要求： 1）尺寸公差等级达 IT8 2）形位公差等级达 IT8 3）表面粗糙度达 $R_a3.2\mu m$	易变形零件的加工方法
	精度检验	能够进行大型、精密零件的精度检验	精密量具的使用方法 精密零件的精度检验方法

（续）

职业功能	工作内容	技能要求	相关知识
五、维护与故障诊断	机床日常维护	能借助字典阅读数控设备的主要外文信息	数控铣床专业外文知识
	机床故障诊断	能够分析和排除液压和机械故障	数控铣床常见故障诊断及排除方法
	机床精度检验	能够进行机床定位精度、重复定位精度的检验	机床定位精度检验、重复定位精度检验的内容及方法
六、培训与管理	操作指导	能指导本职业中级、高级进行实际操作	操作指导书的编制方法
	理论培训	能对本职业中级、高级进行理论培训	培训教材的编写方法
	质量管理	能在本职工作中认真贯彻各项质量标准	相关质量标准
	生产管理	能协助部门领导进行生产计划、调度及人员的管理	生产管理基本知识
	技术改造与创新	能够进行加工工艺、夹具、刀具的改进	数控加工工艺综合知识

3.4 高级技师

职业功能	工作内容	技能要求	相关知识
一、工艺分析与设计	读图与绘图	1. 能绘制复杂工装装配图 2. 能读懂常用数控铣床的电气、液压原理图 3. 能够组织中级、高级、技师进行工装协同设计	1. 复杂工装设计方法 2. 常用数控铣床电气、液压原理图的画法 3. 协同设计知识
	制订加工工艺	1. 能对高难度、高精密零件的数控加工工艺方案进行合理性分析，提出改进意见并参与实施 2. 能够确定高速加工的工艺方案 3. 能够确定细微加工的工艺方案	1. 复杂、精密零件机械加工工艺的系统知识 2. 高速加工机床的知识 3. 高速加工的工艺知识 4. 细微加工的工艺知识
	工艺装备	1. 能独立设计复杂夹具 2. 能在四轴和五轴数控加工中对由夹具精度引起的零件加工误差进行分析，提出改进方案，并组织实施	1. 复杂夹具的设计及使用知识 2. 复杂夹具的误差分析及消减方法 3. 多轴数控加工的方法
	刀具准备	1. 能根据零件要求设计专用刀具，并提出制造方法 2. 能系统地讲授各种切削刀具的特点和使用方法	1. 专用刀具的设计与制造知识 2. 切削刀具的特点和使用方法
二、零件加工	异形零件加工	能解决高难度、异形零件加工的技术问题，并制订工艺措施	高难度零件的加工方法
	精度检验	能够设计专用检具，检验高难度、异形零件	检具设计知识

（续）

职业功能	工作内容	技能要求	相关知识
三、机床维护与精度检验	数控铣床维护	1. 能借助字典看懂数控设备的主要外文技术资料 2. 能够针对机床运行现状合理调整数控系统相关参数	数控铣床专业外文知识
	机床精度检验	能够进行机床定位精度、重复定位精度的检验	机床定位精度、重复定位精度的检验和补偿方法
	数控设备网络化	能够借助网络设备和软件系统实现数控设备的网络化管理	数控设备网络接口及相关技术
四、培训与管理	操作指导	能指导本职业中级、高级和技师进行实际操作	操作理论教学指导书的编写方法
	理论培训	1. 能对本职业中级、高级和技师进行理论培训 2. 能系统地讲授各种切削刀具的特点和使用方法	1. 教学计划与大纲的编制方法 2. 切削刀具的特点和使用方法
	质量管理	能应用全面质量管理知识，实现操作过程的质量分析与控制	质量分析与控制方法
	技术改造与创新	能够组织实施技术改造和创新，并撰写相应的论文	科技论文的撰写方法

4. 比　重　表

4.1　理论知识

项　　目		中级（%）	高级（%）	技师（%）	高级技师（%）
基本要求	职业道德	5	5	5	5
	基础知识	20	20	15	15
相关知识	加工准备	15	15	25	—
	数控编程	20	20	10	—
	数控铣床操作	5	5	5	—
	零件加工	30	30	20	15
	数控铣床维护与精度检验	5	5	10	10
	培训与管理	—	—	10	15
	工艺分析与设计	—	—	—	40
合　　计		100	100	100	100

4.2 技能操作

项目		中级(%)	高级(%)	技师(%)	高级技师(%)
技能要求	加工准备	10	10	10	—
	数控编程	30	30	30	—
	数控铣床操作	5	5	5	—
	零件加工	50	50	45	45
	数控铣床维护与精度检验	5	5	5	10
	培训与管理	—	—	5	10
	工艺分析与设计	—	—	—	35
合计		100	100	100	100

附录F 加工中心操作工国家职业标准

1. 职业概况

1.1 职业名称

加工中心操作工。

1.2 职业定义

从事编制数控加工程序并操作加工中心机床进行零件多工序组合切削加工的人员。

1.3 职业等级

本职业共设四个等级，分别为：中级（国家职业资格四级）、高级（国家职业资格三级）、技师（国家职业资格二级）、高级技师（国家职业资格一级）。

1.4 职业环境

室内、常温。

1.5 职业能力特征

具有较强的计算能力和空间感，形体知觉及色觉正常，手指、手臂灵活，动作协调。

1.6 基本文化程度

高中毕业（或同等学历）。

1.7 培训要求

1.7.1 培训期限

全日制职业学校教育，根据其培养目标和教学计划确定。晋级培训期限：中级不少于400标准学时；高级不少于300标准学时；技师不少于300标准学时；高级技师不少于300标准学时。

1.7.2 培训教师

培训中、高级人员的教师应取得本职业技师及以上职业资格证书或相关专业中级及以上专业技术职称任职资格；培训技师的教师应取得本职业高级技师职业资格证书或相关专业高级专业技术职称任职资格；培训高级技师的教师应取得本职业高级技师职业资格证书2年以上或取得相关专业高级专业技术职称任职资格2年以上。

1.7.3 培训场地设备

满足教学要求的标准教室、计算机机房及配套的软件、加工中心及必要的刀具、夹具、量具和辅助设备等。

1.8 鉴定要求

1.8.1 适用对象

从事或准备从事本职业的人员。

1.8.2 申报条件

（1）中级（具备以下条件之一者）

1）经本职业中级正规培训达规定标准学时数，并取得结业证书。

2）连续从事本职业工作5年以上。

3）取得经劳动保障行政部门审核认定的，以中级技能为培养目标的中等以上职业学校本职业（或相关专业）毕业证书。

4）取得相关职业中级《职业资格证书》后，连续从事本职业2年以上。

（2）高级（具备以下条件之一者）

1）取得本职业中级职业资格证书后，连续从事本职业工作2年以上，经本职业高级正规培训，达到规定标准学时数，并取得结业证书。

2）取得本职业中级职业资格证书后，连续从事本职业工作4年以上。

3）取得劳动保障行政部门审核认定的，以高级技能为培养目标的职业学校本职业（或相关专业）毕业证书。

4）大专以上本专业或相关专业毕业生，经本职业高级正规培训，达到规定标准学时数，并取得结业证书。

（3）技师（具备以下条件之一者）

1）取得本职业高级职业资格证书后，连续从事本职业工作4年以上，经本职业技师正规培训达规定标准学时数，并取得结业证书。

2）取得本职业高级职业资格证书的职业学校本职业（专业）毕业生，连续从事本职业工作2年以上，经本职业技师正规培训达规定标准学时数，并取得结业证书。

3）取得本职业高级职业资格证书的本科（含本科）以上本专业或相关专业的毕业生，连续从事本职业工作2年以上，经本职业技师正规培训达规定标准学时数，并取得结业证书。

（4）高级技师

取得本职业技师职业资格证书后，连续从事本职业工作4年以上，经本职业高级技师正规培训达规定标准学时数，并取得结业证书。

1.8.3 鉴定方式

分为理论知识考试和技能操作考核。理论知识考试采用闭卷方式，技能操作（含软件应用）考核采用现场实际操作和计算机软件操作方式。理论知识考试和技能操作（含软件应用）考核均实行百分制，成绩皆达60分及以上者为合格。技师和高级技师还需进行综合评审。

1.8.4 考评人员与考生配比

理论知识考试考评人员与考生配比为1:15，每个标准教室不少于2名相应级别的考评员；技能操作（含软件应用）考核考评员与考生配比为1:2，且不少于3名相应级别的考评员；综合评审委员不少于5人。

1.8.5 鉴定时间

理论知识考试为120分钟，技能操作考核中实操时间为：中级、高级不少于240分钟，技师和高级技师不少于300分钟，技能操作考核中软件应用考试时间为不超过120分钟，技师和高级技师的综合评审时间不少于45分钟。

1.8.6 鉴定场所设备

理论知识考试在标准教室里进行，软件应用考试在计算机机房进行，技能操作考核在配备必要的加工中心及必要的刀具、夹具、量具和辅助设备的场所进行。

2. 基本要求

2.1 职业道德

2.1.1 职业道德基本知识

2.1.2 职业守则

1）遵守国家法律、法规和有关规定。

2）具有高度的责任心、爱岗敬业、团结合作。

3）严格执行相关标准、工作程序与规范、工艺文件和安全操作规程。

4）学习新知识新技能、勇于开拓和创新。

5）爱护设备、系统及工具、夹具、量具。

6）着装整洁，符合规定；保持工作环境清洁有序，文明生产。

2.2 基础知识

2.2.1 基础理论知识

1）机械制图。

2）工程材料及金属热处理知识。

3）机电控制知识。

4）计算机基础知识。

5）专业英语基础。

2.2.2 机械加工基础知识

1）机械原理。

2）常用设备知识（分类、用途、基本结构及维护保养方法）。

3）常用金属切削刀具知识。

4）典型零件加工工艺。

5）设备润滑和冷却液的使用方法。

6）工具、夹具、量具的使用与维护知识。

7）铣工、镗工基本操作知识。

2.2.3 安全文明生产与环境保护知识

1）安全操作与劳动保护知识。

2）文明生产知识。

3）环境保护知识。

2.2.4　质量管理知识

1）企业的质量方针。

2）岗位质量要求。

3）岗位质量保证措施与责任。

2.2.5　相关法律、法规知识

1）劳动法的相关知识。

2）环境保护法的相关知识。

3）知识产权保护法的相关知识。

3. 工作要求

本标准对中级、高级、技师和高级技师的技能要求依次递进，高级别涵盖低级别的要求。

3.1　中级

职业功能	工作内容	技能要求	相关知识
一、加工准备	读图与绘图	1.能读懂中等复杂程度(如:凸轮、箱体、多面体)的零件图 2.能绘制有沟槽、台阶、斜面的简单零件图 3.能读懂分度头尾架、弹簧夹头套筒、可转位铣刀结构等简单机构装配图	1.复杂零件的表达方法 2.简单零件图的画法 3.零件三视图、局部视图和剖视图的画法
	制订加工工艺	1.能读懂复杂零件的数控加工工艺文件 2.能编制直线、圆弧面、孔系等简单零件的数控加工工艺文件	1.数控加工工艺文件的制定方法 2.数控加工工艺知识
	零件定位与装夹	1.能使用加工中心常用夹具(如压板、机用平口钳等)装夹零件 2.能够选择定位基准,并找正零件	1.加工中心常用夹具的使用方法 2.定位、装夹的原理和方法 3.零件找正的方法
	刀具准备	1.能够根据数控加工工艺卡选择、安装和调整加工中心常用刀具 2.能根据加工中心特性、零件材料、加工精度和工作效率等选择刀具和刀具几何参数,并确定数控加工需要的切削参数和切削用量 3.能够使用刀具预调仪或者在机内测量工具的半径及长度 4.能够选择、安装、使用刀柄 5.能够刃磨常用刀具	1.金属切削与刀具磨损知识 2.加工中心常用刀具的种类、结构和特点 3.加工中心、零件材料、加工精度和工作效率对刀具的要求 4.刀具预调仪的使用方法 5.刀具长度补偿、半径补偿与刀具参数的设置知识 6.刀柄的分类和使用方法 7.刀具刃磨的方法

（续）

职业功能	工作内容	技能要求	相关知识
二、数控编程	手工编程	1. 能够编制钻、扩、铰、镗等孔类加工程序 2. 能够编制平面铣削程序 3. 能够编制含直线插补、圆弧插补二维轮廓的加工程序	1. 数控编程知识 2. 直线插补和圆弧插补的原理 3. 坐标点的计算方法 4. 刀具补偿的作用和计算方法
二、数控编程	计算机辅助编程	能够利用 CAD/CAM 软件完成简单平面轮廓的铣削程序	1. CAD/CAM 软件的使用方法 2. 平面轮廓的绘图与加工代码生成方法
三、加工中心操作	操作面板	1. 能够按照操作规程起动及停止机床 2. 能使用操作面板上的常用功能键（如回零、手动、MDI、修调等）	1. 加工中心操作说明书 2. 加工中心操作面板的使用方法
三、加工中心操作	程序输入与编辑	1. 能够通过各种途径（如 DNC、网络）输入加工程序 2. 能够通过操作面板输入和编辑加工程序	1. 数控加工程序的输入方法 2. 数控加工程序的编辑方法
三、加工中心操作	对刀	1. 能进行对刀并确定相关坐标系 2. 能设置刀具参数	1. 对刀的方法 2. 坐标系的知识 3. 建立刀具参数表或文件的方法
三、加工中心操作	程序调试与运行	1. 能够进行程序检验、单步执行、空运行并完成零件试切 2. 能够使用交换工作台	1. 程序调试的方法 2. 工作台交换的方法
三、加工中心操作	刀具管理	1. 能够使用自动换刀装置 2. 能够在刀库中设置和选择刀具 3. 能够通过操作面板输入有关参数	1. 刀库的知识 2. 刀库的使用方法 3. 刀具信息的设置方法与刀具选择 4. 数控系统中加工参数的输入方法
四、零件加工	平面加工	能够运用数控加工程序进行平面、垂直面、斜面、阶梯面等铣削加工，并达到如下要求： 1）尺寸公差等级达 IT7 2）形位公差等级达 IT8 3）表面粗糙度达 $R_a3.2\mu m$	1. 平面铣削的基本知识 2. 刀具端刃的切削特点

职业功能	工作内容	技能要求	相关知识
四、零件加工	型腔加工	1. 能够运用数控加[illegible]的平面轮廓零件铣削加工，并达到如下要求： 1）尺寸公差等级达 IT8 2）形位公差等级达 IT8 3）表面粗糙度达 $R_a3.2\mu m$ 2. 能够运用数控加工程序进行复杂零件的型腔加工，并达到如下要求： 1）尺寸公差等级达 IT8 2）形位公差等级达 IT8 3）表面粗糙度达 $R_a3.2\mu m$	1. 平面轮廓铣削的基本知识 2. 刀具侧刃的切削特点
	曲面加工	能够运用数控加工程序铣削圆锥面、圆柱面等简单曲面，并达到如下要求： 1）尺寸公差等级达 IT8 2）形位公差等级达 IT8 3）表面粗糙度达 $R_a3.2\mu m$	1. 曲面铣削的基本知识 2. 球头刀具的切削特点
	孔系加工	能够运用数控加工程序进行孔系加工，并达到如下要求： 1）尺寸公差等级达 IT7 2）形位公差等级达 IT8 3）表面粗糙度达 $R_a3.2\mu m$	麻花钻、扩孔钻、丝锥、镗刀及铰刀的加工方法
	槽类加工	能够运用数控加工程序进行槽、键槽的加工，并达到如下要求： 1）尺寸公差等级达 IT8 2）形位公差等级达 IT8 3）表面粗糙度达 $R_a3.2\mu m$	槽、键槽的加工方法
	精度检验	能够使用常用量具进行零件的精度检验	1. 常用量具的使用方法 2. 零件精度检验及测量方法
五、维护与故障诊断	加工中心日常维护	能够根据说明书完成加工中心的定期及不定期维护保养，包括机械、电、气、液压、数控系统检查和日常保养等	1. 加工中心说明书 2. 加工中心日常保养方法 3. 加工中心操作规程 4. 数控系统（进口、国产数控系统）说明书
	加工中心故障诊断	1. 能读懂数控系统的报警信息 2. 能发现加工中心的一般故障	1. 数控系统的报警信息 2. 机床的故障诊断方法
	机床精度检查	能进行机床水平的检查	1. 水平仪的使用方法 2. 机床垫铁的调整方法

3.2 高级

职业功能	工作内容	技能要求	相关知识
一、加工准备	读图与绘图	1. 能够读懂装配图并拆画零件图 2. 能够测绘零件 3. 能够读懂加工中心主轴系统、进给系统的机构装配图	1. 根据装配图拆画零件图的方法 2. 零件的测绘方法 3. 加工中心主轴与进给系统基本构造知识
	制订加工工艺	能编制箱体类零件的加工中心加工工艺文件	箱体类零件数控加工工艺文件的制定
	零件定位与装夹	1. 能根据零件的装夹要求正确选择和使用组合夹具和专用夹具 2. 能选择和使用专用夹具装夹异型零件 3. 能分析并计算加工中心夹具的定位误差 4. 能够设计与自制装夹辅具(如轴套、定位件等)	1. 加工中心组合夹具和专用夹具的使用、调整方法 2. 专用夹具的使用方法 3. 夹具定位误差的分析与计算方法 4. 装夹辅具的设计与制造方法
	刀具准备	1. 能够选用专用工具 2. 能够根据难加工材料的特点,选择刀具的材料、结构和几何参数	1. 专用刀具的种类、用途、特点和刃磨方法 2. 切削难加工材料时的刀具材料和几何参数的确定方法
二、数控编程	手工编程	1. 能够编制较复杂的二维轮廓铣削程序 2. 能够运用固定循环、子程序进行零件的加工程序编制 3. 能够运用变量编程	1. 较复杂二维节点的计算方法 2. 球、锥、台等几何体外轮廓节点计算 3. 固定循环和子程序的编程方法 4. 变量编程的规则和方法
	计算机辅助编程	1. 能够利用 CAD/CAM 软件进行中等复杂程度的实体造型(含曲面造型) 2. 能够生成平面轮廓、平面区域、三维曲面、曲面轮廓、曲面区域、曲线的刀具轨迹 3. 能进行刀具参数的设定 4. 能进行加工参数的设置 5. 能确定刀具的切入切出位置与轨迹 6. 能够编辑刀具轨迹 7. 能够根据不同的数控系统生成 G 代码	1. 实体造型的方法 2. 曲面造型的方法 3. 刀具参数的设置方法 4. 刀具轨迹生成的方法 5. 各种材料切削用量的数据 6. 有关刀具切入切出的方法对加工质量影响的知识 7. 轨迹编辑的方法 8. 后置处理程序的设置和使用方法
	数控加工仿真	能利用数控加工仿真软件实施加工过程仿真、加工代码检查与干涉检查	数控加工仿真软件的使用方法

（续）

职业功能	工作内容	技能要求	相关知识
三、加工中心操作	程序调试与运行	能够在机床中断加工后正确恢复加工	加工中心的中断与恢复加工的方法
	在线加工	能够使用在线加工功能，运行大型加工程序	加工中心的在线加工方法
四、零件加工	平面加工	能够编制数控加工程序进行平面、垂直面、斜面、阶梯面等铣削加工，并达到如下要求： 1）尺寸公差等级达 IT7 2）形位公差等级达 IT8 3）表面粗糙度达 $R_a3.2\mu m$	平面铣削的加工方法
	型腔加工	能够编制数控加工程序进行模具型腔加工，并达到如下要求： 1）尺寸公差等级达 IT8 2）形位公差等级达 IT8 3）表面粗糙度达 $R_a3.2\mu m$	模具型腔的加工方法
	曲面加工	能够使用加工中心进行多轴铣削加工叶轮、叶片，并达到如下要求： 1）尺寸公差等级达 IT8 2）形位公差等级达 IT8 3）表面粗糙度达 $R_a3.2\mu m$	叶轮、叶片的加工方法
	孔类加工	1. 能够编制数控加工程序相贯孔加工，并达到如下要求： 1）尺寸公差等级达 IT8 2）形位公差等级达 IT8 3）表面粗糙度达 $R_a3.2\mu m$ 2. 能进行调头镗孔，并达到如下要求： 1）尺寸公差等级达 IT7 2）形位公差等级达 IT8 3）表面粗糙度达 $R_a3.2\mu m$ 3. 能够编制数控加工程序进行刚性攻丝，并达到如下要求： 1）尺寸公差等级达 IT8 2）形位公差等级达 IT8 3）表面粗糙度达 $R_a3.2\mu m$	相贯孔加工、调头镗孔、刚性攻螺纹的方法
	沟槽加工	1. 能够编制数控加工程序进行深槽、特形沟槽的加工，并达到如下要求： 1）尺寸公差等级达 IT8 2）形位公差等级达 IT8 3）表面粗糙度达 $R_a3.2\mu m$ 2. 能够编制数控加工程序进行螺旋槽、柱面凸轮的铣削加工，并达到如下要求： 1）尺寸公差等级达 IT8 2）形位公差等级达 IT8 3）表面粗糙度达 $R_a3.2\mu m$	深槽、特形沟槽、螺旋槽、柱面凸轮的加工方法

（续）

职业功能	工作内容	技能要求	相关知识
四、零件加工	配合件加工	能够编制数控加工程序进行配合件加工，尺寸配合公差等级达IT8	1. 配合件的加工方法 2. 尺寸链换算的方法
	精度检验	1. 能对复杂、异形零件进行精度检验 2. 能够根据测量结果分析产生误差的原因 3. 能够通过修正刀具补偿值和修正程序来减少加工误差	1. 复杂、异形零件的精度检验方法 2. 产生加工误差的主要原因及其消除方法
五、维护与故障诊断	日常维护	能完成加工中心的定期维护保养	加工中心的定期维护手册
	故障诊断	能发现加工中心的一般机械故障	加工中心机械故障和排除方法 加工中心液压原理和常用液压元件
	机床精度检验	能够进行机床几何精度和切削精度检验	机床几何精度和切削精度检验内容及方法

3.3 技师

职业功能	工作内容	技能要求	相关知识
一、加工准备	读图与绘图	1. 能绘制普通工装装配图 2. 能读懂常用加工中心的机械原理图及装配图 3. 能够读懂加工中心自动换刀系统、旋转工作台分度机构的装配图 4. 能够读懂高速铣床/加工中心电主轴系统的装配图	1. 工装装配图的画法 2. 常用加工中心的机械原理图及装配图的画法 3. 加工中心换刀系统、旋转工作台分度机构的基本构造知识 4. 高速铣床/加工中心电主轴结构与功能的基本知识
	制订加工工艺	1. 能编制高难度、高精度箱体类、支架类等复杂零件、易变形零件的数控加工工艺文件 2. 能对零件的数控加工工艺进行合理性分析，并提出改进建议 3. 能够确定高速加工的工艺文件	1. 精密与复杂零件的工艺分析方法 2. 数控加工工艺方案合理性的分析方法及改进措施 3. 高速加工的原理
	零件定位与装夹	1. 能设计与制作高精度箱体类，叶片、螺旋桨等复杂零件的专用夹具 2. 能对加工中心夹具进行误差分析并提出改进建议	1. 专用夹具的设计与制造方法 2. 加工中心夹具的误差分析及消减方法
	刀具准备	1. 能够依据切削条件和刀具条件估算刀具的使用寿命，并设置相关参数 2. 能根据难加工材料合理选择刀具材料和切削参数 3. 能推广使用新知识、新技术、新工艺、新材料、新型刀具 4. 能进行刀具刀柄的优化使用，提高生产效率，降低成本 5. 能选择和使用适合高速切削的工具系统	1. 切削刀具的选用原则 2. 延长刀具寿命的方法 3. 刀具新材料、新技术知识 4. 刀具使用寿命的参数设定方法 5. 难切削材料的加工方法 6. 高速加工的工具系统知识

（续）

职业功能	工作内容	技能要求	相关知识
二、数控编程	手工编程	能够根据零件与加工要求编制具有指导性的变量编程程序	变量编程的概念及其编制方法
	计算机辅助编程	1. 能够利用计算机高级语言编制特殊曲线轮廓的铣削程序 2. 能够利用计算机 CAD/CAM 软件对复杂零件进行实体或曲线曲面造型 3. 能够编制复杂零件的三轴联动铣削程序 4. 能够编制四轴或五轴联动铣削程序	计算机高级语言知识 CAD/CAM 软件的使用方法 加工中心四轴、五轴联动的加工方法
	数控加工仿真	能够利用数控加工仿真软件分析和优化数控加工程序	数控加工仿真软件的使用方法
三、加工中心操作	程序调试与运行	能够操作立式、卧式加工中心以及高速铣床/加工中心	立式、卧式加工中心以及高速铣床/加工中心的操作方法
	刀具信息与参数设置	能够针对机床现状调整数控系统相关参数	数控系统参数的调整方法
四、零件加工	特殊材料加工	能够进行特殊材料零件的铣削加工，并达到如下要求： 1）尺寸公差等级达 IT8 2）形位公差等级达 IT8 3）表面粗糙度达 $R_a3.2\mu m$	特殊材料的材料学知识 特殊材料零件的铣削加工方法
	箱体加工	能够进行复杂箱体类零件加工，并达到如下要求： 1）尺寸公差等级达 IT8 2）形位公差等级达 IT8 3）表面粗糙度达 $R_a3.2\mu m$	复杂箱体零件的加工方法
	曲面加工	能够使用四轴以上铣床与加工中心进行对叶片、螺旋桨等复杂零件进行多轴铣削加工，并达到如下要求： 1）尺寸公差等级达 IT8 2）形位公差等级达 IT8 3）表面粗糙度达 $R_a3.2\mu m$	四轴以上铣床/加工中心的使用方法
	孔系加工	能够进行多角度孔加工，并达到如下要求： 1）尺寸公差等级达 IT7 2）形位公差等级达 IT8 3）表面粗糙度达 $R_a3.2\mu m$	多角度孔的加工方法
	精度检验	能够进行大型、精密零件的精度检验	精密量具的使用方法 精密零件的精度检验方法

（续）

职业功能	工作内容	技能要求	相关知识
五、维护与故障诊断	加工中心日常维护	能借助字典阅读数控设备的主要外文信息	加工中心专业外文知识
	加工中心故障诊断	能够分析和排除机械故障	加工中心常见故障诊断及排除方法
	机床精度检验	能够进行机床定位精度、重复定位精度的检验	机床定位精度检验、重复定位精度检验的内容及方法
六、培训与管理	操作指导	能指导本职业中级、高级进行实际操作	操作指导书的编制方法
	理论培训	能对本职业中级、高级进行理论培训	培训教材的编写方法
	质量管理	能在本职工作中认真贯彻各项质量标准	相关质量标准
	生产管理	能协助部门领导进行生产计划、调度及人员的管理	生产管理基本知识
	技术改造与创新	能够进行加工工艺、夹具、刀具的改进	数控加工工艺综合知识

3.4 高级技师

职业功能	工作内容	技能要求	相关知识
一、工艺分析与设计	读图与绘图	1. 能绘制复杂工装装配图 2. 能读懂常用加工中心高速铣床/加工中心的电气、液压原理图 3. 能够组织中级、高级、技师进行工装协同设计	1. 复杂工装设计方法 2. 常用加工中心电气、液压原理图的画法 3. 协同设计知识
	制订加工工艺	1. 能对高难度、高精密零件的数控加工工艺方案进行合理性分析，提出改进意见并参与实施 2. 能够确定高速加工的工艺方案 3. 能够确定细微加工的工艺方案	1. 复杂、精密零件机械加工工艺的系统知识 2. 高速加工机床的知识 3. 高速加工的工艺知识 4. 细微加工的工艺知识
	零件定位与装夹	1. 能独立设计加工中心的复杂夹具 2. 能在四轴和五轴数控加工中对由夹具精度引起的零件加工误差进行分析，提出改进方案，并组织实施	1. 复杂加工中心夹具的设计及使用知识 2. 复杂夹具的误差分析及消减方法 3. 多轴数控加工的方法
	刀具准备	1. 能根据零件要求设计专用刀具，并提出制造方法 2. 能系统地讲授各种切削刀具的特点和使用方法	1. 专用刀具的设计与制造知识 2. 切削刀具的特点和使用方法
二、零件加工	异形零件加工	能解决高难度、异形零件加工的技术问题，并制订工艺措施	高难度零件的加工方法
	精度检验	能够设计专用检具，检验高难度、异形零件	检具设计知识

（续）

职业功能	工作内容	技能要求	相关知识
三、机床维护与精度检验	数控铣床维护	1. 能借助字典看懂数控设备的主要外文技术资料 2. 能够针对机床运行现状合理调整数控系统相关参数	数控铣床专业外文知识
	机床精度检验	能够进行机床定位精度、重复定位精度的检验	机床定位精度、重复定位精度的检验和补偿方法
	数控设备网络化	能够借助网络设备和软件系统实现数控设备的网络化管理	数控设备网络接口及相关技术
四、培训与管理	操作指导	能指导本职业中级、高级和技师进行实际操作	操作理论教学指导书的编写方法
	理论培训	1. 能对本职业中级、高级和技师进行理论培训 2. 能系统地讲授各种切削刀具的特点和使用方法	1. 教学计划与大纲的编制方法 2. 切削刀具的特点和使用方法
	质量管理	能应用全面质量管理知识，实现操作过程的质量分析与控制	质量分析与控制方法
	技术改造与创新	能够组织实施技术改造和创新，并撰写相应的论文	科技论文的编写方法

4. 比　重　表

4.1　理论知识

项　　目		中级(%)	高级(%)	技师(%)	高级技师(%)
基本要求	职业道德	5	5	5	5
	基础知识	20	20	15	15
相关知识	加工准备	15	15	25	—
	数控编程	20	20	10	—
	加工中心操作	5	5	5	—
	零件加工	30	30	20	15
	机床维护与精度检验	5	5	10	10
	培训与管理	—	—	10	15
	工艺分析与设计	—	—	—	40
合　　计		100	100	100	100

4.2 技能操作

项　　目		中级(%)	高级(%)	技师(%)	高级技师(%)
机能要求	加工准备	10	10	10	—
	数控编程	30	30	30	—
	加工中心操作	5	5	5	—
	零件加工	50	50	45	45
	机床维护与精度检验	5	5	5	10
	培训与管理	—	—	5	10
	工艺分析与设计	—	—	—	35
合　　计		100	100	100	100

参 考 文 献

[1] 张秀珍，晋其纯. 机械加工质量控制与检测［M］. 北京：北京大学出版社，2008.
[2] 李斌. 数控加工技术［M］. 北京：高等教育出版社，2001.
[3] 袁锋. 全国数控大赛试题精选［M］. 北京：机械工业出版社，2005.
[4] 梅伶. 模具课程设计指导［M］. 北京：机械工业出版社，2007.
[5] 吴拓，方琼珊. 机械制造工艺与夹具课程设计指导［M］. 北京：机械工业出版社，2005.
[6] 黄劲枝，程时干. 机械分析应用综合课题指导［M］. 北京：机械工业出版社，2007.
[7] 邢闽芳. 互换性与技术测量［M］. 北京：清华大学出版社，2007.
[8] 陈廉清. 机械制图［M］. 杭州：浙江大学出版社，2004.
[9] 徐茂功. 公差配合与技术测量［M］. 北京：机械工业出版社，2008.